CHINA ARCHITECTURAL EDUCATION

.2011年　2011（总第4册）

主管单位：中华人民共和国住房和城乡建设部
中华人民共和国教育部
主办单位：全国高等学校建筑学学科专业指导委员会
全国高等学校建筑学专业教育评估委员会
中国建筑学会
中国建筑工业出版社
协办单位：清华大学建筑学院　同济大学建筑与城规学院
东南大学建筑学院　天津大学建筑学院
华南理工大学建筑学院　重庆大学建筑与城规学院
西安建筑科技大学建筑学院　哈尔滨工业大学建筑学院

编　　辑：《中国建筑教育》编辑部
地　　址：北京三里河路9号　中国建筑工业出版社　邮编：100037
电　　话：010-58933828　010-68319339
传　　真：010-68319339
E-mail：Ldbj@tom.com

出　　版：中国建筑工业出版社
发　　行：中国建筑工业出版社
法律顾问：唐　玮

图书在版编目（CIP）数据

中国建筑教育．第4册/中国建筑工业出版社编．—北京：中国建筑工业出版社，2011.9

ISBN 978-7-112-13500-4

Ⅰ.①中… Ⅱ.①中… Ⅲ.①建筑学-教育-中国-丛刊 Ⅳ.①TU-4

中国版本图书馆CIP数据核字（2011）第170833号

开本：880×1230毫米　1/16　印张：7¼
2011年8月第一版　2011年8月第一次印刷
定价：25.00元
ISBN 978-7-112-13500-4
（21289）

中国建筑工业出版社出版、发行（北京西郊百万庄）
各地新华书店、建筑书店经销
北京画中画印刷有限公司印刷

本社网址：http://www.cabp.com.cn
网上书店：http://www.china-building.com.cn
博库书城：http://www.bookuu.com

CHINA ARCHITECTURAL EDUCATION

目录

CONTENTS

主编寄语

《中国建筑教育》第四册终于和大家见面了。

本册特聘东南大学鲍莉副教授作为客座主编，主持“绿色建筑设计与教学研究”专辑。东南大学、重庆大学、西安建筑大学、中央美术学院、华中科技大学和浙江大学等院校的教师，结合自己的教学实践，深入地探讨和交流了建筑设计教学中目标、过程和初步成果。这一教学和研究，诚如东南大学建筑系主任张彤教授论文题目所说，正是一个“大改变，小起步”。不过，这一改变和起步，预示了中国建筑教育积极面对时代需求的一种姿态。我希望这一专辑的出版，会提升全国的建筑设计教学和研究中对于绿色、生态和低碳主题的充分重视和关注。

结合“绿色建筑设计与教学研究”这一主题，本册还发表了“首届中国高等院校建筑学院绿色建筑设计教育交流展”中的一些优秀的作业，相信这些优秀的教学成果，会为各校提供参考和引导。

本册的“众议”栏目，邀请部分规划专业的老师和从业规划师，讨论“我看城规和城规教育”这一问题。大家对城市规划专业和城市规划教育作了深入的讨论，各抒己见，见仁见智，希望对城市规划教育起到进一步推动作用。

特别需要指出的是，在城市规划作为独立的一级学科从建筑学中分离初期之后，我们仍然十分关注城市规划教育问题。这反映了《中国建筑教育》一个基本认识，即使城市规划、风景园林已经成为独立的一级学科，我们仍然认为，建筑学、城市规划、风景园林三个一级学科，是一个学科群，或者说，它们是共同构成广义建筑学的三驾马车。《中国建筑教育》将继续秉持这一观点，把她办成三个一级学科共同的教学交流、研究的平台。

《中国建筑教育》需要各校和各位教师的支持和呵护，祝《中国建筑教育》越办越好！

仲德崑
2010年8月20日
于蓬莱八仙居

大改变，小起步

张 彤

Massive Change, Small Step

我们赖以生存的地球环境正在经历深刻的变化，臭氧层破坏，全球气候异常，生物物种锐减，能源危机，环境污染……不可否认，人类自身的活动是所有这些变化的重要诱因，这其中建筑业与其相关产业的能源消耗占到了全社会能耗总量的约50%，也为岌岌可危的地球生态环境贡献了将近一半的温室气体。[1]

建筑与建造活动是对自然环境的干预，这是一个不言而喻的道理，却在建筑师的职业工作和建筑学的教育中被长期遗忘了。建筑在伴随人类历史的发展过程中，承担了越来越多的政治、文化、经济与美学的内涵。房屋的建造者已经习惯地认为改变环境、从环境中获取物质和能量是天经地义的事情，而不去关心获取的方式以及带来的问题。今天，当我们的技术发展到足以建造800m高的摩天楼时，却不得不同时面对资源和环境的承载极限和危机。“我们已经走得太远，以至于忘了当初为什么而出发……”建筑学需要重新面对原本的命题：如何适度利用和改变环境，以最小的代价换取合理的获取，在物质和能量的交换中，建筑与环境共同构成一个休戚与共、不可分割的整体。

当今，绿色、低碳与可持续发展已经成为城乡建设与建筑学科发展不可回避的主流趋势。在各级政府的推动下，近年来我国的绿色建筑得到了飞速的发展。然而，在日常设计工作中，应对强制性的节能要求，建筑师往往显得被动和无奈，认为这更多的是设备专业的任务。在这一领域的学术讨论中，听到的声音也大部分来自于工程师。一些贴有绿色建筑标识的项目沦为各种节能设备的展示性堆砌。在主流的建筑教育体系中，建筑设计仍然脱离于物理、构造、设备等技术课程；有关环境的考虑，仅限于物形空间在体量、样式与材质上的对比与协调。很多建筑院校的师生，仅把绿色建筑当作一个专门的课题或特殊的类型，而不认为资源与环境是建筑设计的本体组成。

我们需要一个“大改变”，修正价值观念和工作方法。绿色建筑不是新近出现的时髦话题。建筑不是孤立的空间系统，也不是抽象的审美对象，它从来就是环境的组成部分。空间、形体、材料与构造应该归置到与环境的相互关系中去考量。一扇窗户的设计，首先不是一个立面形式的问题，应该根据房间的尺度、对光线和热量的需求，确定它的位置、方向、大小和形式。有关物质和能量的消耗和摄取，不能只是设计完成之后的敷衍计算，而应成为设计的本身。建筑设计的一个基本使命，是在有限的空间和资源总体中创造一个均衡的、具有整体性的、可持续的、美的环境。

基于以上的认识和理解，中国绿色建筑专业委员会绿色建筑理论与实践学组与东南大学建筑学院将2011年的年会主题确立为“绿色：回归设计”，旨在呼吁和推动在建筑设计中树立节约资源、保护环境的自觉观念，在教育和实践中培养以空间设计策略调节环境舒适度、降低能耗的专业方法。一旦建筑师树立了可持续性的价值观念，掌握了有效的工作方法，建筑设计将在根本上减少空间对于能源和材料的需求，决定建筑的生态质量和节能性能，相对于工程师们改进设备的努力，其效果是事半功倍的。

这次年会于2011年5月17日至18日在东南大学召开。来自海内外高等院校、设计机构及开发企业的专家学者共济一堂，围绕绿色建筑设计的实践与教育展开了热烈的交流。中国建筑节能协会、中国绿色建筑专业委员会副秘书长邹燕青女士代表绿建委致辞，东南大学建筑学院院长王建国教授、瑞典皇家工学院产业生态系主任罗纳德 · 维纳斯坦（Ronald Wennersten）教授及中国绿色建筑与节能（香港）委员会主任、香港大学刘少瑜教授分别作了大会主旨发言，会议并就"绿色建筑设计实践"及"绿色建筑设计教育"专题展开分论坛研讨。

在学组组长、清华大学袁镔教授与东南大学建筑学院院长王建国教授的共同倡导下，本次会议专门组织了关于"绿色建筑设计教育"的专题研讨，着重讨论在建筑设计教学中如何贯彻可持续性理念、探索资源节约环境友好的设计方法。会议同时举办了"中国高等院校绿色建筑设计教育交流展"。来自清华大学、东南大学、同济大学、天津大学、华南理工大学、重庆大学、哈尔滨工业大学、西安建筑科技大学、华中科技大学、中央美术学院、北京建筑工程学院、浙江大学城市学院国内十二所建筑院校的师生就正在探索中的绿色建筑设计教育问题进行了卓有成效的交流，展示了各校的优秀学生作业和其他教学成果。论坛和交流展得到了与会代表的一致认可与赞赏。

教育是观念更新、方法进步的开始。在东南大学举办的这次研讨和交流，是国内建筑教育界首次将可持续发展理念贯彻到建筑设计教育中的集中研讨。这是"大改变"的一个"小起步"，我们希望以此为催发，在建筑教育和设计实践中激发起持续的探索和革新。

注释

[1] 根据美国绿色建筑协会的数据，商用和民用建筑的电消耗量占全美 65% 以上，排放了46% 的温室气体。2007 年，我国各类建筑用能已达全社会能源消费量的 32%，加上每年房屋建筑材料生产能耗约 13%，建筑业的总能耗已达全国能源消费总量的 45%。

作者：张彤，东南大学建筑学院建筑系主任，教授

绿色：回归设计

——东南大学建筑学院绿色建筑设计教学探索

鲍 莉

Green: Back to Design

——The Teaching Experiment of Green Architecture Design at the School of Architecture, Southeast University

■摘要：绿色、低碳与可持续发展已经成为城乡建设与建筑学科发展不可回避的主流趋势。然而在这一趋势中，建筑师尴尬地处于被动与失语状态。绿色应回归到设计的起点，基于这个思考，本文系统地介绍了东南大学建筑学院建筑学本科绿色设计教学的实践探索。

■关键词：绿色设计，系统性，内容，实施

Abstract: The idea of green, Low-carbon and sustainability has become the key and tendency of Architecture and construction development.But the architects are embarrassed in the passive condition without any voices.Green should be back to the design, the origin.Base on such consideration, the paper has introduced the implement of the teaching of the green design at the school of Architecture, SEU.

Keywords: Green Design, Systematic, Contents, Implement

1.趋势与背景

在可持续性早已成为人类社会发展的共识和目标的今天，绿色、低碳与可持续发展已经成为城乡建设与建筑学科发展不可回避的主流趋势。然而无论是日常设计工作还是学术型交流成果中，更多的是工程师乃至企业界的声音与主导，建筑师尴尬地处于被动与失语状态。建筑师应自觉承担绿色设计的责任，改变价值观念和工作方法，以营造绿色城市与建筑、创造并引导宜居空间和生活方式为己任，从而实现更大的环境价值与社会价值。

建筑的建造与使用对自然环境的干预是必然存在的，通过物质与能量的交换，建筑与环境共同构成一个休戚与共、不可分割的整体。因此建筑从来就不是一个孤立的空间系统，更不应该只是抽象的审美对象。如何以最小的代价换取合理的物质与能量索取，而不是以无度的需求导致环境和资源的承载危机，形成资源和环境自觉的建造与使用方式应该成为建筑的基本准则。而绿色设计正是实现这一准则的起点。

东南大学建筑学院的"一体两翼"知识构架和"3+2"的建筑学整体教学框架和课程体系是在深厚的传统基础上不断吸收国外先进教学理念优化形成的，持续性的改革正是我们的教学研究传统。原有的相关绿色建筑教育体现在：1）1～3年级的本科基础性教学中，开展绿色建筑的知识与理论学习及零星的设计训练；2）在4～5年级的本科拓展性教学中，依据各独立教授工作室的教学要点，会有自觉地涉及绿色设计知识的学习和运用；3）在研究生的拓展教学中，在有相关研究方向与课题的教授的直接指导下，积极地开展了绿色建筑的工程实践和专题性论文研究。

绿色建筑教学在原有教学体系中体现出一定的自发性和探索性，成果也较为零散。2010年，我们组成绿色建筑设计教学研究小组，以建筑设计课程为载体，探索将本科的绿色设计教学进行纵向整合，明确各阶段的教学目标和任务，实现绿色设计教学的层次化和系统化。

2.目标与思路

绿色建筑设计教育的目标着眼于培养未来建筑师的绿色视野，树立正确的可持续性的资源和环境观念，建立较完备的绿色城市与建筑的知识体系，并掌握体现资源和环境自觉的建筑及城市设计方法。

相应的，绿色设计教学的思路即具体化为：1）绿色价值观的建立；2）绿色城市与建筑知识体系的构建；3）绿色设计方法与实践能力的探索与培养；4）研究能力的进一步拓展。

这一次的绿色设计教学改革是基于绿色理念的教案和教学方法的发展与修正，虽然是在我院原有的理性完整设计教学基础之上进行的，但仍带有极强的实验性和开拓性。绿色教学小组成员都是在建筑设计教学和绿色城市与建筑方向有一定研究积累的骨干教师，前期经过了充分的思路梳理与实施方案论证，实施过程中也不断进行可行性调整，一个完整的学年下来，从学生的稚嫩而初现成效的设计成果和对师生的正面影响来说，基本达到了我们的预期目标。这也激励着我们继续前进。

3.体系与组织

绿色设计教学改革是基于我们2010年提出的建筑学本科"一体两翼"的建筑设计课程新体系的设想之上，新体系结合建筑学科在世界范围内发展的前沿动态，延续原有以空间设计为教学主体的思路，增加"数字设计"和"绿色设计"为辅翼，尝试在各年级的设计课中循序渐进、分层次、按步骤地加入绿色建筑设计和数字建筑设计的教学内容，使得建筑设计教学体系在与时俱进的发展中更为丰富和完整。

参照建筑设计课程的现有框架，绿色建筑设计的内容将贯穿从1～5年级的整个教学结构。在以空间学习为教学核心的1～3年级基础段，重点在于"建筑与环境"、"空间与技术"专题，在以设计研究及学科交叉为教学核心的4～5年级提高阶段，重点则放在"城市空间与技术集成"上。进阶式的教学重点与原有的设计课题相对应，并针对其课题设置要点提出绿色设计的具体目标和要求。

绿色设计教学的教学组织包括有针对性的理论授课、典例分析、专题性讲座、技术指导及设计表达指导，绿色设计教学的实现离不开多学科的教学合作，尤其是建筑物理与建筑构造，相关学科教师被邀请共同参与授课与指导，同时设计理论课程及建筑技术课程也围绕设计进程安排教学内容，相关学科相互配合，真正体现我们"开放、交叉、融合"的教学理念。

4.内容与实践

具体而言，各年级的教学内容循序渐进，有组织有选择地加入可持续性建筑／城市设计的内容，包括知识讲授、概念确立以及空间、形体、构造和技术的设计策略等，目的是使学生通过本科阶段的学习，树立正确的可持续性的资源和环境观念，具备完整的绿色建筑和可持续发展的城市环境的知识，掌握体现资源和环境自觉的建筑及城市设计方法。

一年级主要讲授绿色建筑的基本概念，从概念与认知出发，了解绿色建筑与可持续发展环境的基础知识，如自然生态中各要素：阳光、空气、风、雨水和植被，建筑环境的能耗、围护结构的保温隔热以及可再生材料、建筑物全生命周期等概念。帮助学生初步掌握可持续发展的城市与建筑的知识，树立正确的建筑环境观，培养绿色价值观。

具体课题中，如水岸的"建筑师沙龙"设计中考虑建筑与水系统（雨水、污水、景观水等）；"设计建造"课题中强调对可再生材料、可循环材料的性能及其运用的认知等。

在一年级基础认知之上，二年级开始开展具体的绿色建筑设计方法的教学，这一阶段主要侧重被动式技术的讲授和运用，如建筑形体、自然通风、自然采光和遮阳、雨水与地表水收集、地形利用等。

具体课题中，如"院宅设计"中强调结合气候的形体设计与空间分化，"青年旅舍设计"中强调空间设计与自然通风策略，"游客中心设计"强调空间进程与水体、地形的互动，"社区图书馆设计"强调自然光的利用及处理在复合空间中的不同策略。

三年级教学进一步深化具体的绿色建筑设计方法的教学，在二年级被动式设计的基础上侧重被动式空间设计与主动式技术的结合应用，如空调通风技术、水处理和水循环技术、太阳能建筑一体化等，并引入计算机模拟技术辅助空间设计以提升室内风环境、光环境、热环境和声环境的质量。

具体课题中，"生物实验中心"强调秩序空间中结合气候的形体设计与设备空间组织以及应对气候的表皮系统设计，尝试计算机模拟辅助风环境设计；"和平纪念中心"强调序列空间中适应地形的空间结构与场地排水系统组织以及自然光的利用以营造特殊空间氛围的作用，尝试计算机模拟辅助光环境设计；"设计创意中心"是训练既有建筑改造，强调多义空间中功能重组、空间重构和建筑性能提升及技术实施，着重围护结构的设计，尝试进行计算机模拟辅助热环境设计；“文化艺术中心”是训练互动空间设计的较为大型的城市性综合性课题，强调主被动技术的综合性运用及与城市层面绿色概念和技术的衔接，并针对剧场空间着重进行计算机模拟辅助声环境设计。

四年级教学重点在城市性和研究性，并运用环境指标量化与技术软件模拟分析引入计算机模拟和定量计算。在基本掌握绿色建筑的设计策略之上，深入了解可持续性城市设计的概念建立与方法运用，在分课题中分别了解并掌握绿色城市设计、大型公共建筑和绿色住区等相应的概念、设计方法及技术策略，在交叉学科课题中，也会有专题性绿色设计技术性课题。

具体课题中，如重点研究太阳能利用与多层住宅体型及空间设计结合，以及适应气候的外围护设计的太阳能住宅设计；利用场地环境（日照、通风及水资源）并与城市互动以优化住区结构及风环境、水环境的绿色住区设计；基于风场分析构成形体并基于计算机模拟的适应气候的表皮设计的科技办公楼群设计等。

五年级毕业设计是城市空间与技术集成的提高阶段，用一个学期的时间完成一个包含从整体环境到建筑构造的具有全面性和纵深性的设计课题，以期总结并全面体现五年绿色建筑设计教学的成果。

具体课题中，如“城市边缘地段可持续性更新”要求遵循绿色城市设计的基本原则，如土地高效利用、绿色交通构建、场地景观资源利用、开放空间系统组织、生态人居建设、循环性经济与建设等进行城市设计层面及至建筑设计层面的绿色适宜技术研究；“大型城市商业与居住地块设计”着重于基于城市微气候调节的城市设计方法与策略研究，如城市形态及街廓模式研究、地块总体结构、组团布局研究，以及单体设计研究，讲求建造技术和数字技术研究与运用等。

5.结语

建筑师应首当其冲地承担起环境和社会责任，转变价值观，改变工作方法，多学科交叉合作，使绿色回归到设计，从原点处最大限度地实现资源和环境自觉的建造与使用方式。

东南大学建筑学院的绿色建筑设计教学是在原有理性整体的设计教学基础之上进行的基于绿色理念的教案和教学方法的修正。因应时代诉求，引发了教师对教学与科研的深层次思考，也激发了学生的学习热情。

近年来的实践表明，绿色建筑设计教学从个体自发的行为转向系统整体的操作，目前取得了初步的成果；但更重要的是，它激发了一个传统积淀深厚的学科发展的活力，孕育着东南大学建筑教育发展新的生机。

作者：鲍莉，东南大学建筑学院，副教授，硕导

Education Practice and Thinking on Green Building——Illustrated by the Case of Faculty of Architecture and Urban Planning, Chongqing University

绿色建筑教育实践与思考

——以重庆大学建筑城规学院为例

王雪松 周铁军

■摘要：文章首先介绍了重庆大学建筑城规学院绿色建筑教育实践的概况，包括教学开展平台，教学组织方式、课程设置情况等，并在此基础上提出了关于实验课程与体系建设、绿色原理与技术范式、学科交叉与师资建设等三个方面的辩证思考。文章认为实验课程与体系建设是绿色建筑教育发展的两个阶段，体系化建设是发展的必然；绿色理论优先于技术范式，夯实理论基础，拓展技术视野才能合理拿捏二者的关系；多学科交叉的师资建设需要管理体制的改革与创新，科研促进师资培养并裨益教学。

■关键词：绿色建筑，建筑教育，体系建设，技术范式，交叉学科

Abstract: The paper first introduces the general situation of green building education of Faculty of Architecture and Urban Planning, CQU, including teaching platform, teaching organization and curriculum setting, and then makes deep dialectical thinking on experimental course & system construction, green principal & technology prototype, multi-disciplinary & teacher training. In the end, it points out that experimental course and system construction are two phases of green building education, and system construction is the developing direction; green principal is prior to technology prototype, enhancing principal and exploiting technology sight help to balance two aspects; teacher training for multi-disciplinary needs renovation of management system, research promotes teacher training and benefit education.

Keywords: Green Building, Architectural education, system construction, technology prototype, multi-disciplinary

1. 教学概况

绿色建筑是一个既古老而又全新的课题，适应环境是传统建筑的基本原则；而工业革命引发的建筑技术革新，特别是建筑材料和环境控制技术的突破，在带来环境舒适性提升的同时，也产生了大量的环境和资源问题，特别是在20世纪70年代后，更加凸显。从而，在世纪之交引发了关于建筑学发展方向的思考，绿色建筑被确认为重要的发展方向之一。

在此背景下，绿色建筑理论、绿色建筑技术和绿色建筑实践都蓬勃兴起，绿色建筑教育不仅是对基本理念的传授，更是来自绿色建筑实践的迫切需要。

重庆大学建筑城规学院绿色建筑教育的开展主要采用实验课程的模式，以设计课程为核心，结合国内外绿色建筑、太阳能建筑设计等竞赛，课程开设的范围包括四年级设计课程、毕业设计课程和研究生设计课程，承担课程的主要老师包括建筑设计、建筑技术和建筑物理方向的教师。

近年来，重庆大学建筑城规学院开展的绿色建筑设计课程主要有：

（1）台达杯国际太阳能建筑设计竞赛（图1）；

（2）中国遮阳产品设计大赛（图2）；

（3）重庆市建筑节能示范中心概念设计方案竞赛（图3）；

（4）毕业设计——绿色办公楼。

通过近五年的实验课程教学，绿色建筑教育得到重庆大学建筑城规学院学生的青睐，在一系列设计竞赛中获得了较好的成绩。但随着绿色建筑教育实践的开展，这种实验课程模式的短板逐渐显现出来，主要表现为：

（1）散点式的实验课程模式缺乏关联课程的教授与延展；

（2）教学实践中合理平衡与拿捏设计原理与技术应用的问题；

（3）师资力量的不足与学科背景的欠缺也日益凸显。

以上问题是制约绿色建筑教育健康发展的瓶颈，值得关注与深思。

2. 思考与讨论

2.1 实验课程与体系建设

实验课程是绿色建筑教学中一种相对

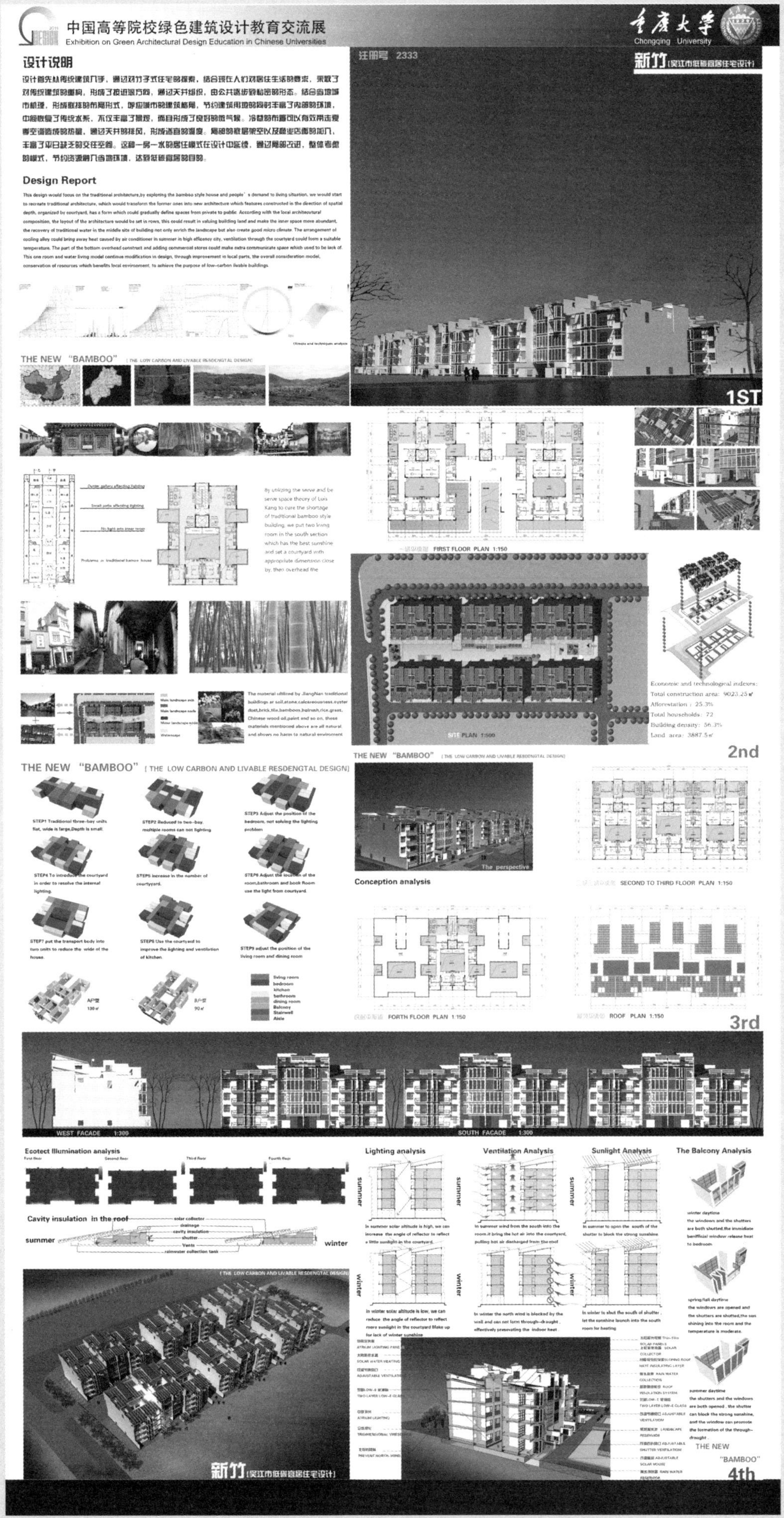

图1 新竹 学生：彭卓 杜萌 魏琪琳 指导老师：王雪松 周铁军

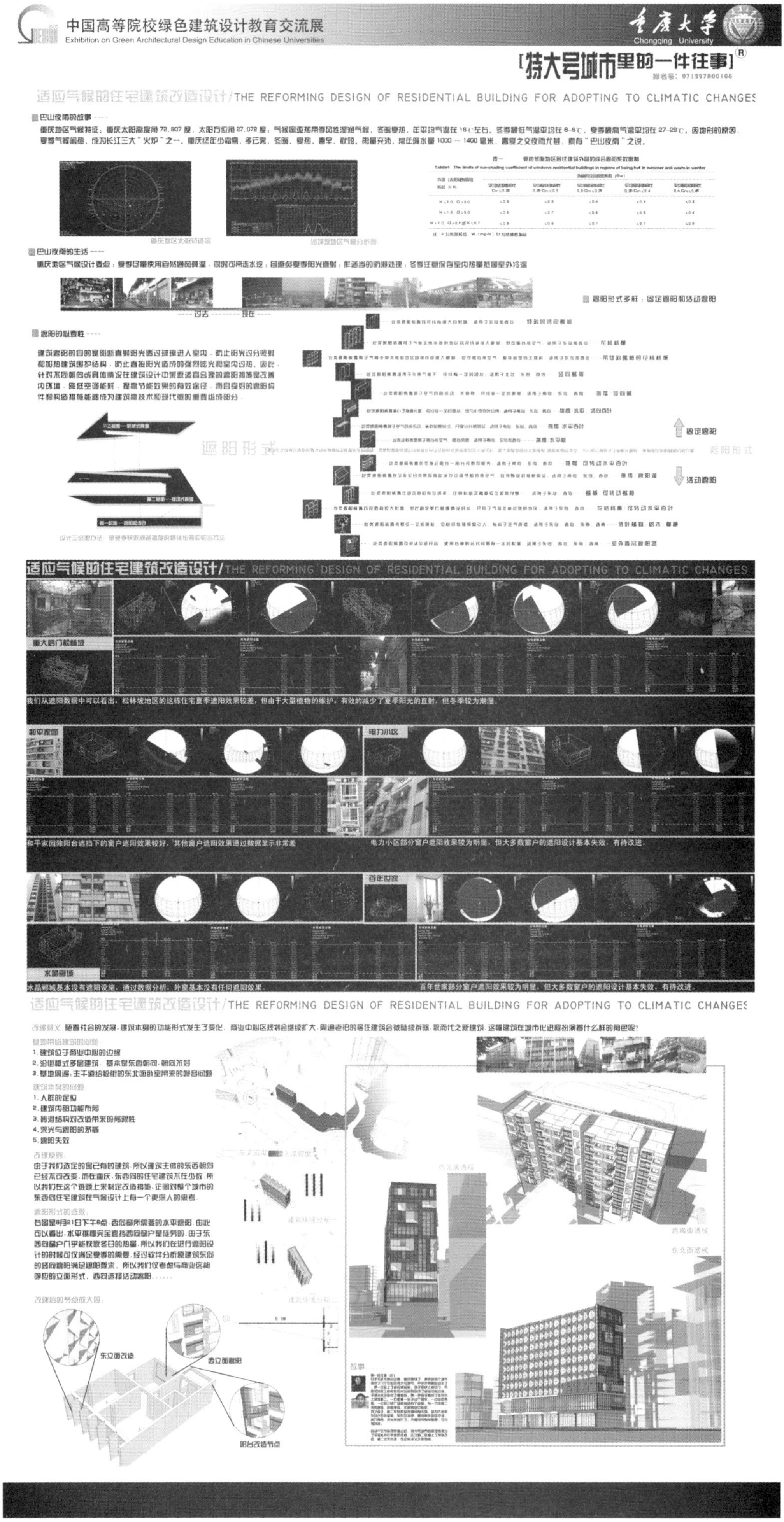

图2 特大号城市里的一件往事 学生：张棣 安晓晓 程岗 指导老师：周铁军 王雪松

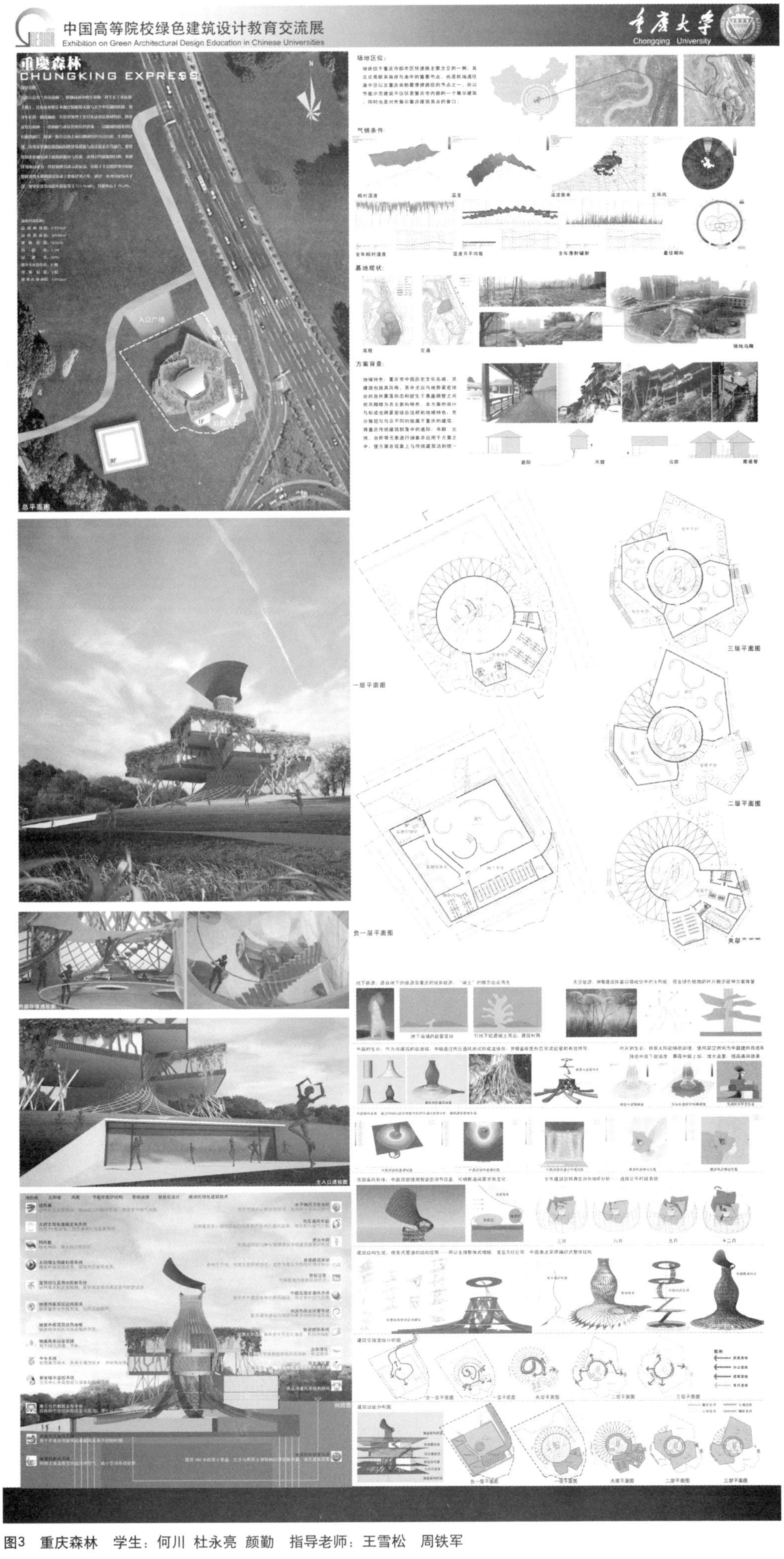

图3　重庆森林　学生：何川　杜永亮　颜勤　指导老师：王雪松　周铁军

灵活的方式，主要以设计课程为主干，在主干课程的教授中，串联相关的绿色建筑原理与技术等知识。这种模式与传统的教学体系融合度高，适应能力较强，在课程开设时间节点和开设范围上都比较灵活，是绿色建筑教育初始阶段各个学校常用的模式。

但随着教育实践的发展和深入，实验课程模式必然走向体系建设，较为完备的绿色建筑教育体系应该是绿色建筑教育的发展方向，它主要包括：

(1) 启蒙和认知阶段：绿色思想、设计原理以及绿色技术理论的讲授；

(2) 方法与技术阶段：绿色设计思维与方法的培养，技术措施的选择；

(3) 综合训练阶段：培养综合设计实践能力以及多学科协同工作能力。

绿色建筑教育的体系建设可以保证前、后续课程的链接，保证绿色建筑理论、绿色建筑技术和绿色建筑设计知识体系的全面建构，进而锻炼和增强综合设计实践能力。

但也应该看到，绿色建筑教育的体系应该是开放的、包容的，各种客观原因使它还远未达到一个能够相对成熟和稳定的阶段。

首先，绿色建筑本身仍然处于快速发展的阶段，不仅在技术层面上高速地发展和增殖，就绿色思想而言，其深度和广度也在不断修正；其次，建筑设计从来不是一个封闭的逻辑循环，对设计问题的解答不存在唯一答案；最后，各个建筑院校的实际情况的不同，教学目标、生源状况和师资队伍也具有相当大的差异性。

综上所述，从长远目标来看，绿色建筑教育的体系建设是大势所趋，这个体系应该是开放的、包容的，体系的宽容度应容纳绿色建筑的不成熟、建筑设计的不确定以及教育资源的不均衡。所以，从另一个层面看，实验课程所具有的灵活性和适应性在现阶段仍然是有生命力的。

2.2 绿色原理与技术范式

在当下的绿色建筑实践中，绿色建筑技术扮演了一个相当活跃甚至激进的角色，隐约再次呈现出"技术决定论"的影子。同时，各种可量度的绿色建筑评价体系也促进了绿色建筑技术的推广，各种模拟软件的应用更是增强了技术的话语权，一些"节能示范、绿色示范楼"的建造也为技术的应用提供了范例。

这一趋势很自然地反应到绿色建筑教育中来，影响甚至是左右了学生和教师的判断。从一定程度上讲，当下绿色建筑的"技术范式"主导了绿色建筑实践，也深刻影响并误导了绿色建筑教育。

在当前绿色建筑"技术范式"的压迫下，绿色建筑原理的空间被挤压得支离破碎，学生本来就脆弱的绿色设计思维在尚未建立的时候就被各种模拟数据和图形消解。当前，在许多绿色建筑设计的图纸中，有大量篇幅都是绿色技术的罗列，图面很丰富、很花哨。

然而，技术应该是在原理的指引下发挥作用的。教师如何拿捏绿色原理与技术范式之间的平衡，给出正确的引导是十分重要的。

绿色建筑原理是指引绿色建筑设计的原则和方法，需要系统的和全面的讲授，应夯实理论基础。在实验课程模式中，由于课时的限制绿色原理往往是在设计主干课程中穿插讲授，就难免不够系统和全面，难以起到合理选择和应用技术的目的，容易走上"技术范式"主导的线路。同时，针对绿色建筑的不成熟，对绿色原理的讲授和理解应该是开放的，应该让学生充分接触到绿色原理的广度，包括各种争议的议题，从而建立更加稳固的、经过个人思考重构的理论基础。

绿色建筑技术作为绿色建筑中发展最为活跃的部分不能忽视，应全面审视、正确评价。要做到这一点，技术认知的广度一定要足够，应有专门的课程讲授；对于各种模拟技术都应纳入到教学体系中，了解各种模拟的长处和局限，使模式更具现实性，避免"伪科学"倾向。这些课程的引入也充分说明了绿色建筑教育体系化建设的必要性。

只有具有了扎实的基础理论和技术认知的广度，才能在设计中做出合理的技术选择，避免受到"技术范式"的误导，陷入"技术决定论"的泥淖。

2.3 学科交叉与师资建设

绿色建筑发展是可持续发展的要求，它不仅涉及诸如建筑设计、环境控制、建筑材料等相关建筑学科，还延伸到生态学，经济学等领域，多学科交叉的特色十分显著。因此，对师资建设提出了相当高的要求。

在当前的绿色建筑教育中，通常能够集聚到的师资主要是建筑设计和建筑物理的教师，基本上都是在一个学院工作的同事。这在绿色建筑教育开展的早期基本能够满足教学需要，但随着教育的深入，这样的学科组成是相当不充分的，而且单一学科背景的教师也很难对绿色建筑有一个全面的认识与把握。

同当前的绿色建筑实践相比，绿色建筑教育在学科的集聚度方面是落后的。问题的关键是现存的大学管理体制。各学院间虽说不上阻止，但至少是不鼓励跨学科教学团队的组建，而在学校的层面上对于这样的教学组织也缺乏相应的政策支持。

但是，科研工作通常可以跨学科间组建，这是师资培养的一个通道。因为绿色建筑的发展需要大量的科研基础工作，在这样的组织形式下，在科研推进的同时，师资可以得到锻炼和培养，相关学科的教师也可能友情客串式地给学生授课。

然而这样的友情客串难以长久，所以在无法绕开学院这样的体制时，就必须在学院内部逐步建立多学科背景的教学团队，即使存在学校人才资源浪费的情况，但也是目前体制下的可行之举措。

3.总结

毋庸置疑，绿色建筑教育在当代建筑教育中具有十分重要的地位，但对于这项新的工作，不仅要有热情，更要有理性。通过对重庆大学建筑城规学院近五年绿色建筑教育实践的分析，认识到绿色建筑教育的体系建设是大势所趋，夯实绿色建筑理论基础，拓展绿色建筑技术视野，以及加强多学科交叉的师资队伍建设均是未来绿色建筑教育的重点。

作者：王雪松，重庆大学建筑城规学院，副教授，硕士，研究方向：建筑设计与技术；周铁军，重庆大学建筑城规学院，教授，博导，硕士，研究方向：建筑设计与技术

“生态建筑、建筑与环境共生、多学科渗透”的建筑技术科学教育教学理念在建筑学本科教学中的体现

闫增峰　杜高潮

Reflections of Building Science Education Ideas of Ecological Buildings and Building in Harmony with Environment and Multi-disciplinary Penetration in the Architecture Undergraduate Teaching

■摘要：西安建筑科技大学建筑学院在2000年建筑学本科专业教学评估后，就适时地提出了“生态建筑、建筑与环境共生、多学科渗透”的建筑技术科学教育教学理念，并开始在建筑学本科教学过程中逐步体现和落实这种教育教学理念。在2004年，我们还及时地在建筑学专业中，确立并开展了“生态建筑设计”专门化方向的教育教学改革尝试。本文总结了我校在建筑学专业本科教学过程中，落实上述建筑学教育教学理念、开展新的专业方向的教学改革实践，以及取得的教研成果。
■关键词：生态建筑，建筑与环境共生，多学科融合，教学理念，本科教学
Abstract: The School of Architecture in Xi'an University of Architecture and Technology has proposed and implemented the building science education ideas of Ecological buildings and building in harmony with environment and multi-disciplinary penetration after the architecture undergraduate teaching assessment in 2000. In 2004 we started the ecological buildings design specialization attempts. This paper summarized the teaching reform practice and the teaching and research achievements.
Keywords: Ecological buildings, Building in harmony with environment, Multi-disciplinary penetration, Education ideas-Undergraduate teaching

0. 概述

建筑学是一门多学科的交叉学科，宏观概括为艺术与技术的结合。多年来，建筑学的教育教学过程一直在努力谐调建筑艺术和建筑技术的关系，力图实现两者的相互渗透和有机融合。

我国建筑学专业的建筑技术科学教育模式发源于德国，发展于苏联，继承于中国。经过我国老一辈建筑技术科学方面的专家学者坚持不懈地努力，奠定了厚实的学科基础，形成了较为完整的教育模式和教育基地。在改革开放的30多年里，建筑技术科学的发展成就斐然，许多国内的大型建筑工程都大量融入了建筑技术科学的成果。

但是，目前国内建筑学专业的建筑技术科学教育的形势依然是喜忧参半：忧的方面，我国建筑学本科教学过程普遍淡化了建筑技术科学的学科地位，导致建筑设计和建筑技术完全隔离的“两层皮”现象。喜的方面，国内各个建筑类高校之间的建筑技术科学的学术实力虽然不够平衡，可是各校依据自身的实际状况，扬长避短，逐步形成各校自己的特色。如清华大学建筑学院和重庆大学建筑学院均先后开设了建筑技术科学系，并常年独立招生；西安建筑科技大学建筑学院在长期开展绿色与生态建筑体系研究与实践的基础上，确立了“生态建筑设计”专门化方向；华南理工大学建筑学院确立了亚热带建筑设计理论与工程方向。总之，各个学校都有代表自身发展方向的特色专业和已经确立的相关研究项目。这些特色都为进一步深化建筑技术科学教育模式奠定了基础。

近年来，随着我国建筑业的蓬勃发展，建筑学专业

在客观上对建筑技术科学教育提出了更新更高的要求。我国当代建筑师曾经接受到的建筑技术科学教育（包括继续教育）的水平和质量与国外发达国家相比差距较大，这种差距还有继续加大的趋势，结果造成我国建筑师普遍难以满足高技术建筑工程的实际需要。在世界范围内我国建筑师工程设计竞标业务中表现出的竞争力不足，充分暴露出我国建筑技术科学教育存在问题的严重性和普遍性。

究其原因，根本上还是建筑技术教育问题，因为自20世纪50年代起，我国高校建筑学专业建筑技术科学教育一直沿用前苏联的教育体制，教育思想和理念落后，教材内容陈旧，教学方法和手段老化，教育资源能效低，而且这种状况数十年来没有太大的实质性改观。已远远不能适应我国建筑技术学科和建筑业的发展，更难以同国际接轨。因此，我国建筑技术科学教育已经面临不改不行的境地。

在这种形势下，2000年以来，我国高校建筑学专业的建筑技术科学教育纷纷进行各种探索。下面略举几例加以说明。例如，天津大学建筑学院在建筑技术教学中开展以环境照明为主线的建筑设计教学改革尝试；重庆大学建筑学院开设结合建筑构造的建筑设计专门化。在清华大学建筑学院，江亿院士牵头成立建筑技术科学系以来，建筑技术教学和科研紧密与建筑设计结合，积极开展生态建筑设计研究与实践，开展绿色奥运建筑设计研究与实践。2002年以来，清华大学建筑学院与意大利米兰理工大学建筑学院、拉维莱特建筑学院和韩国汉阳大学建筑学院开展国际学生“生态建筑”合作设计教学。这些有益的探索，无疑是积极的，不管成功与否，都是意义重大的。

面对全国范围内建筑类院校积极开展建筑技术科学教育改革和探索的大好形势，西安建筑科技大学建筑学院自2000年评估以来，就不断总结国内外建筑技术教育的经验和教训，制定了更新教育理念和思想，更新教材，更新教学手段和方法，调整教育资源为核心内容的整套教育教学改革对策和方案，积极探索在本科教学中不断促成建筑技术与设计有机融合的教育教学模式。2003年，我们为了整合和合理配置教育资源，将原建筑物理教研室和原房屋建筑学教研室正式合并，成立了建筑技术科学研究所。新成立的建筑技术科学研究所承担的建筑环境、生态建筑等方面的本科基础课程包括：建筑热环境、建筑光环境、建筑声环境、建筑生态环境、建筑材料与构造设计、太阳能建筑设计、建筑气候设计等。并在所有这些课程的教学中，全面深入地探索技术与设计的有机融合的理念。2004年，建筑技术科学研究所申请开设了“生态建筑设计”专门化方向。2005年以来，我们就实施了由建筑设计和建筑技术两个研究所教师共同组建的设计联合指导小组，积极开展课程设计和毕业设计，在设计中强化了建筑技术设计的教学要求，并开展了卓有成效的教学活动。通过这些探索实践，在本科教学中充分体现“生态建筑、建筑与环境共生、多学科渗透”的建筑学理念，逐渐形成了结合自身特点的生态建筑及建筑环境本科教学特色。

1.建筑技术类课程教学中的融合与渗透

从2004年开始，我们在建筑学高年级开设了“建筑气候设计”和“太阳能建筑设计”课程，使学生懂得建筑气候学和太阳能建筑设计的基本理论和方法，与此同时，我们还在包括建筑环境控制课程在内的多门课程中，开展了多方面教学探索与改革，充分体现多学科的融合与渗透。

1.1 建筑声、光环境课程的融合与渗透

在建筑声、光环境课程的课堂教学环节中，我们为了使学生摆脱枯燥难解的理论公式的束缚，除了课本理论知识的讲授外，还专门增加了案例解析章节。我们从若干世界著名建筑中挑选出声学、光学技术和艺术造型完美结合的案例，对其进行详细的解析，展示建筑技术的巧妙运用对于建构精美建筑空间造型的重大作用，以此来激发学生对建筑技术应用设计的浓厚兴趣。

在相关的课程设计教学环节中，则采用了与影剧院设计同步教学的新模式。从初步设计开始，就引导学生将技术的内容考虑进去。比如对天然采光的考虑，从总平面、体形就开始着手进行，选择容易获得天然采光的建筑形式。又比如声环境的设计，先让学生对不同形状厅堂音质的优缺点有所认识，选择音质较好的平面形式，同时根据混响时间公式和厅堂规模，对厅堂体积有所把握。随着设计深度的加大，技术设计也逐渐趋于细化，体现在围护结构每一部分的设计，屋顶、窗口的每一个细部都有其相应的物理功能。

上述改革，不仅在教学环境上做到技术设计与建筑设计同步进行，更重要的是在学科的渗透和融合上，在将建筑技术的理论和方法真正应用到建筑设计上收到了意想不到的效果，也使得建筑设计方案的技术含量更足，设计方案的可行性有很大的提高（图1）。

1.2 建筑生态环境课程的融合与渗透

由于建筑环境科学和实践的快速发展，建筑学本科教学中，传统的建筑物理环境课程的内容难以满足当前不断提升的建筑环境质量的现实需要，因此教学内涵需要及时拓展。对建筑环境质量的全新要求主要表现在，由过去仅关注室内的声、光、热环境因子，到如今更关注室外环境要素的状况。另外建筑环境的影响尺度也在不断扩大，由小尺度的单体建筑扩大到中尺度的住区，甚至扩大到更大尺度的城市。建筑实践正在不断影响着城市层面的环境要素的改变。

西安建筑科技大学建筑学院在1996年开始在本科开设了建筑生态环境课程。随着对建筑环境认识的不断深入，我们在建筑生态环境教学中，不断补充新的教学内容。在基本的城市气候、城市大气环境、城市水环境、城市声环境等教学内容的基础上，进一步拓展内容。增加了可持续发展、生态足迹、整体生态建筑观、建筑中可再生能源利用、绿色建筑、全生命周期等知识点。使学生在建筑设计实践中，关注环境与生态影响的约束，树立“四节”（即节能、节地、节水、节材）的理念。

为了使学生能够深入理解建筑与城市生态环境的相互作用，在课堂讲授的同时，开展有针对性的系列实验和设计训练，取得了良好的教学效果。为此，我们在建筑生态环境实践教学环节的教学改革获得校级优秀教学成果三等奖（图2）。

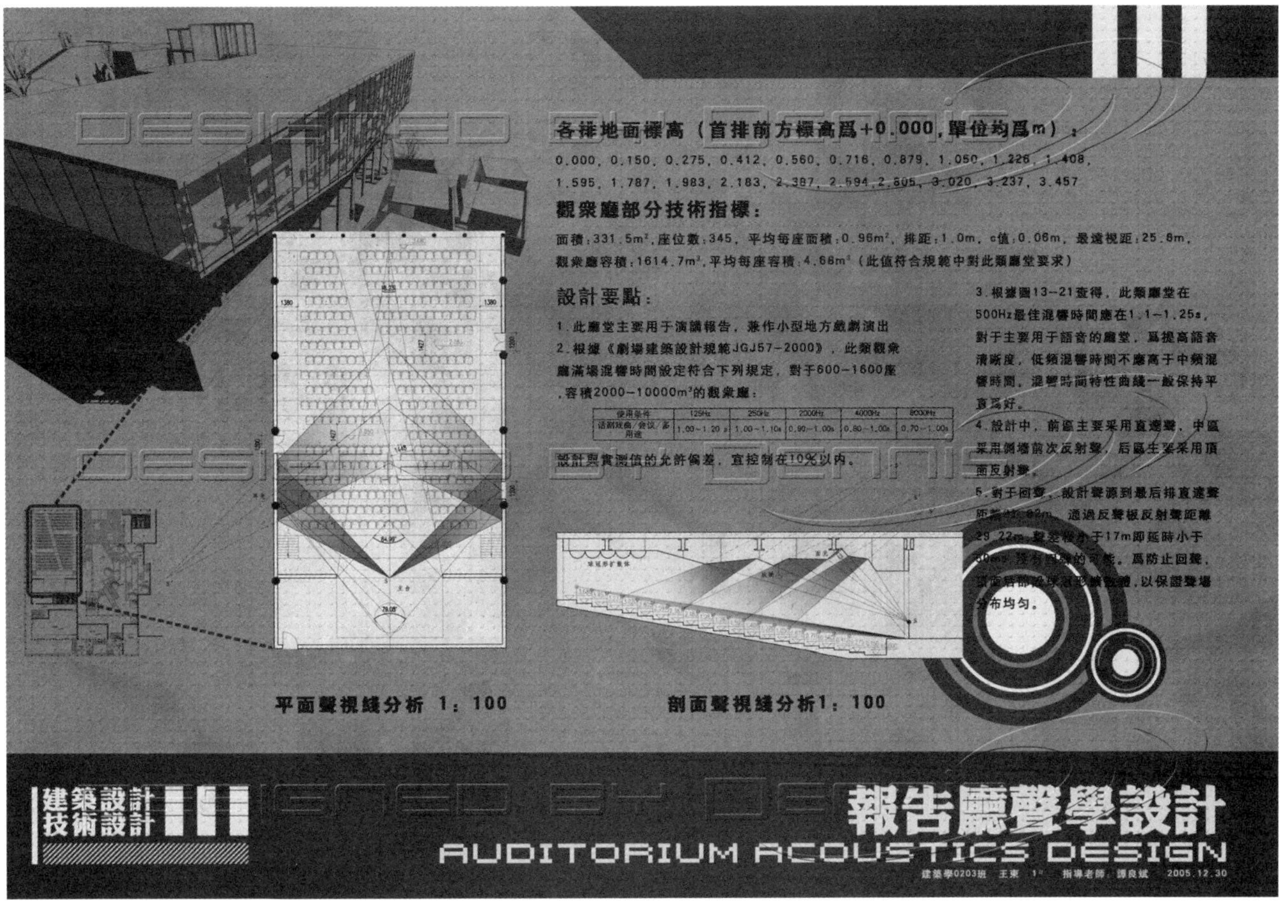

图1　学生的声环境课程设计作业

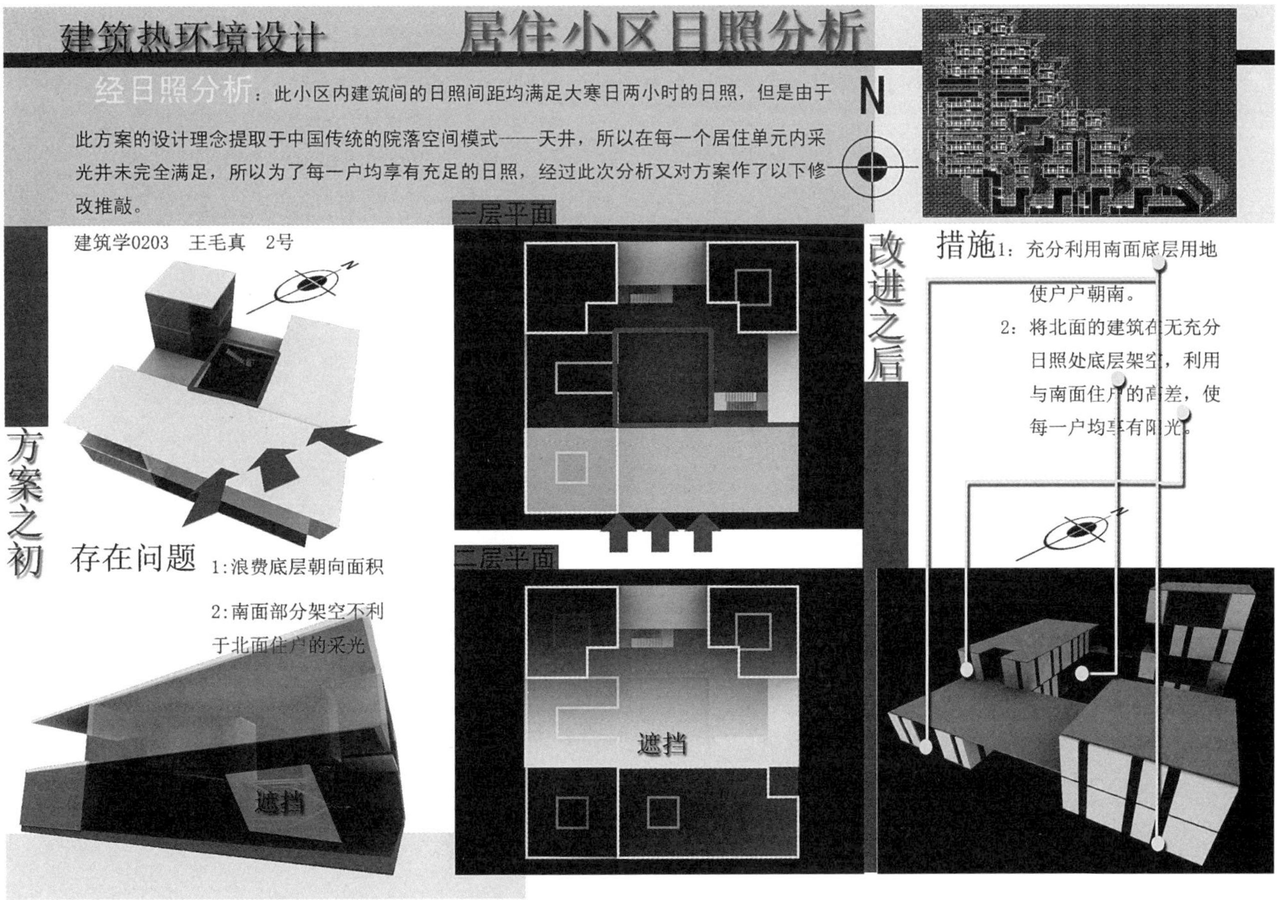

图2　学生热环境课程设计作业

1.3　建筑材料与构造等专业课程的融合与渗透

“建筑材料与构造”是2000年建筑学专业评估后，将“建筑材料”与“建筑构造”两门课程整合成的课程。为了加强和改善该门课程的教学，我们在本着多学科相互渗透的精神，不仅合理地精简了课程的教学内容，尤其是建筑材料部分的内容，还主要改革建筑构造设计教学环节，进行了大胆的改革尝试。

我们通过采用视觉效果良好的课件，增强学生对建筑材料外观形态甚至技术性能的具象认识，以及不同建筑材料对于营造不同风格的建筑外观的作用；还将建筑材料的教学内容与相关设计课程密切结合，如建筑学三年级的建筑表现等系列快题设计等课程，巧妙地加强了建筑材料在设计中的应用。

我们在建筑材料与构造课的后续课程——建筑设计课程的作业中发现了建筑技术含量明显薄弱甚至错误百出的普遍问题，说明建筑构造课程虽然学过，甚至是刚刚学过，可是建筑设计中没有充分体现。这只能证明建筑构造技术完全被隔离于建筑方案设计之外，使得建筑方案也显得单薄。对此，我们在教学过程中，除了在构造基本知识的讲解上采用全方位改善外，还针对同步以及后续进行的建筑设计任务，有针对性地指导建筑造型设计中的构造设计，使建筑设计方案更加完善和充实。我们采用建筑构造课教师在建筑设计课教师协同配合下的集体指导方式，将建筑构造设计与建筑设计紧密结合并打通整合，收到了不错的教学效果。

2.生态气候学在居住环境规划设计课程教学中的渗透

由于建筑设计方案的优劣对建筑所在地域的自然资源和生态环境的影响是很直接的，也是巨大的，而且建筑生态属性的本质特征之一是适应当地气候特点并且节约能源，因此，建筑技术科学研究所的建筑气候学课程教学小组与城市与建筑研究所的居住环境规划设计系列课程教学小组，顺应我国当前大力提倡的“加快建设节约型社会”的发展方针，在建筑学本科生教育的“专业拓展与深化教育阶段”，也就是建筑学本科教育第八学期，依托建筑设计，开展了以居住环境规划设计系列课程与生态气候学等技术课程的融合、交叉的实验教学探索。

我们将课程划分为三个教学阶段。第一阶段以原理课程讲授为主，主要讲授小区设计原理、住宅设计原理、建筑气候设计原理、太阳能建筑设计原理等。第二阶段进行原理与技术在设计中的分析、应用，如建筑气候分析与设计策略，建筑群体布局与日照、通风的关系，利用太阳能的建筑平、剖面分析，建筑遮阳初步设计与分析，建筑体形、平面与建筑节能的关系分析，建筑能耗分析与计算等。第三阶段为设计表达，进行建筑技术设计策略与建筑设计方案的结合，并进行设计图纸的绘制。

通过教学实践，使学生树立可持续发展的观念，将气候作为一种健康的生态资源，用生态平衡与能量平衡的眼光审视现行的建筑设计观念。认识建筑对区域环境及生态的影响；认识建筑设计对能源的利用、消耗及再生的全过程；学会如何以最小的资源消耗、最低的环境影响，获得最大的功能和环境效益；特别是学会调查发现－分析－利用－再分析的动态设计过程，培养学生利用气候资源的能力，并在总体布局、建筑空间和构造设计等方面，学会灵活、巧妙地应对气候的建筑设计手法。

3．“生态建筑设计”专门化方向教学中的全面融合与渗透

在全国建筑技术科学教学探索的大背景下，以及1999年和2004年全国建筑技术科学教学研讨会的交流基础上，建筑技术科学研究所成立之初，就积极组织全所教师开展建筑技术科学教学模式的分析讨论研究。经过全所教师多次讨论研究，结合我校建筑学院开展的绿色建筑体系研究基础，建筑技术科学研究所确立了“生态建筑设计”专门化方向。由学院领导牵头，由技术所具体实施。

“生态建筑设计”专门化方向符合国际潮流，“生态建筑设计”专门化方向体现了建筑设计与技术的融合，“生态建筑设计”专门化方向立足黄土高原的地域条件，突出生态建筑设计的地域特点，通过与日本、美国及我国香港地区等建筑类院校开展学术交流，开阔了教师和学生的生态视野，对中国传统民居生态建筑经验的科学化研究奠定了专业设置和学科发展的基础。总之，生态建筑设计专门化体现了西安建筑科技大学建筑学院的特点和优势。

2004年8月，建筑技术科学研究所在建筑学院召开了动员大会。从2000级学生中选出了建筑学专业本科生开始“生态建筑设计”专门化方向毕业设计学习，在此之前，研究所组织讨论“生态建筑设计”专门化方向课程。

从2005年起至今，生态建筑设计专门化已经进行了七届实践。每一届招收10～20名左右生态建筑设计专门化学生，组建松散灵活型的教学班级。在第九学期，通过专题讲座，补充生态建筑知识，在第十学期，进行生态建筑为题的毕业设计。专门化学生的毕业设计取得了较好的成绩，其中，2005年生态建筑设计专门化参加UIA竞赛，学生的设计作业获得校级优秀毕业设计，获得陕西省2005年度陕西高校土建专业优秀毕业设计。2007年生态建筑设计专门化学生的设计作业也获得校级优秀毕业设计，同时被学院报送参评陕西高校土建专业优秀毕业设计（图3、图4）。

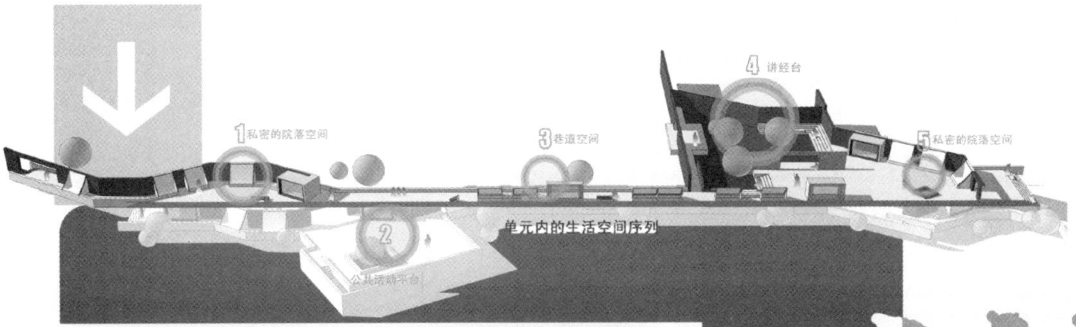

指导老师：
杜高潮 万杰 杨柳
岳鹏 何泉
学生：何晶
建筑学2000级二班

沿途建筑的6种组合方式——平面图

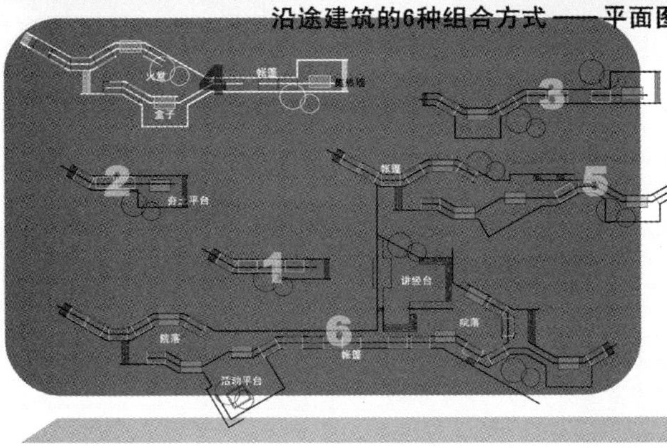

朝圣者的自主社区

建筑 = 构筑物（墙体 盒子） + 人的行为

白天，当人们不使用建筑时，构筑物就是阳光下的蓄热体。在夜间，人们在墙上搭上自己携带的帐篷后，墙体对帐篷内部空间散热并与其一起形成了最终的居住建筑. 构筑物在人的这种自主的行为下有了建筑的意义. 建筑与人的行为相结合适当地改善了朝圣者路途中的生活状况。而没有帐篷的人则住进盒子里。

如下图，随着时间的变化，建筑物在白天和晚上呈现出不同的状态， 同时与拉萨的距离越近，建筑的空间越丰富。

火堂

盒子

帐篷

沿途的六种建筑组合方式

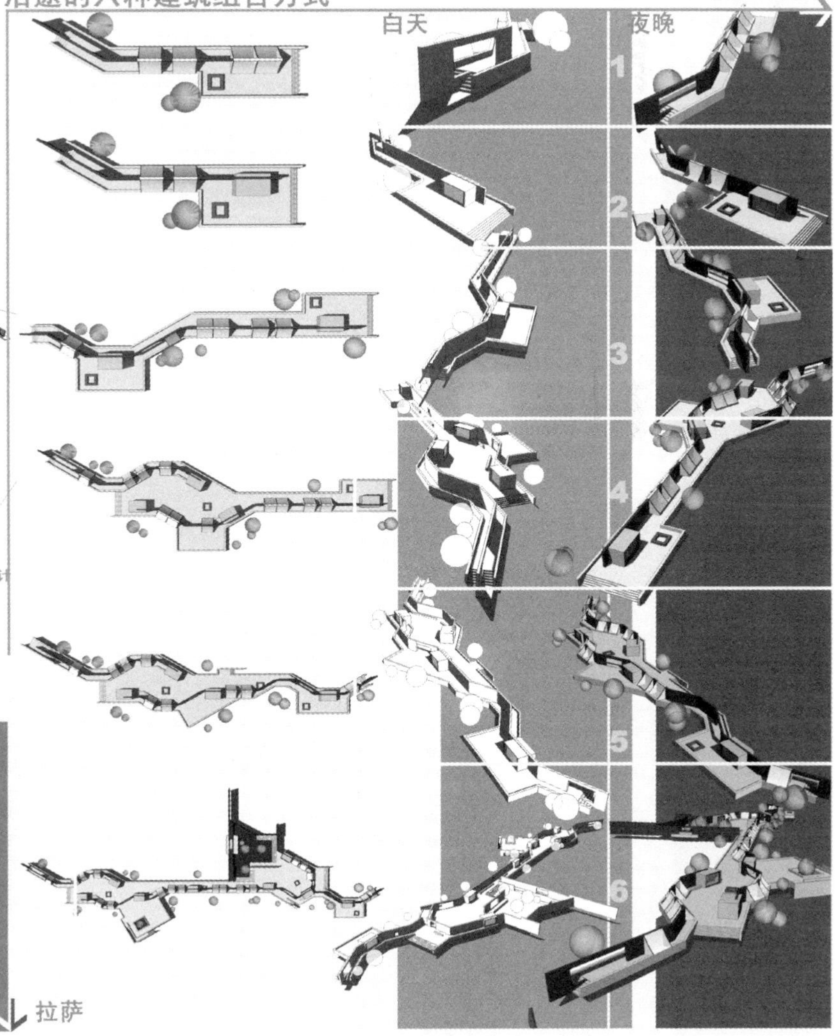

去拉萨的朝圣者是在西藏这样一个特殊的自然环境中的特殊的人群，他们跋山涉水，为了他们的信仰，为了对来世的祈福。在世界屋脊这样恶劣的自然环境下，他们以最简单的行囊和最艰难的行进方式，靠着信仰的力量和坚强的意志前进着。这种环境与行为的两种极端在这里形成了强烈的对比。即使到了他们最终的目的地——圣城拉萨，也并非到了幸福的终点，很多朝圣者因为花光了所有的积蓄无力返回，在拉萨沦为乞丐。当然他们也是会受到礼遇的乞丐，人们理解并尊重他们的信仰，并由于这种理解引发了帮助的期望。

基地的确定：基地包括了朝圣的沿途和终点。

沿途：青藏线川藏线

终点：拉萨市 -- 拉萨河沿岸

人群的确定：去拉萨的朝圣者

拉萨河沿岸建筑群体设计是在基本模块的基础上，结合拉萨河沿岸的地形进行组合得来的。模块与模块之间除了通道的联系还有以曼陀罗形制设计的宗教场所作为建筑群体的中心。建筑群有众多的通道通向不同高差的地坪，对外界呈现出开放的姿态。

拉萨

图3　生态建筑设计专门化方向学生毕业设计——朝圣者的自主社区

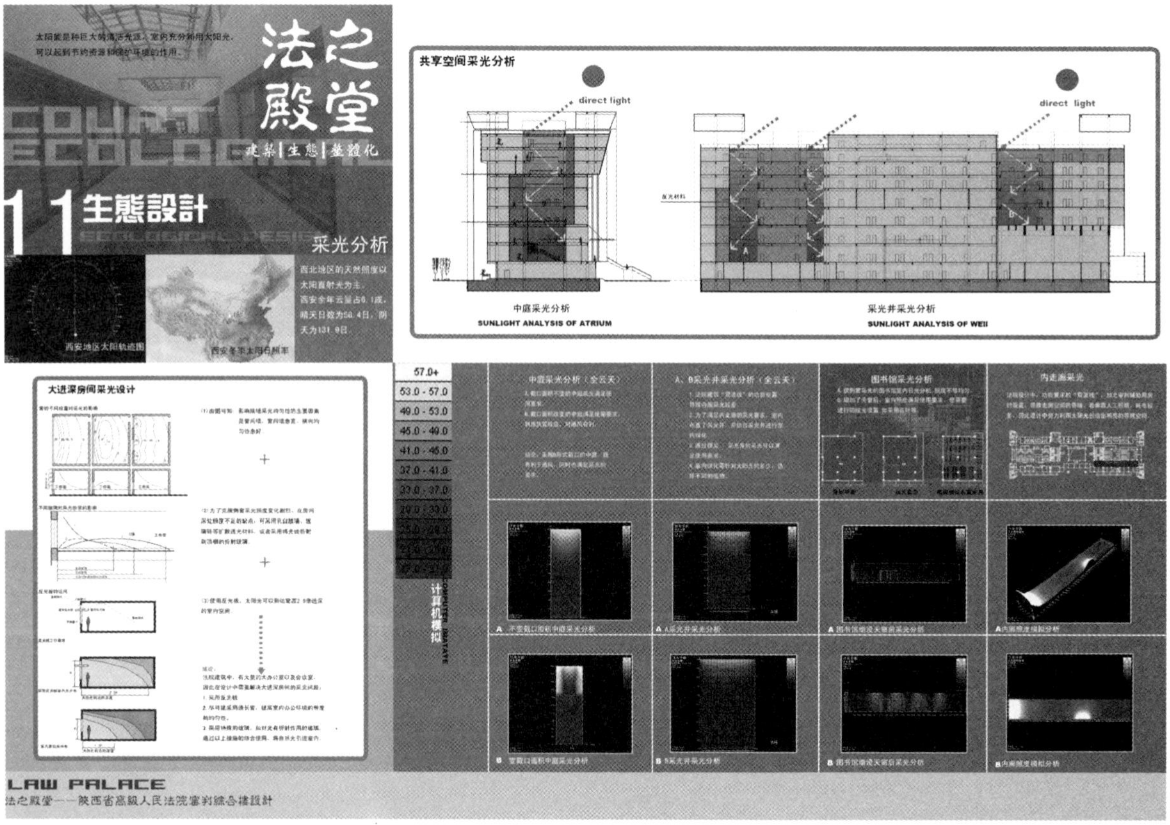

图4　生态建筑设计专门化学生毕业设计——生态法院建筑设计

4.结语

自 2000 年本科建筑学专业评估以来，我们在建筑学本科教学中秉承“生态建筑、建筑环境共生、多学科渗透”的理念，积极开展了系列教学改革探索。回顾和总结整个改革的历程，我们深感，改革的路子是正确的，可是改革的过程却是非常艰辛的，对于教师和学生都是个严峻的挑战，实践表明，只有坚持自身特点，不断改革探索，使建筑技术与设计的相互关系更加和谐，才能探索出一条卓有成效的特色教学之路。

作者：闫增峰，西安建筑科技大学建筑学院，教授，博导，主要从事建筑热环境和生态建筑方面的理论和设计研究；杜高潮，西安建筑科技大学建筑学院，副教授，硕导，主要从事建筑节能和生态建筑方面的理论和设计研究

绿色建筑设计教学实践与教学体系建设的构想

宗德新　王雪松　许景峰

The Teaching System Construction for Green Building Design and Application of Digital Technology

■摘要：可持续发展思想促使建筑学科的发展发生了根本性变化，我们的建筑教育体系也必须作出相应的改变，需要逐步将生态城市和绿色建筑的相关内容逐步融入原有的教学体系。文中介绍了在近年的毕业设计教学过程中的一些尝试，设计过程主要分为设计准备、设计、成果三个阶段，并对教学的相关经验与思考进行了总结，并提出了本科阶段各年级进行绿色建筑教学的重点和绿色建筑教学体系的构想。
■关键词：绿色建筑，教学实践，教学体系
Abstract：Fundamental changes in Architecture have been pushed up by the thoughts of sustainable development, the system of our architectural education should make corresponding changes as well, integrating ecological city and the related content of green building into the original teaching system step by step. This paper introduces some attempts in the teaching process of graduation design of late years, which includes three stages as design preparation, design and results; then the teaching experience and thoughts are summarized, and the teaching emphases on green building for all grades in undergraduate stage and teaching system conception on green building are put forward.
Keywords：Green building, Teaching practice, Teaching system

现在可持续发展思想促使建筑学科发展和建筑设计观念发生了巨大变化，作为未来的建筑师和城市建设者的培养机构，建筑院校的建筑专业教育在推动可持续发展方面起着不可替代的重要作用。建筑教育应当承担起历史的社会责任，认真思考建筑、环境与自然的关系，以可持续发展的理念对建筑教育进行改革，把环境与社会的可持续发展列为建筑教育的核心。

现阶段我国的建筑教育中大都从美学角度，或者从功能和技术的角度出发来指导建筑的设计，片面地以人的主观需要为出发点来认识建筑，没有脱离“建筑－人”的关系这一范畴，而生态建筑思想则是建基于全新的自然观基础之上，它是对建筑最本质意义的追思，是对“自然－建筑－人”这个宏观大系统的全面思考[1]。

要实现绿色建筑教育改革的目标，我们应该积极探索，进行教学改革和教学研究，然后尽快建立完整的绿色建筑教育体系。

1.课程简况

2008年以来，我们在重庆大学建筑学专业本科毕业设计教学中持续开设绿色建筑设计的相关设计课题，取得了一定的经验。

在进行课题选址时我们尽量选择学生熟悉的气候环境与有条件踏勘的地点，制定任务书时注意把握的建筑面积适当，功能也不过于复杂，让学生能有更多的精力投入到环境分析，多方案比较与技术深化当中去。

教学主要分为三个阶段进行，简要说明如下：

2.设计准备阶段

这一阶段主要带领学生完成场地探勘，资料收集、软件学习和专题讲课的工作。

2.1　场地分析

在设计开始阶段从对场地的分析着手，在可能的情况下组织学生到实地踏勘场地，在现场感受基地的大小和高差，并注重了解用地的周边情况，对基地周边建筑的高度、朝向、周边植被分布和高度情况作了详细的记录。

2.2 资料收集

在这一环节我们要求每个学生选择一个绿色建筑实例来做详细研究，从所选建筑当地气候、生态策略、技术手段等方面作深入分析，并将结果整理成演示文件，安排专门的教学时间在课堂上相互交流，使学生在较短的时间内集中接受较多的知识。

2.3 软件学习

在设计开始前对学生集中进行软件培训，这次设计教学中我们主要使用Ecotect软件[2]，同时还对可以用于采光分析的Radiance，通风分析的Airpak和噪声分析的Cadna/A等软件进行了介绍，鼓励学生在课外自学并运用来辅助设计。

2.4 专题讲课

在这一阶段，教师还进行了几次专题讲课。

第一次是生态建筑概论，首先要对绿色建筑的相关背景知识、基本概念等进行讲述，使学生对绿色建筑有初步的认识，了解自然环境与建筑之间的相互关系，了解自然可再生资源技术的原理和应用方法，了解绿色建筑设计的工作步骤。

第二次是绿色建筑技术，在学生初步建立了绿色建筑观念后，把目前我国建筑行业中可行的绿色建筑设计手法与实用技术进行讲解，使得学生在设计中不再"无计可施"。

第三次是对绿色建筑的相关标准与评价体系进行讲解，包括我国的《绿色建筑评价标准》与美国的LEED评价体系，让学生对绿色建筑有更全面的了解。

第四次是建筑物理知识的回顾，带领学生重温建筑物理课程的重要知识点，使学生在运用软件进行分析时对得到的各种数据心中有数，进而指导分析的逐步深入。

上面这些专题讲课有的是邀请校内外的相关专家来进行的。

3.设计阶段

在设计阶段一开始就要强调从绿色建筑的角度出发来指导设计，更关注理性化的设计推导过程，在设计内容的设计上，应最大限度地调动各种技术策略的均衡应用，从而达到设计方案生态效益最大化[3]。

在设计阶段的前期，运用的Weather tool工具对建筑所处的气候条件进行分析，得到项目所在地的温度、湿度、风力风向、适宜朝向等基础数据。学生通过气候分析，结合场地的实际情况，再综合考虑建筑功能等情况设计出草图，在软件中建立初步模型进行分析。我们建议学生在方案前期考虑几种不同的布局模式，然后分别建立模型在软件中从日照、采光、温度等方面通过数据进行直观的比较。在比较中加深对方案布局合理性以及周围环境对建筑影响情况的认识。

在方案的构思阶段，在我们有了初步的想法之后，可以建立简单的模型，对方案从日照、通风等方面进行比较与分析，经过多方案的比较，找出建筑的最佳布局与组合方式，进行深入设计。如图1所示为对不同的规划布局的通风环境进行分析。

在确定建筑布局之后，对建筑内部空间进一步深化，对房间布局、遮阳方式、开窗方式与大小、是否采用附加阳光间，是否增加室内通风井等不同的情况进行分析。

通过前两个阶段的工作，设计逐步推进，但最终方案的形成，还要避免过分强调技术的倾向，因为技术不是方案的全部，还需要综合考虑建筑功能，建筑与环境协调和建筑的文化属性等方面的因素。

4.成果阶段

在最后两周成果阶段，我们希望在正图的成果中不仅体现一个最终的设计方案，还要求学生在正图中通过图表说明方案逐步分析深化的过程，学生在设计阶段中得到的照明、采光、通风分析和噪声分析等图纸可以直接运用到正图中。要对在设计中使用的设计策略与技术手段进行专题说明，如图2所示，并对重要的设计节点提供详图，比如遮阳方式、西墙绿化方案等。

通过绿色建筑设计课程的学习，学生较全面地了解了绿色建筑的概念，初步掌握了如何入手来进行绿色建筑设计，能熟练运用辅助设计的软件。

5.总结与思考

近些年来，国内的一些建筑院校开始

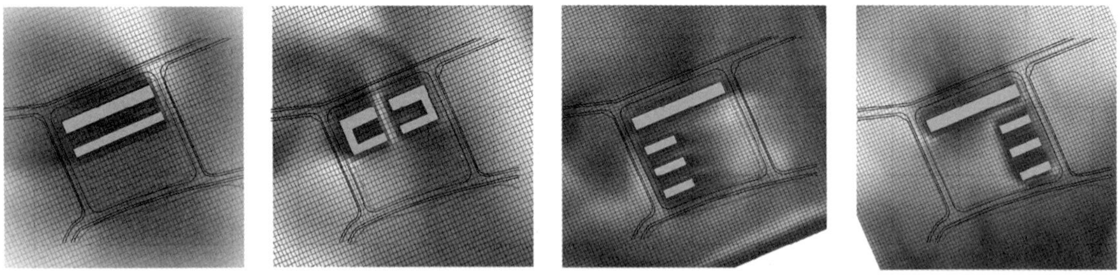

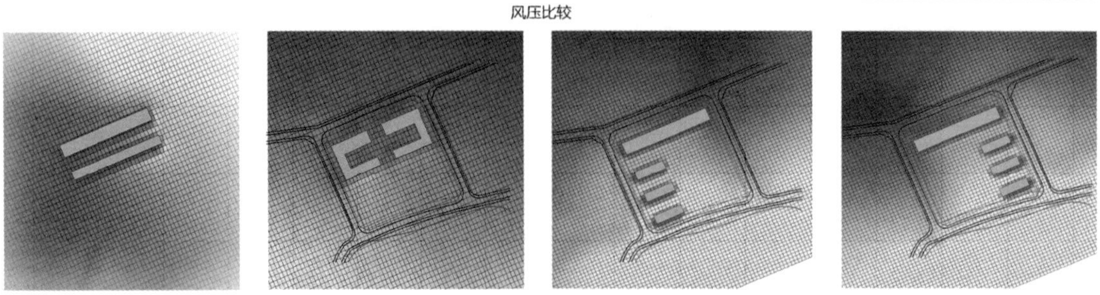

Ⅰ方案风压差最大，但内部静风区过多，不利于通风。

Ⅱ方案一般，有一定风压差，庭院内部也有一定通风。

Ⅲ方案最佳，有一定风压差且院落内部无静风区，应作为下一步设计依据。

Ⅳ方案一般，有一定风压差，但有一院落静风区过多。

图1 不同规划布局的通风研究

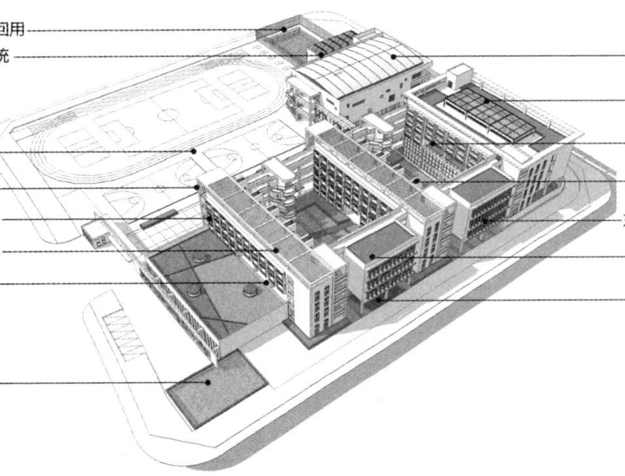

图2　绿色建筑设计策略分析图

了相应的教学调整，将绿色建筑设计的理念逐渐融入建筑设计课程的现有框架，是使学生通过本科阶段的学习，树立正确的可持续性的资源和环境观念，具备完整的绿色建筑和可持续发展的城市环境知识，掌握绿色建筑的设计方法，了解相关技术和评价指标[4]。

构建完整的绿色建筑设计教学体系需要进一步优化课程设置，调整教学模式，整合各个相关专业的知识。根据原有的教学体系，可以在本科阶段各年级设计教学中增加绿色建筑有关的内容，如在一年级增加绿色建筑概论课程，帮助学生较早树立正确的建筑环境观念，初步掌握可持续发展的城市与建筑的知识。在二三年级的建筑构造、建筑物理、建筑设备课程中结合绿色建筑的相关知识要点，在中高年级时在教学中引入计算机模拟和定量计算以及环境评估方法，并进行一些绿色建筑的专题设计课程等。

在具体的教学组织中，可以在中高年级的课程设计中平行设置绿色建筑的相关设计课题，或者在四年级以后根据志愿选择一部分学生开设专业方向课，取得一定的教学成果和经验后再进行更大范围的推广。

以上是对绿色建筑教育的初步探索和思考，要从根本上实现绿色建筑教育方法的转变和绿色建筑体系的构建还有很多的工作要做，我们将进一步加强与国内外院校间的交流，吸收先进经验，在实践中逐步构建出完善的绿色建筑教育体系。

参考文献

[1] 吕爱民.《应变建筑——大陆性气候的生态策略》. 上海：同济大学出版社，2003,P20

[2] 云鹏 .Ecotect 建筑环境设计教程 . 北京：中国建筑工业出版社，2007,p165

[3] 陈喆，刘刚，张建 . 生态思想与建筑设计教学模式变革 . 建筑学报，2007,1：p15 ~ 17

[4] 刘煜 . 从国外实例探讨生态教育的特点 . 新建筑，2007,2：p82 ~ 85

作者：宗德新，王雪松，许景峰，重庆大学建筑城规学院，山地城镇建设与新技术教育部重点实验室

绿色渗透，绿色叠加

——从意识和空间构成的层面对绿色建筑教学进行议论

程启明

Green Penetration，Green Overlay

——Discussion on the Education of Green Building from the Levels of Awareness and Spatial Composition

■摘要：文章围绕绿色建筑教学而展开，论述概念的成分比较多。首先谈了绿色问题出现的不可回避性，之后，又试图去找一些方法来修正所出现的问题。所涉及的范畴主要集中在提高人的绿色意识、改变城市空间构成两个方面。

■关键词：绿色，建筑，生态，绿色计算，渗透，叠加

Abstract：This article was launched focusing on the education of green building，which including more concept discussion.It talked about the unavoidability of the green problem firstly，and then，tried to find some way to fix the problems.The scope of it involved two aspects，which was mainly about raising people's awareness of green and changing urban space.

Keywords：Green，Architecture，Ecology，Green computing，Permeate，Overlying

绿色建筑是一个源于生态保护、强调可持续发展的概念。尽管其内容定义充满着矛盾，但从人的生存角度来看，这又是一个必须强调的概念。在这里，"充满矛盾"是指将绿色和建筑这两个原本矛盾的概念硬硬地捏在了一起。这似乎是一个无奈之举，但又是一个无法回避的现实。就一般意义而言，城市建设本身就是一个反生态过程，这是一个不争的事实，即使将建筑活动追溯到仰韶文化时期，建筑和绿色之间也会存在有矛盾。但因此就放弃对建筑绿色化的尝试，显然也不符合社会发展的潮流。由此可见，解决绿色建筑问题并非是一个简单的事情。基于这种认识，在建筑设计课程教学中，主要做了以下几方面的工作。

一、强化绿色意识

中国有句古话，叫做"解铃还须系铃人"。绿色问题是因人的需求变化而形成的。针对于此，在教学中，将提高人的认识作为一个重点。否则，推动绿色建筑的发展就可能流于表面化。

1. 绿色的人和绿色建筑

远在河姆渡和仰韶时期，把建筑做成绿色并不是一件很难的事。但现在就不同了，随着科学技术不断提高和城市化进程的不断推进，人已经变得不是那么"绿色"了，于是，建造绿色建筑就成为了一个问题。相比而言，日本人还是比较"绿色"的，在发达国家的圈子里，他们的人均居住面积并不高，这就在很大程度上节省了能源。在1979年，欧洲共同体（European Community）一个委员会在一份报告中提到，"日本人是住在'小兔屋'里的'工作狂'。……日本人确实每年比典型的西方工人多工作大约400小时，而他们确实住在小房子里，大约90m^2，比起典型的美国住宅只有一半而已。"①在当时，这是一份给日本人的自尊造成了极深伤害的报告，然而，即便如此，日本人也没有过多地改变自己的生活方式，依旧生活在相对狭窄的空间里，陶醉于归属于自然的快乐之中（安藤忠雄的住吉长屋的成功完全可以证明这一点），尽管这时日本已经成为了世界经济强国。与之不同，近些年来，在中国的各大中城中，小于90m^{2}的户型已经变得越来越少。

2. 讲述一个实验

日本和歌山县的一个科研小组在2000年初做过一个实验[1]，将三组小白鼠分别放置在三个内部体积相同，材质不同的盒子里面。一个是木质盒子，一个是混凝土的盒子，一个是钢板盒子。经历几年喂养以后，不同盒子里的白鼠的出生率发生了很大的变化。木质盒子里面的白鼠出生率最高，混凝土盒子里面的白鼠出生率次之，钢板盒子里面的白鼠出生率最低。讲这个实验给学生听，

目的在于让他们铭记住这样一个道理，生态条件对人的生存和延续有很大的影响。

3. 绿色量化计算

以面积、成本、植树数量为参数，建立一个绿色量化计算表格（表1），试图通过一个假设案例的计算，使学生对绿色的渗透和叠加有比较直观的认识。虽然案例的假设和计算不是那么的严密，但恰恰是这种有待于修正（渗透或叠加）的简单关系却更容易引起学生的共鸣和兴趣。有了共鸣和兴趣，接受绿色便就成了顺水推舟的事情了。

二、绿色建筑设计

在通常的情况下，建筑与绿色是对立的，但有没有可能通过建筑的手段建造出更多的绿地呢？针对这个问题的回答，结合课题设计，提出了绿地置换的概念（图1）。与一般的屋顶花园的建造有所不同，这个绿地置换概念所

绿色量化计算表 **表1**

内容	户型1	户型2	户型3	备注
每户建筑面积	$150m^2$	$120m^2$	$90m^2$	建筑用地$10000m^2$，容积率2.7%，绿化率35%，建筑密度40%
与容积率（按2.7计算）对应的占地面积	$55.5m^2$	$44.4m^2$	$33.3m^2$	每平方建筑面积对应的占地面积按$0.37m^2$计算
节省土地	0	$11.1m^2$	$22.2m^2$	
居住提高系数	1	1.25	1.67	
建设成本（3.2万元/m^2）	480万元	384万元	288万元	
成本比率	1	0.8	0.6	
节约成本	0	96万	192万	
每户居民可增加植树数量和绿化面积	0	96棵 形成$2400m^2$的树林	192棵 形成$4800m^2$的树林	由河北承德移植一颗15m高的油松到北京的价格约为1万元。一棵油松的绿化面积为$25m^2$
绿化提高系数k	1	1.69（$1+96\times25/3500$）	2.37（$1+192\times25/3500$）	绿化率按35%计

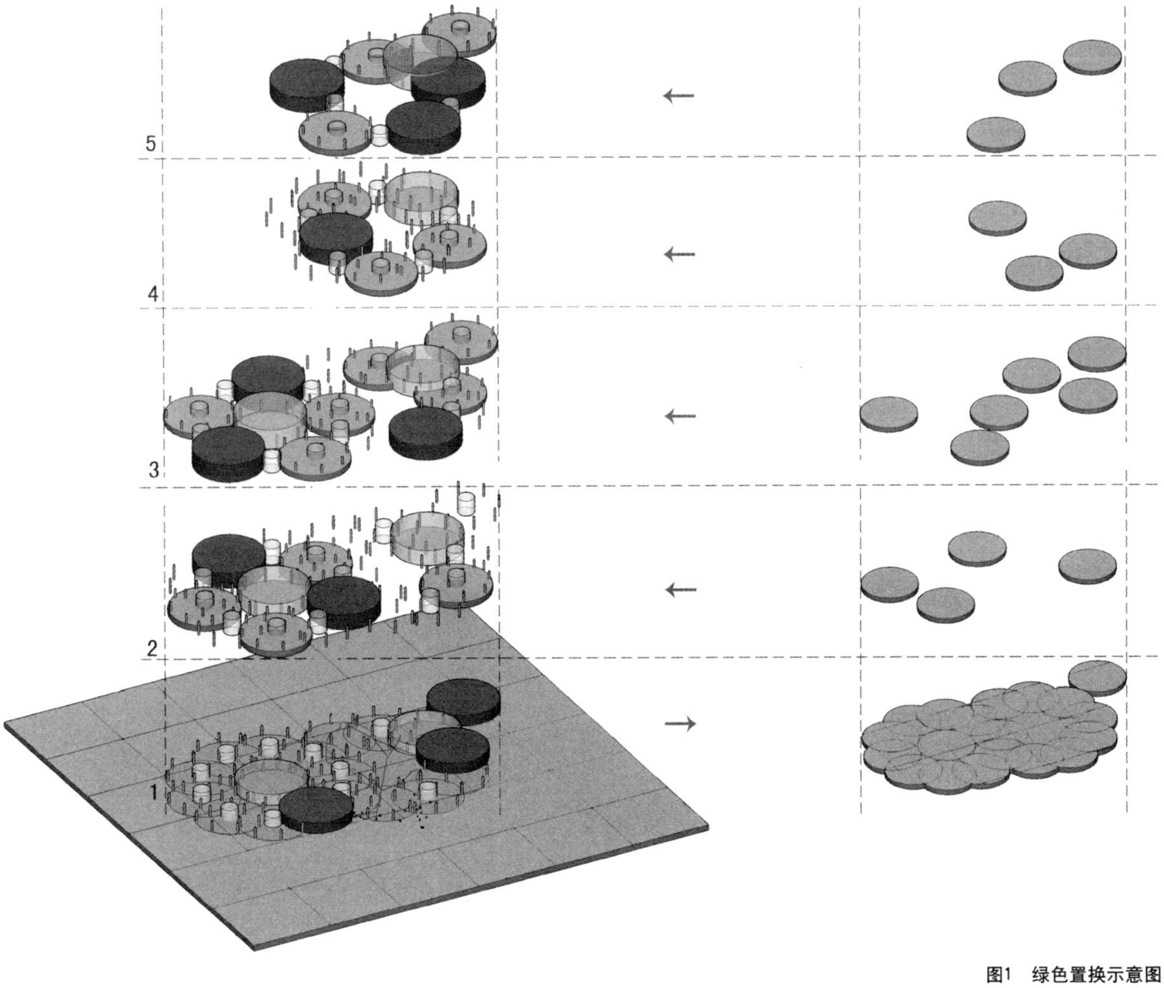

图1 绿色置换示意图

定义的内容并非是将人造绿地简单地集中布置，而是特别对以下两点进行了强调。其一，所建造绿地面积不小于所建建筑底层所占有的绿地面积，而且，绿地能够均匀分层布置。这样做的结果，可以使更多的房间较近距离地接触到绿色；其二，通过将建筑底层架空，尽量减少建筑所占地面面积。与古典建筑相比较，现代建筑是可以不占地，或少占地的。将底层架空对防止热岛效应的形成极为有利。

三、建立开放用地率概念

为了切实地避免热岛效应的形成，建立一个类似于建筑密度、容积率的指标评定概念可能非常重要。开放用地率便是基于这种认识而建立起来的概念。另外，从空间属性层面来谈的话，建立开放用地率也很有必要。有了这个概念的约束，建筑与城市之间的关系可以变得调和一些。一般而言，建筑的归属感比较强，房子建成以后，原本可以自由出入的地方变成了为少数人服务的场所，随之而来的是，城市空间变得相对封闭起来。与之不同，现代城市空间的构成讲究的是开放和无障碍，只有这样才有可能让城市充满活力。在这里，开放用地率是与城市空间的构成形态相对应的（图 2）。

开放用地率：k ＝开放用地面积 / 建设用地面积

其中，开放用地面积：建筑物建成后所提供给城市的，并可以让市民自由使用的土地的面积。

从城市空间构成的角度来看，如果将开放用地率和建筑密度、建筑容积率对应起来的话，可能会是一件很有意义的事情。因为，这个概念与城市开放性、自由性、生态性等相对应，并会对城市的生态环境的构成具有一定的控制作用。城市越是开放，良好的通风环境越有益于生态环境的形成。[2]

四、渗透绿色、叠加绿色

在建筑课题设计环节中，关于绿色建筑技术的介绍远不及建筑技术等相关课程介绍得那么深，只是从一般规律和环境背景方面进行指导。其中，一般规律是相对于总平面设计、空间构成和立面设计而言的。关注点在朝向、通风、遮阳等几个方面。环境背景是相对于基地环境而言的。教学目标点定位在对大环境有所认识。比如，对待生态保护地区的建筑设计，有意识地引导学生把风能发电、太阳能发电、地热利用等节能技术概念性地渗透和叠加到课题设计之中来（图 3）。

五、教学过程把控

明确将绿色建筑的概念部分引入建筑设计教学中以后，在教学内容的深度把握方面。着重作了以下几个方面的定位。

1. 设计的深度基本限定在概念层面

进行这样的深度限定是出于两方面的考虑，一是建筑课程设计只是一个综合训练过程，并非是一个研究过程，或工程设计过程，如果过多地将精力放在技术处理方面，对其他方面的能力训练可能会产生不良影响。二是绿色建筑的技术处理是一个非常复杂的系统构成，在没有足够的时间、精力、严格限定的条件下，表面化的推动反而容易建立错误的认识。

2. 避免将绿色建筑绝对化

从根本上讲，绿色建筑是一个相对性的概念。所以才会有绿色建筑等级划分。[3]在大多数情况下，只要建造房屋就必然会对生态有所损害，所谓的绿色建筑，只能是在不〝绿色〞，或不太〝绿色〞的基础上，将〝绿色〞进行渗透，或叠加。这是一个必须给学生讲清楚的问题。有许多建筑说

图2　底层架空设计实例（方案竞赛）

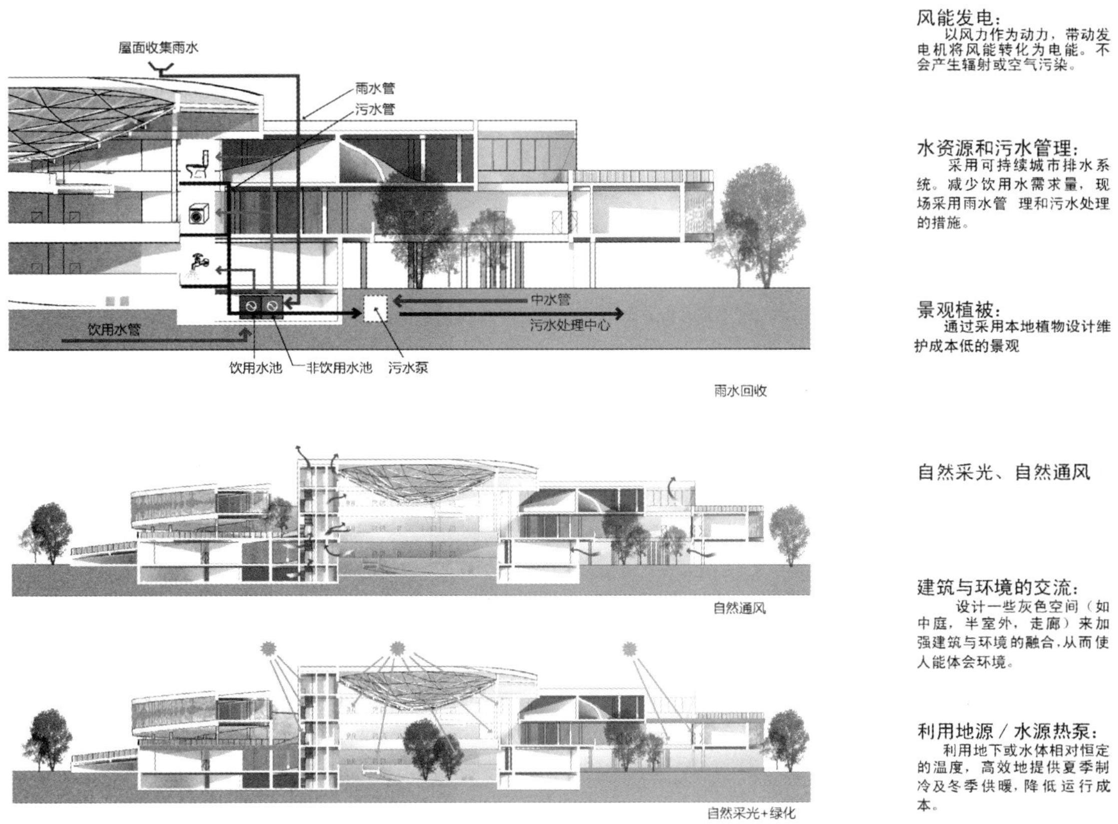

图3 渗透与叠加（学生作业）

是绿色的，但其实现的代价是使得另一个地方不"绿色"了。

3. 倡导低技术化实现绿色化

尽管这些年来新技术和新材料的发展比较迅猛，但过多地依赖于技术去实现绿色建筑显然是有问题的。"许多号称绿色建筑的实践多满足于技术的罗列，不是以优化的手段和从全生命周期成本的角度来看待绿色建筑，其结果，建筑造价很高，全生命周期成本很高"。[4] 虽然不能说绿色和技术是对立的，但从历史的角度来看，真正的绿色通常是与低成本相对应的。

4. 基于原点建筑绿色度而展开

不同类型建筑的绿色度是不同的。比如较居住建筑而言，大型公共建筑的绿色度实际上是很低的。绿色度低了，实现"绿色"自然会变得困难。尽管表面上看，有些建筑说是采取了许多绿色的技术处理，但由于原点绿色度过低，即使是渗透，或叠加进去了许多的绿色，对生态的损害依旧还是会很大的。所以原点建筑的绿色度是一个值得关注的问题。

5. 人"绿色"是关键

人在建筑之前。换而言之，是为了满足人的需求才去建造建筑。从生态学的生存竞争的角度来看，说建筑是人与自然斗争的产物并非没有道理。在早期，人斗争不过自然，因而被"绿色"所束缚。但渐渐的，"绿色"的约束被人打破了，这时人才认识到"绿色"的约束关系到自身的生存。亡羊补牢，虽然为时不晚，但此时的人必须认识到，斗争对象已经发生了变化，不是自然，而是自己。

注释

[1] 2003年4月，笔者在日本和歌山县和歌山市参加了一个关于建筑生态材料、生态技术推广的研讨会。期间，这个实验给人留下深刻印象。

[2] 参见邹经宇《风自悠然水自清》新建筑，2008.2：p9。文章对城市自然通风与生态构成的关系详细地进行了论述。

[3] 参见《绿色建筑评价标准》GB 50378-2006

[4] 参见山泰璜，周志坤，李慧玲《绿色建筑与可持续建筑之辨》新建筑，2008.2：p35

参考文献

[1] （英）肯尼斯·G·韩歇尔（Kenneth G Henshall）著. 李忠晋、马昕译. 叶渭渠配图. 日本小史. 世界图书出版公司

[2] 林武生、吴远航. 绿色建筑设计竞赛方案评述. 新建筑，2008.2：p26

作者：程启明，中央美术学院建筑学院教授

绿色建筑设计教学中的形式与气候

陈晓扬

Form and Climate in Teaching of Green Architectural Design

■摘要：绿色建筑设计教学中要解答形式与气候关系的问题，在当前阶段以形式为主线索，将气候融入其中是一种合理的路线。方法是气候分析结合场地分析，气候策略融入形式生成。然后通过两个教学案例，对该方法进行详述。
■关键词：形式，气候，绿色建筑，设计，教学
Abstract: To answer the question of form and climate in teaching of green architectural design, it's a reasonable way currently to set form as a main clue and combine climatic issue into it.The method is to combine climatic analysis into site analysis and integrate form generating with climatic strategy.This method is specified by two teaching case.
Keywords: Form, Climate, Green architecture, Design, Teaching

1.形式与气候

绿色建筑是关系到发展可否持续的重要一环，它的出现并非某种流派的时兴，而是社会的长期需求。绿色建筑设计正成为各建筑院校建筑设计课程的重要内容，在教学中出现了一些新的问题，绿色建筑的理念给传统设计教学带来了挑战。建筑设计教学历来注重的是空间和形式，形式是空间的表达。而绿色建筑设计主要关注的是气候，正如柯里亚对绿色建筑的著名的注解——形式追随气候。究竟设计教学核心是形式还是气候，如何把气候关注贯穿到设计，是设计教学中必须要回答的问题。可能的方式有两种。第一种是彻底改革建筑设计教学，以气候为主要关注点，气候决定形式，不可避免要弱化形式本身的关注。这种选择需要完整的课程体系予以配合，从绿色建造到绿色技术支持都必不可少，目前条件还不成熟。美国兰斯·霍塞向美国建筑协会环保委员会提交的绿色建筑设计教学报告中也提及："甚至在学术界外面，也在争论：可持续设计的重点应当放在可持续性上，还是应当放在设计上面。"[1]对绿色建筑的理解还未能透彻，各专业的合作也才起步，所以全面的改革尚不可行。第二种是渐变式的改革，将气候线索结合原有教学体系，找到合适方法让气候关注融入到形式创作。笔者在二年级的设计教学中选取这种路线，依然以形式为主线索，但是在形式控制过程中添加了气候因素。该尝试从形式生成逻辑入手，教学过程中将气候分析与场地分析结合，气候策略融入形式生成。在建筑低年级的教学中，采取该方法，目的是让学生不要头绪过多，紧紧围绕形式生成这一核心。

2.场地分析与气候分析

场地分析是传统建筑设计教学中设计的起点。在东南大学建筑学院的课程设置上，往往都选择真实的场地以满足现场调研的需要。学生在调研中，收集场地的相关信息，形成调研报告，进行讨论交流，启发设计。一般而言，传统教学中场地信息关注点包含：交通、朝向、景观、周围建筑情况、周围设施情况、绿化。其中朝向与气候相关。而在绿色设计教学中，加入场地日照、通

教育部高等学校博士学科点专项科研基金项目（20100092120003），教育部人文社会科学研究青年基金项目（10YJCZH076）

风的调研，还要了解本气候区建筑设计的基本取向。这样做之后，感受到两点明显变化。一是学生会更严谨地关注建筑的气候边界。以往学生在设计之初往往会忽略该问题，建筑内外概念不清晰，有时是为了所谓的空间效果忽略舒适性，而有时则是根本不在意内外之分，忽略气候区域特点。二是更加关注场地的微气候，房间的日照、通风、避西晒等问题都开始有了主动考虑。

3.形式生成与气候策略

形式生成有多种因素发生作用。低年级的学生在初步构想形式时，临摹与创作结合是最常采用的方式。由于本身积累的形式语汇有限，从相似先例入手获得启发是大多数学生的选择。然后创作则主要结合本场地和设计任务，这是设计中较为理性的部分。或者希望表达某种主观想法，有时合理，有时则表现得非理性，有一定偶然性。教学的目的是引导理性的思维。

在传统设计教学中，引导理性思维的主要点是功能、场地，此时前期的场地分析介入，有助于控制方案设计。但是存在的问题是场地分析的结论往往在方案设计之初体现得最为充分，而在设计过程中逐渐被弱化，尽管这可能是无意的。被弱化的原因是许多场地因素对方案的控制并不显得那么出效果。场地因素多数时候是理性的控制要素，而不能引发出炫目的空间效果。当设计者主观上希望表达某种艺术概念时，倾向于忽略它所带来的非理性影响。气候线索的引入则增加了理性控制要素的分量。

形式生成的步骤与传统课程相似，先从简单形体入手，利用场地分析和功能分析对简单形体进行操作，每次操作尽量简单明确。所不同的地方在于传统的形体操作逻辑过于主观，而气候导向的形体操作更具合理性，指向明确。但值得注意的是，决定一个建筑方案的因素是综合的，气候因素尽管重要，也只是其中之一。所以传统教学中形式生成的体系结构是可以沿用的，气候要素与交通、景观、环境等要素共同影响着形式的生成。下面以两个设计作业的形式生成过程为例说明。

第一个是独院住宅，在南京一个东西宽11.5m，南北长16.4m的以低层住宅为主的基地上设计建筑面积约180m^{2}的独立住宅（图1）。设计从基地分析开始，形体操作上每一步的逻辑都从场地分析与气候分析的结论得出。第一步退让形体是为了获得充分日照；第二步挖出庭院依据的是通风优化；第三步下沉半层是为了优化热环境与控制建筑高度；第四步立面表皮处理区分出南向与北向的不同应对方式；第五步加入解决结构与交通功能的竖向筒体。形体生成的步骤有序，逻辑较为清晰（图2）。

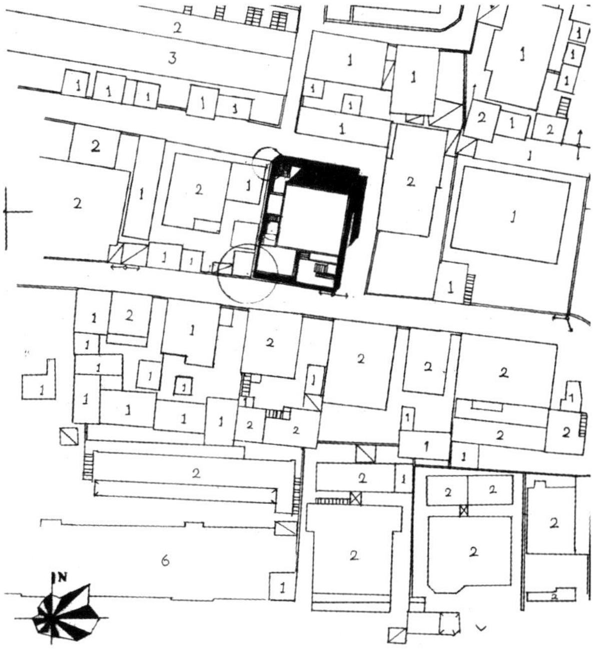

总平面1：500

图1　独院住宅基地

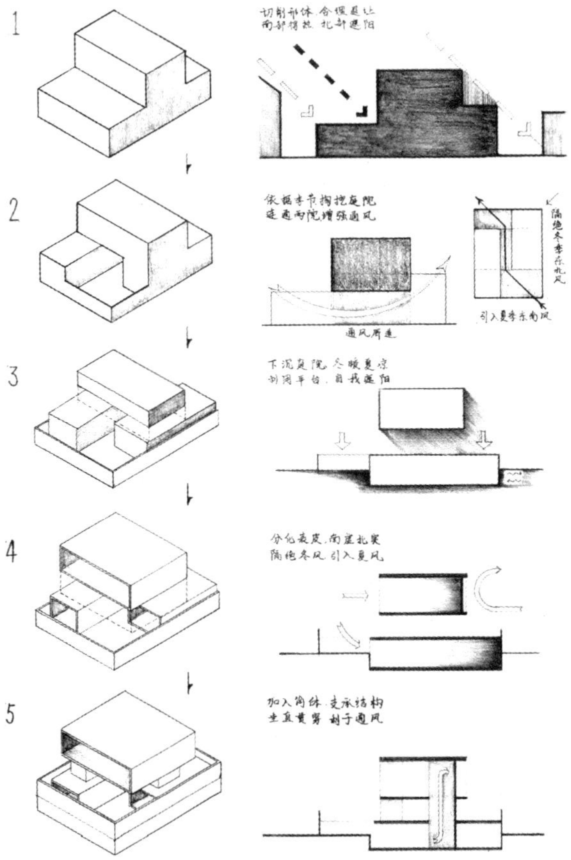

形体生成

图2　独院住宅形式生成过程

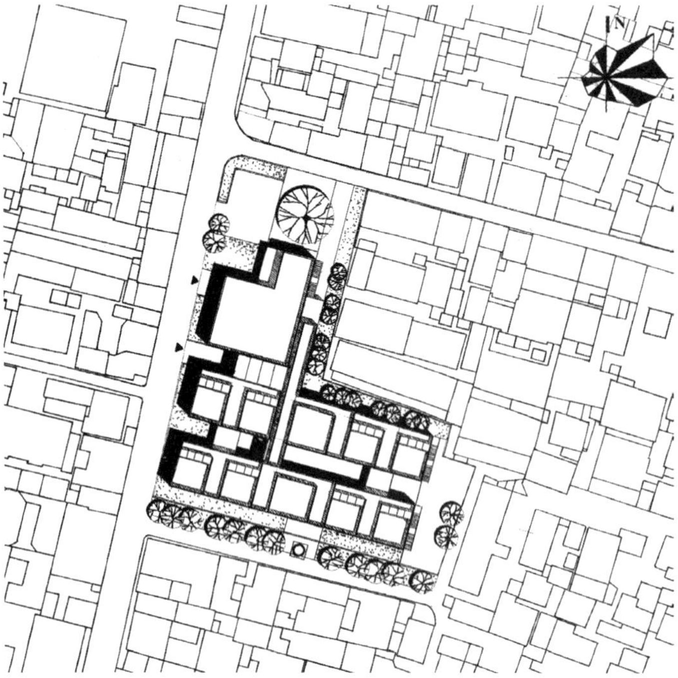

图3 青年旅社基地

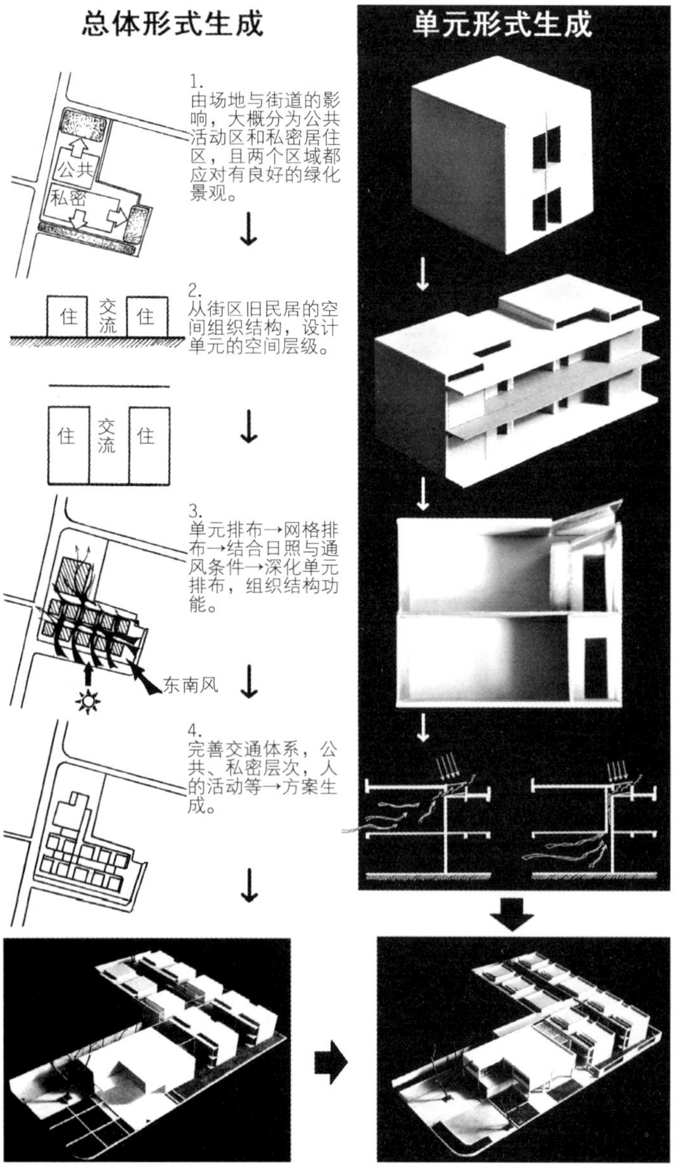

图4 青年旅社形式生成过程

第二个作业是在南京一个占地约2500m² 的 L 形地块中设计建筑面积约2000m² 的青年旅社（图 3）。

在总体设计中，依据场地分析进行建筑布局。第一步根据建筑动静分区确定两大分区的摆放位置；第二步从场地原有传统街区肌理中提取组织模式来组织单元；第三步从场地日照与通风优化原则入手来深化单元排布与组织结构；第四步嵌入内部交通体系完成建筑布局。在住宿单元的设计中，同样遵循了这样步骤化的操作方式与每步操作的逻辑分析。第一步根据面积与层数生成最简单的单元盒子形体；第二步将两组简单盒子进行组合以留出交流空间，并将交流空间与住宿房间进行形体区分；第三步在住宿单元内进行自然通风强化设计，加强了单元特征。总体形式生成与单元形式生成两条逻辑线索共同作用形成了方案（图 4）。

在这两个作业中，设计者在形式生成的过程中运用了各种控制要素，气候要素恰如其分地参与其中，所以生成的形式较为整体、成熟。方案并没有刻意显现绿色建筑的标签，但学生理解了绿色建筑设计的基本观念和原理。

4．结语

绿色建筑将带来设计教学的改革，然而在绿色建筑设计课程探索初步阶段，课程体系与技术支持不是很全面时，并不全面改革建筑设计课程，而是在传统教学的形式生成中引入气候要素，将其作为形式生成的控制要素之一，这是一种可行的方法。在低年级的教学实践中证明，通过此方法，绿色建筑设计的基本观念和原理可以被学生内化。

参考文献

[1] 夏海山．应对绿色建筑设计转型的美国高校建筑设计教学 [J]. 高等建筑教育，2006(12)，1–4

作者：陈晓扬，东南大学建筑学院，副教授

一年级绿色建筑设计教学的思考

顾震弘 张 彧

Reflection on the Teaching of Green Architectural Design in the First Year at University

■摘要：相对于高年级学生，大一新生不具备任何建筑学专业知识，一年级的绿色建筑设计的主要任务是使学生建立可持续发展的价值观，而非具体的技术方法。本文对一年级的两个案例进行了简要评述，对产生的问题进行了总结和反思。

■关键词：大学一年级、可持续发展、价值体系、材料、建造

Abstract: Compared with upper grade student the freshmen of the school have no architectural knowledge. The main task of the green architectural design in the first year is the establishment of students′ sustainable value systems, rather than concrete technical methods. The paper introduced the two cases of the first year, and summarized the problems.

Keywords: First year at university, Sustainable development, Value system, Material, Construction

1．一年级绿色建筑设计基础的教学架构

一年级的绿色建筑设计课程主要包含两部分：一是与可持续发展相关的基本知识，二是绿色建筑设计的主要内容。前者包括自然生态的系统及其组成、全球面临的环境问题、可持续性概念、可持续性设计的内容等，后者包括建筑物的能耗构成、建筑节能策略、建筑材料的再生与循环、水资源的利用方式、建筑的维护使用等内容。主要任务是使学生建立可持续发展的基本概念，树立可持续的建筑设计观念。

2010年作为该教学体系首次在一年级完整实践，主要通过两个教学题目的设置实施：一是材料与建造教学（上学期），一是社区活动中心设计（下学期），未来还准备增加新的教学题目——建筑师工作室设计，加强学生对绿色建筑设计的理解和应用。

2．教学案例一：材料与建造教学

教学目标

材料与建造课程的目的是通过对真实材料的建造研究空间生成的方式，感知材料、建造和空间的关系。建造是建筑工程的重要环节，是通过真实建筑材料的加工和操作，使建筑设计方案得以实现的过程。建造逻辑和要求本身是影响设计的重要因素，材料自身特性及建造文化将影响结构形式及构造逻辑，并最终影响建筑的空间效果。结合绿色建筑设计知识的传授，在材料与建造课程中我们选择木材作为研究的主要对象，加入了对木材这一可再生材料的认识，目的是使学生了解材料利用中的3R策略，即减少材料使用（Reduce）、可循环利用材料（Recycle）及废弃材料再利用（Reuse），使学生体验建筑在"材料—建造—使用—拆除后再利用"这一全寿命周期（LAC）过程中的建筑设计策略。

教学内容

课程分为四个阶段——材料试验、节点设计、空间模型及空间建造。针对四个阶段的不同内容我们增加了相应绿色建筑设计的要求，如材料试验阶段要求考虑可再生、可循环及废弃材料再利用，鼓励利用上年级遗留的材料，将上年级作业拆卸后的木料进行再利用；在节点设计阶段，要求采用螺栓、铰链、百页、榫卯等可反复拆卸组装的连接件进行构件连接方式设计，而不能采

用钉子等一次性连接节点；空间模型阶段，要求采用可灵活组装及可拆卸的空间设计，组成空间的构件可方便地安装和拆卸，鼓励构件的标准化和模数化，"构件——空间——构件"是一个可逆的过程；真实空间建造阶段要求建造完成后一定时间内将空间进行拆除，拆卸后的材料可再次利用。同时在教学过程中增加有关绿色建筑材料的小组授课，使学生对材料的认识不仅仅停留在材料表面特性、连接方式及其与空间关系的层面，更应将材料放在建筑生命周期中考虑材料的经济性、持续性、耐久性以及对自然资源消耗的节约上。

阶段	阶段1	阶段2	阶段3	阶段4
	材料试验	节点设计	空间模型	空间建造
内容	考察建材市场，收集多种木质材料，研究材料特性（表观特性、结构特性、加工特性等）	尝试不同形状及断面尺寸材料的组合，设计符合材料特性的连接方式及构造节点	在前两阶段研究基础上发展出可容纳一个人进入的空间遮蔽物模型，探讨材料与空间的关系	以真实材料搭建1：1的可进入空间，体会实际建造过程、亲身体验空间效果
增加授课	绿色建筑材料		材料与空间设计	
进度	0.5周	1周	2周	1周
绿色设计要求	可再生、可循环以及废弃材料再利用	不能采用钉子等固定节点	可灵活组装及灵活拆卸的空间设计	拆卸后材料可再次利用

作业展示

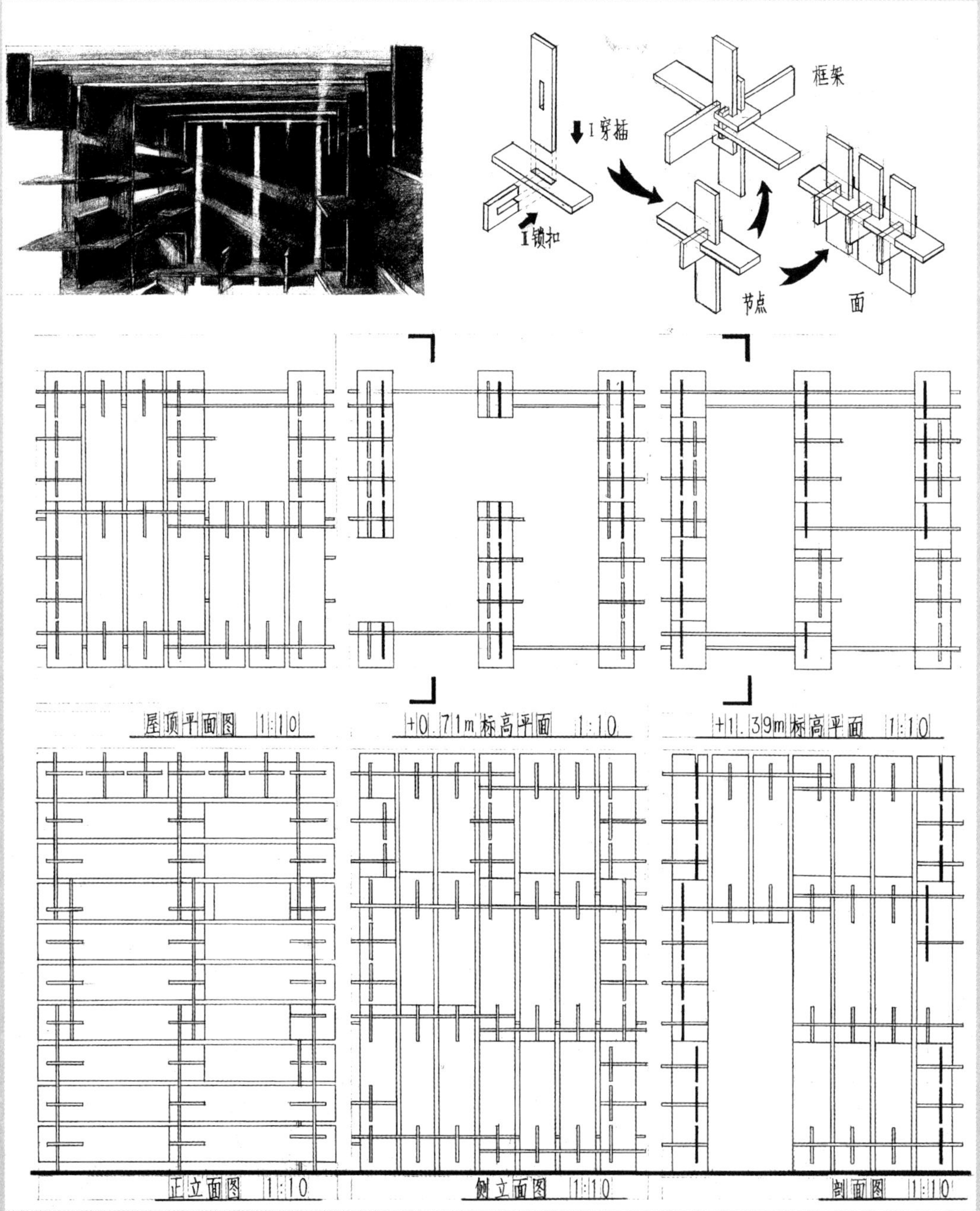

板材种类	价格	尺寸规格	原料	种类	肌理	质感	色彩	特点
大芯板（细木工板、木工板）	120 — 160 元	1220mm×2440 mm×19mm	柳桉，榉木、柚木等	按层数可分为三合板、五合板等	表面露出的木纹不美观	表面半整光滑，不易翘曲变形，芯条排列均匀整齐，缝隙小	浅色	（1） 其竖向（以芯板材走向区分）抗弯压强度差，但横向抗弯压强度较高； （2） 其防水防潮性能优于刨花板和中密度板； （3） 大芯板握螺钉力好，强度高，具有质坚、吸声、绝热等特点，而且含水率不高，在 10%—13%之间，加工简便，用途最为广泛； （4） 大芯板比实木板材稳定性强，但怕潮湿，施工中应注意避免用在厨卫。
杉木板（杉木集成板，杉木指接板）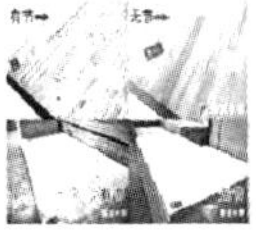	单面无节：110 元/张 双面无节：130 元/张	1220mm×2440 mm×17mm	一般采用优质木材（目前较多的是用杉木）作为基材。	单面无节，双面无节、有节	原质原味天然板材，木纹清晰，自然大方，有回归大自然的自然朴实感	半整光滑，厚实，给人温暖的感觉	颜色鲜明，略带红色	优点：环保性、美观性、稳定性（经久耐用，不生虫）、实用性、美观性。 缺点：质量差，价格低的集成板，含水率不达标，易变形，时间久了会开裂。
刨花板（微粒板、蔗渣板、碎料板）	88 元/张	1220mm×2440 mm×19mm	木材或木质纤维材料	根据刨花板结构分：单层结构刨花板；三层结构刨花板；渐变结构刨花板；定向刨花板；华夫刨花板；模压刨花板。 根据制造方法分：半压刨花板；挤压刨花板。	纹路自然，容重均匀，交叉错落纹理	表面半整	浅棕、深棕等杂色	优点：结构比较均匀，加工性能好。吸音和隔音性能也很好。内部为交叉错落结构的颗粒状，各部方向的性能基本相同，横向承重力好 。 缺点：边缘粗糙，容易吸湿。在裁板时容易造成暴齿的现象。
密度板（纤维板）	40 元/张	常用规格有 1220mm×2440mm 和 1525mm×2440mm 两种，厚度 2.0mm～25mm	木质纤维或其他植物纤维	按其额度的不同，分为高密度板、中密度板、低密度板	材质细密	表面光滑半整，质软，密度均匀，板材表面的装饰性好	浅色	优点：1、密度板变形小，翘曲小； 2、密度板有较高的抗弯强度和冲击强度； 3、密度板很容易进行涂饰加工； 4、物理性能极好，材质均匀，不存在脱水问题。 缺点：1、密度板的握钉力较差。； 2、重量比较大，刨切较难； 3、密度板的最大的缺点就是不防潮，见水就发胀。

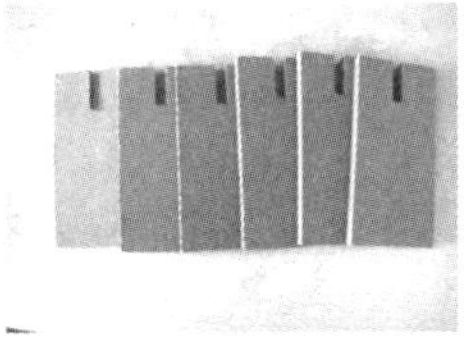
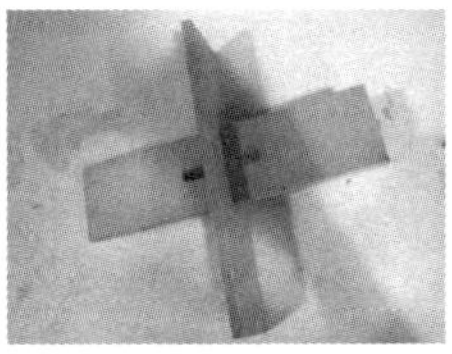

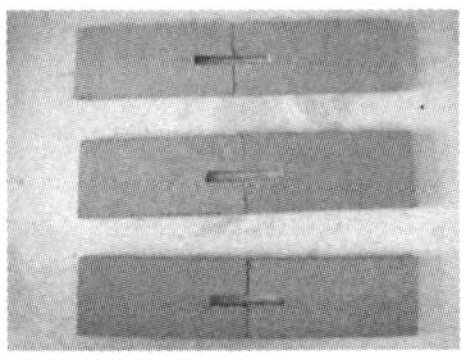

成果小结

目前我国的绿色建筑的重点主要是建筑节能，对于材料问题的重视相对不足，但实际上能耗是比材料要抽象得多的问题，对于一年级的学生来说，从这个相对具象的问题入手，更符合教学的规律。由于题目本身要求的在材料与建造教学中针对木材所提出的要求并不高，许多未参加绿色设计实验小组的同学的设计方案同样可以很好地满足绿色设计要求。事实也证明了这一点，学生大多可以在满足绿色设计要求的前提下实现设计意图，其中不乏精彩的创造性设计。

有意思的是，我们发现通常完成较好的作业都不自觉地与绿色设计要求相吻合。因此，在今后这一题目的设计中，全面推行绿色设计的要求，对绿色建筑材料相关知识加以拓展，似已顺理成章。

3.教学案例二：社区活动中心

教学目标

一年级下学期的课题设置前 4 周还是一个抽象空间的训练，剩下 12 周就是一个完整的建筑设计，相比上学期以概念灌输为主，下学期的教学主要是结合一项完整的建筑设计过程，具体教授绿色建筑设计的要点。通过这一过程的学习，学生应对绿色建筑设计有初步的认知，了解在不同阶段应关注的主要问题，以及可以采用的策略方向，进一步引发学生对绿色设计问题的思考。

教学内容

建筑设计的课题是社区（或师生）活动中心。题目设定在城市中的一块真实用地，周边被多幢建筑包围。设计过程基本分为三个阶段：首先是从环境出发完成建筑体量；其次是建筑内部空间的组织；最后是建筑材料和构造的实现。作为与建筑设计平行的一条线索，绿色设计课程将为学生提供从应对场地气候到绿色节能建筑设计的一系列策略和方法。同时会结合相应的设计题目，重点要求一到两项具体的绿色设计。

阶段	阶段1 从城市到体量	阶段2 空间设计			阶段3 建造研究
增加授课	关于气候与场地的小组授课	被动式节能策略的授课	雨水利用和绿化的授课	绿色建筑材料的授课	保温与遮阳构造的授课
主要内容	a.针对气候条件应采用何种形式的建筑布局 b.温度——集中式和分散式 c.日照——朝向和采光 d.主导风向——点式和条式，风压通风和热压通风 e.降水——场地竖向设计	a.气候边界和围护结构的概念 b.闭合的气候边界 c.影响建筑能耗的因素 d.被动式节能策略——保温层和遮阳	a.结合空间设计的绿化 b.绿化的生态价值 c.控制不透水面积比 d.不同形式的绿化（庭院、屋顶、水面、垂直）	a.选择材料中的可持续性要求 b.全寿命概念 c.环保认证 d.合理用材经济用材	a.保温的常见形式，避免冷桥 b.遮阳的常见形式，水平遮阳、垂直遮阳和混合遮阳，固定遮阳和活动遮阳
进度	2周	6周			4周
作业要求	日照分析图	方案体形系数	方案绿地率	建筑材料列表	节点大样

作业展示

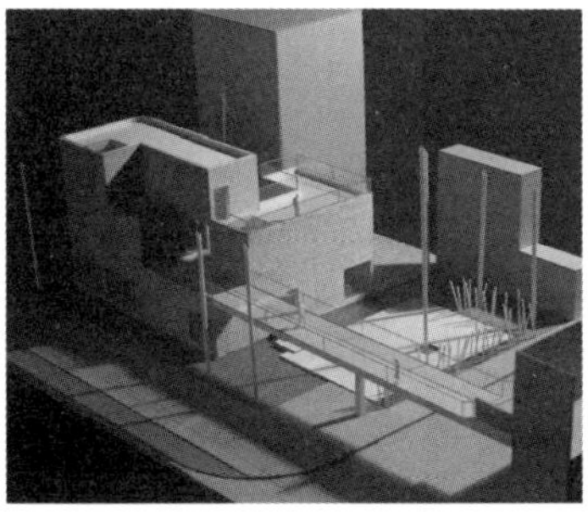

社区活动中心

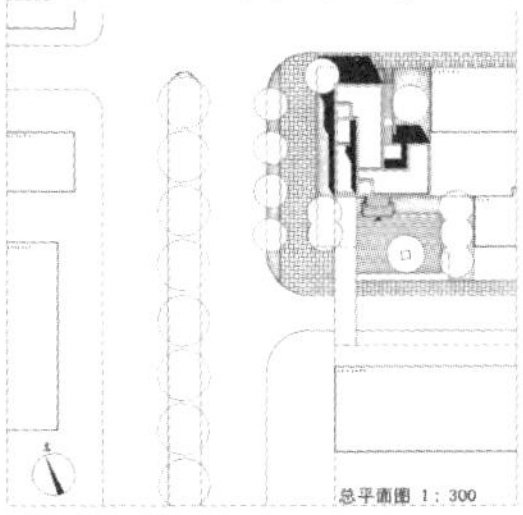

总平面图 1：300

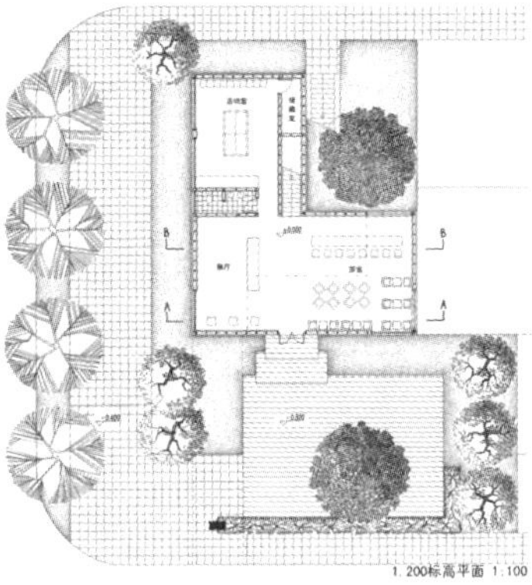

1.200标高平面 1:100

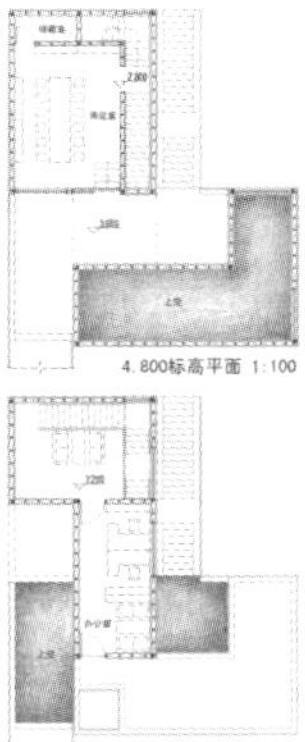

4.800标高平面 1:100

8.400标高平面 1:100

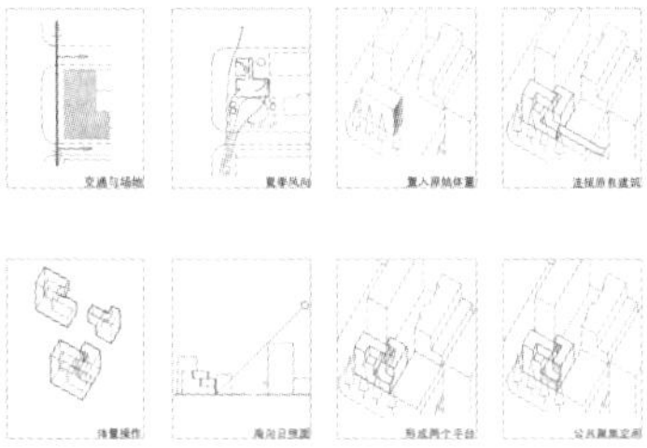

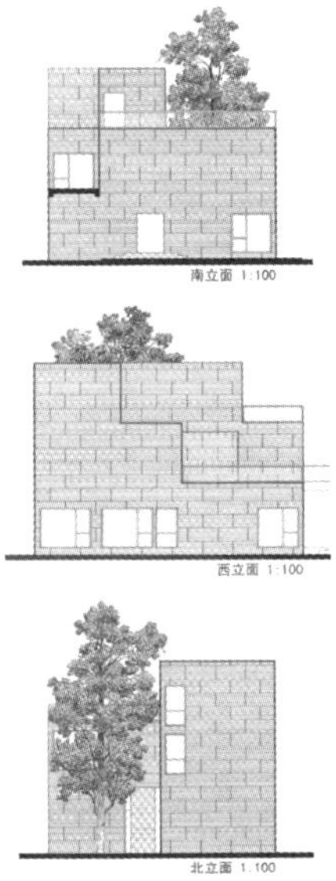

南立面 1:100

西立面 1:100

北立面 1:100

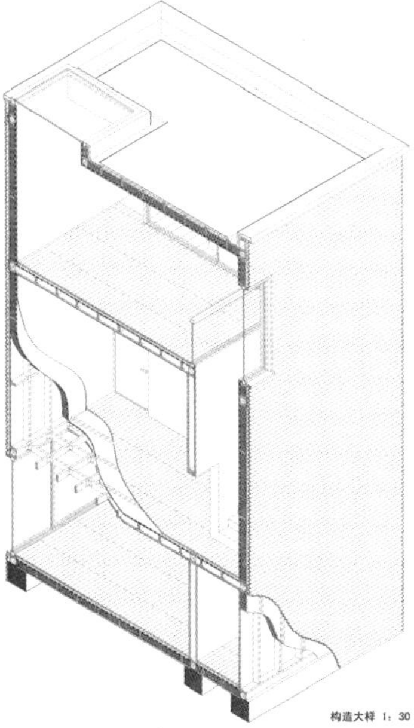

构造大样 1：30

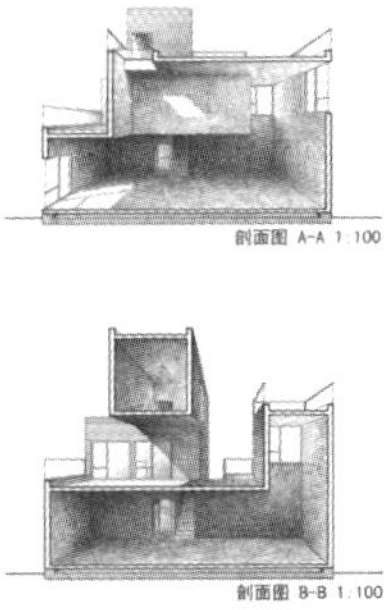

剖面图 A-A 1:100

剖面图 B-B 1:100

成果小结

大一的绿色建筑教育的重点主要是提高学生的设计意识，而非具体的设计能力，帮助学生建立起对可持续设计的价值观，至于具体的设计技巧则是更高年级的任务。正是由于这一定位，决定了大一的教学侧重于知识框架的建立，面铺得较开，但不会就某个问题进行深入研究。而在与设计作业的结合点的选择上同样要考虑大一学生的实际情况，在技术性专业课程均为介入的情况下，学生尚不具备进行专业设计的能力，因此这些结合点也只能是相对较简单的内容。

在教学和最终答辩过程中，学生和其他老师问得最多的一句话就是"绿色组有什么不同？"这句话的意思其实是他们从学生的设计作品中没看出什么特殊的地方，亦即所谓"特色"的东西。如此之多的人关注这一点，这本身就说明了一个问题——绿色设计被曲解了，亦可以说建筑设计本身被曲解了——评判设计好坏的标准就是最终能够直观感知到的形式，而建筑内在很多看不见的东西，如结构的合理性、建造的难度和成本、物质和能量的消耗、使用者的舒适性等，则统统被选择性忽略。而这恰恰说明建立绿色价值观的重要性。建筑不是孤立的空间系统，也不是抽象的审美对象，它从来就是环境的组成部分。空间、形体、材料与构造应该归置到与环境的相互关系中去考量。所有好的设计都应该是绿色的，否则就不是完善的设计。虽然非绿色组的学生同样可能实现绿色的设计，但有意的设计和无意的巧合是不同的，尤其是对教学来说，巧合不可能反复出现，只有真正意识到问题进而提出解决对策的设计才能作为学生设计能力提高的证明。从这一角度来说，尽管绿色组与非绿色组的设计作业外在形式特征的差别并不明显，但绿色组学生对可持续性问题的理解还是超过其他组学生的，而这一点在他们未来的学习中将体现得更为明显。

作者：顾震弘，东南大学建筑学院博士，讲师
张彧，东南大学建筑学院，副教授

基于可持续理念的建筑教育实践[1]

——以东南大学三年级绿色建筑设计教育为例

徐小东 鲍 莉

Architectural Education Based on the Idea of Sustainability

—Taking the Example of Green Architectural Education in the Junior Class of Southeast University

■摘要：本文从可持续理念出发，以东南大学三年级绿色建筑教育实践为例，初步探讨了基于可持续发展理念的绿色建筑教育思想与方法，并对其基本要求与特点进行了概括与总结。

■关键词：可持续发展，绿色建筑，建筑教育

Abstract：From the view of sustainability，taking the example of green architectural education in the junior class of southeast university，this article discusses the ideas and methods of the green architectural education based on the theory of sustainable development，and summarizes the basic requirements and characteristics.

Keywords：Sustainable development，Green architecture，Architectural education

20世纪人类创造了空前繁荣的物质文明，同时也导致了环境质量的急剧恶化和不可再生资源的迅速减少，能源危机与生态危机业已成为全球性关注的焦点。与绿色生态、可持续发展等相关的各种概念和思想逐渐成为建筑领域理论研究的前沿，并促使建筑设计理念逐渐发生转变，这种转变要求建筑师义不容辞地承担起未来可持续发展的重大职责。但目前“我们的建筑教育体系还远远没有跟上时代的步伐，远远没有能够跟上生态可持续发展这一时代的步伐”[2]，作为未来建筑师的培养与输送机构，高等院校的建筑教育在推进可持续发展方面任重道远，责无旁贷。近年来，东南大学建筑学院本科教学与时俱进，逐渐形成以“建筑设计”教学为核心，不断充实技术类和人文类知识的“一核两翼”的立体式知识框架，绿色建筑教学成为贯穿整个教学过程的技术主线之一。下文初步探讨了东南大学三年级基于可持续发展理念的建筑教育思想与方法，并对其基本要求与特点进行了概括与总结。

1.确立生态优先的建筑教育理念

从前几年的建筑设计课程教案设置来看，较为侧重空间设计与操作过程，在教学过程中学生往往过于关注平面构图、流线组织、形式推敲与图面表达，而忽视了建筑本身需要关注的环境问题，无法满足可持续发展的需要，亟待通过教学体系与方法的改进，帮助学生树立生态优先的设计理念、提高绿色建筑设计的创新能力和实践能力。东南大学一年级建筑基础教学以培养学生的可持续发展理念为目标，二年级建筑设计侧重学生绿色建筑设计方法的练习，三年级以关注绿色技术整合与创新能力的培养为重点。在教学方法上采用集体研讨的方式，学生之间可以相互观摩、讨论与评价；在评分标准上针对绿色设计单独设立了10%的分数，用以引导学生重视绿色建筑设计部分的方法与策略研究。

在教学过程中对“建筑—人—自然”的关系加以梳理与反思，针对不同的课程设计，要求学生“不仅要会判断地段和地形特征、气候、文化背景及项目大纲的要求和提供的机会，还要会在设计过程中寻求空间策略”[3]。例如，化学实验中心（课程设计1）对建筑空间的环境品质要求较高，教学与设计过程中需着重考虑以下几个方面：首先，要充分考虑场地的气候条件，处理好建筑物的方位、朝向与布局；其次，合理组织建筑形体，创造良好的通风对流环境，建立各试验室空间的自然空气循环系统（图1）；再次，增大自然采光系数，确保各实验空间高质量的自然采光条件；最后，在可能的条件下尽量利用太阳能或地源热泵等可再生能源系统。再以山

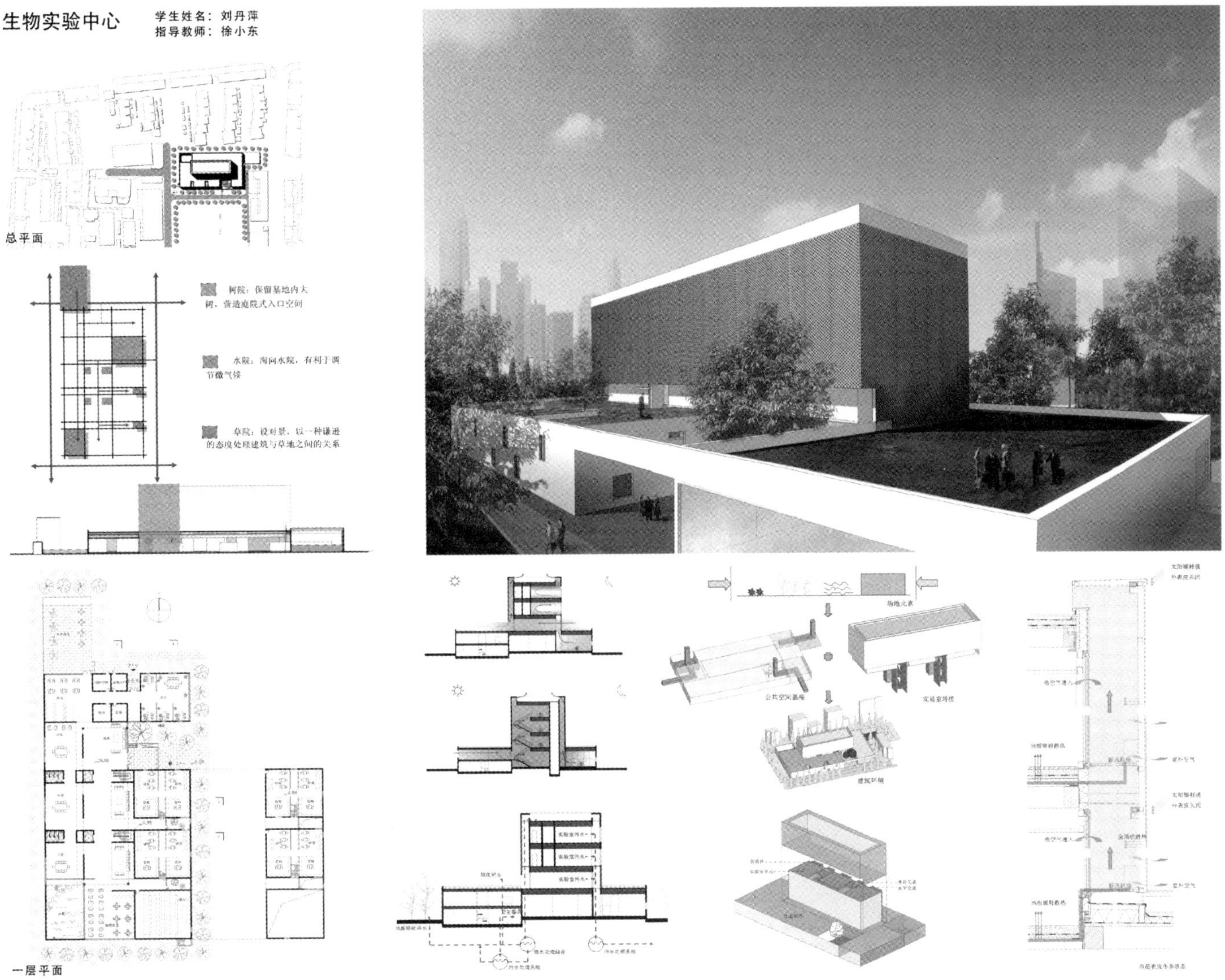

图1　建立生态空间核与双层表皮呼吸系统，最大化实现自然通风与采光

图片来源：刘丹萍设计，指导教师徐小东

地和平纪念中心（课程设计 2）为例，要求学生尽可能地尊重场地的地形地貌特征，建筑体型与体量应与山地协调；要充分发挥坡地建筑的特点，尽量少“触摸地球”，减少土方开采量与植被破坏，降低地质次生灾害发生的可能性；针对山地特点，建立建筑屋顶绿化系统与雨水回收系统（图 2）。

在上述绿色建筑设计教学过程中，生态设计与传统的建筑设计并不矛盾，而是相辅相成，通过建筑空间与构造设计实现内部空间的舒适性，实现从“空气调节”走向“空间调节”[4]。

2. 施行空间与技术并行的“双轨”教学模式

生态建筑教育所涉及的内容远远超越建筑学单个学科的范畴，需及时向学生补充不同学科与专业领域的知识。在三年级绿色建筑设计教学过程中，初步尝试转变传统的“轻技重艺”的教学观念，将绿色、节能技术作为设计的重要环节融入到建筑设计课程中，处理好设计课程与技术课程的交叉融合、空间建构与技术支撑的有机衔接，力求实现建筑空间操作与技术支撑并行的“双轨”模式，这样既有利于拓展学生的专业视野，也利于不同研究领域的教师之间相互交流与合作。

通常而言，主讲绿色建筑设计的老师自身对建筑可持续发展方向都有一定研究，在课程设计期间会作与绿色建筑设计相关的讲座 2～3 次，研究生助教也会进行 1～2 次的绿色建筑案例讲评，这样学生就有机会对当前最新的技术资讯与绿色设计作品有个大概了解。

与此同时，针对不同教案还会邀请建筑物理、建筑设备与建筑结构等相关专业的老师参与到教学过程中来。在化学实验中心（课程设计 1）教学过程中，邀请建筑物理的老师参与课程指导，专门给学生

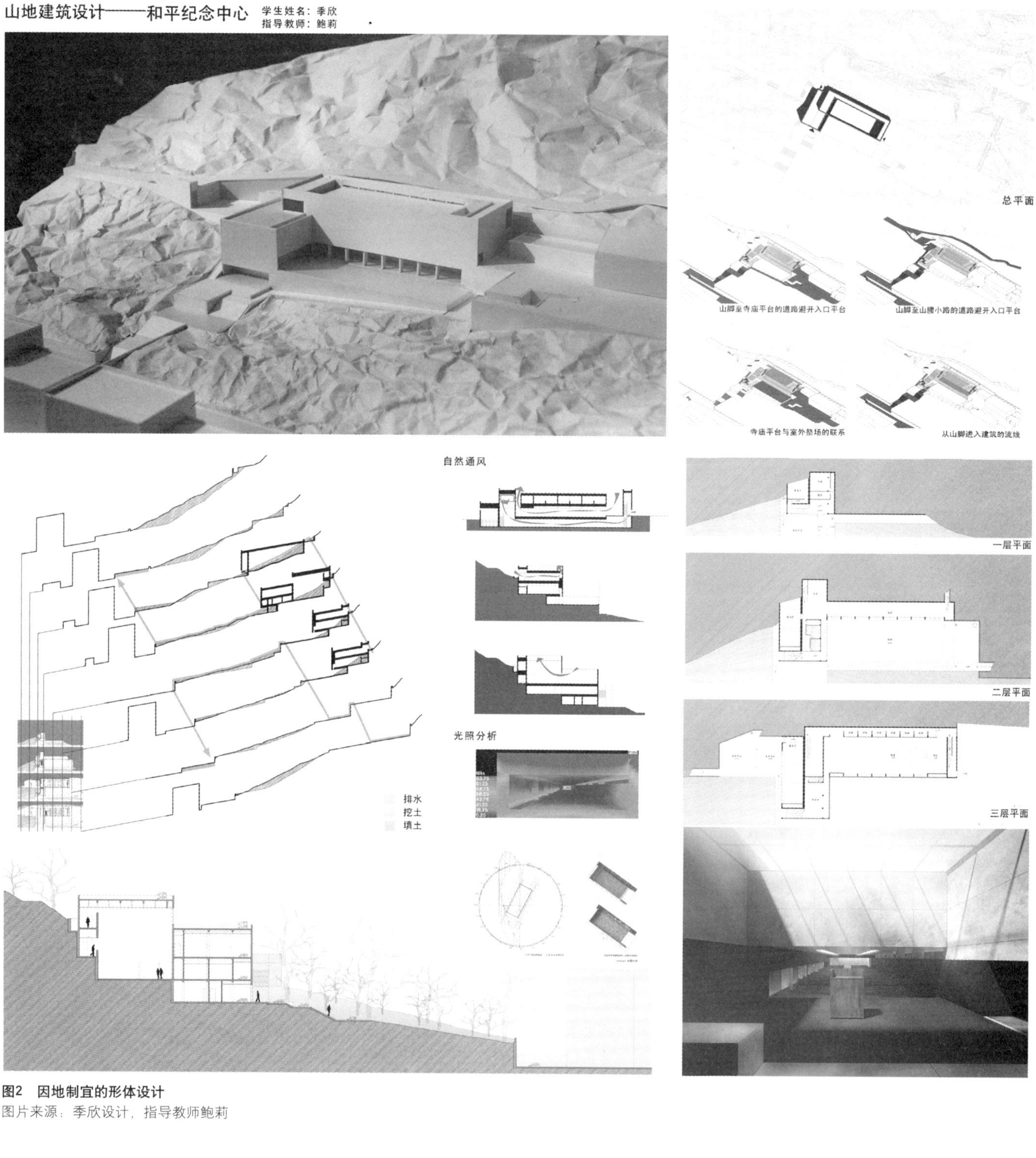

图2　因地制宜的形体设计

图片来源：季欣设计，指导教师鲍莉

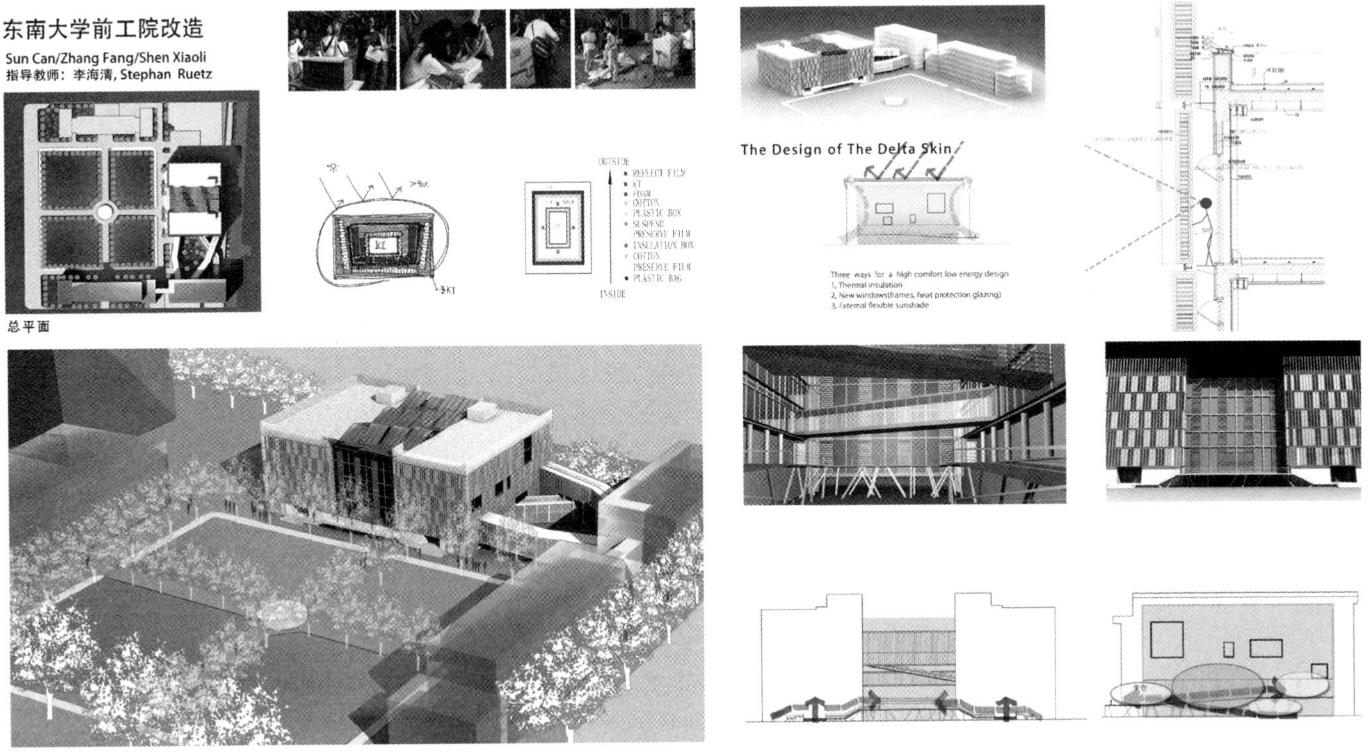

图3　旧建筑表皮更新与再生

图片来源：孙灿、张芳、沈晓莉设计，指导教师：李海清、Stephan Ruetz

讲授 Ecotech、CFD 等软件的使用，引导学生在设计过程中通过软件模拟不断调适与改善实验室空间的物理性能与舒适度，并在此基础上对方案进行优化与改善，而不仅仅是设计结束后的成果检验。在前工院旧建筑再利用（课程设计 3）教学过程中，改造涉及墙体与屋顶保温与隔热性能提升、结构维护与加固等技术问题，我们请结构老师专门来传授旧建筑结构加固、新老结构衔接的技术要点与方法等（图 3）。

3.培养全面融合的绿色建筑综合能力

绿色生态建筑涵盖了工程技术、自然科学与人文科学的各个方面，涉及建筑物理、建筑材料、建筑构造与建筑设备等不同专业，在一定程度上依赖建筑、规划与景观的整体影响与作用，这就要求建筑教育必须针对建筑学科与绿色建筑技术的综合性特点进行协调、整合，培养学生融贯的整体认知与综合设计能力。

对绿色建筑综合能力的培养主要体现在文化艺术中心（课程设计 4）教学过程中，这是学生绿色设计能力全面深化与拓展阶段。之前的三个课程设计主要倡导学生从节能、节地、节水出发，尽可能少的依赖建筑设备来实现舒适的室内空间环境。文化艺术中心由于观演空间特殊的声学、视线要求，不可能完全依靠自然手段满足演出要求，因此在教学过程中强调后勤、办公、LOFT 部分与前面三个作业相同尽可能采用自然通风、采光而观演部分利用中央空调系统相结合的方法，达到“空气调节”与“空间调节”有机结合。通过教学学生对空调系统的性能、设备用房的空间要求都有了初步了解。

在课程设计理论课阶段与期末大评图阶段学院还聘请设计院有丰富实践经验的老师作报告或现场讲评，进一步加深学生对绿色建筑如何采用综合的技术方法满足室内空间舒适性的要求有个全面、综合的认识与把握。

4.结语

在建筑设计教学过程中融入可持续发展理念还是近年来的全新课题，目前仍处于探索之中。在遵循传统建筑教育培养学生功能流线、空间操作与造型能力的基础上，将可持续发展理念纳入建筑教育架构中，针对性地制定绿色建筑教学的内容、目标与方法体系，从而有利于全面提高学生未来从事绿色建筑设计的整体创新与综合设计能力。

注释

[1]　本文在写作过程中得到华南理工大学亚热带建筑国家重点实验室开放基金资助项目 2009KB09、2010KB17 资助，谨致谢意。

[2]　仲德崑．创造建筑教育的特色，迎接建筑教育的未来．2007 国际建筑教育大会论文集．北京：中国建筑工业出版社，2007

[3]　玛丽·安·斯特恩．谁要可持续发展——设计中的环境意识．世界建筑，2004（9）：57

[4]　详见朱君，苏玲．从空气调节到空间调节：中国普天信息产业上海工业园发展公司生态科研楼设计．建筑与文化，2009（Z1）

作者：徐小东，东南大学建筑学院，华南理工大学亚热带建筑科学国家重点实验室，博士，副教授；鲍莉，东南大学建筑学院，博士，副教授

绿色理念在住区和住宅设计教学中的应用

张玫英

The Sustainable Teaching Exercises in the Residential Buildings Design

■摘要：当前绿色建筑理念已经在住宅建筑领域得到广泛应用。自2004年开始，将绿色建筑理念应用于本科住区和住宅设计教学中，其宗旨是让学生以可持续的观念进行设计，创造舒适健康的居住环境。绿色住区的设计目标在于实现低环境冲击性和高环境融和性，减少对资源、能源的依赖；选择适合当地气候的建筑形式及材料，引入新的技术和新的能源以及水和废弃物的处理等。对于住宅设计则提倡综合考虑建筑的形式、日照、自然通风和能源的高效利用等积极因素。

■关键词：可持续，居住环境，低环境冲击，高效能源利用住宅

Abstract: The sustainable development has been ongoing in the residential buildings. We have been exploring and defining how it can contribute sustainability in the residential buildings teaching since 2004. It means to encourage students embed the green ideas within the design, effort to create a comfortable and healthy residential environment. The sustainable residential plan has been implemented to maximize local socio-economic benefit and minimize the environmental impacts, included the use of environmentally responsible materials, alternative energy source energy, energy efficient housings and the installation of water treatment, etc. For the housing design intend to comprehensive considerate the form, natural daylight, fresh air ventilation, energy and other positive factors.

Keywords: Sustainability, Residential environment, Low environmental impact, Energy efficient housings

绿色建筑理念自提出至今，在住宅建筑领域已得到广泛而深入的响应和运用。从早期实验性的生态住宅到目前多国绿色建筑评估体系的建立，我们能够清晰地感受到绿色理念在居住建筑领域内探索及发展的脉络，看到从零散的技术尝试到相对完整的体系的建立过程，反映出居住建筑对绿色理念发展的贡献以及其自身所获得的进步。

作为最重要的建筑类型之一，居住建筑一直在建筑系本科教学中占据重要的地位。我们在教学实践中也希望能够把握时代的脉搏，培养学生具有领先意识，所以教学中强调的不仅是居住建筑设计方法的学习，而更在于可持续发展意识的建立。教学目的是让学生在学习居住建筑设计基本的要求和方法之外，能够从可持续发展的角度出发，从被动的在建筑上附加生态技术发展到主动的绿色建筑体系的综合运用。

从2004年东南大学建筑学院四年级教学改革伊始，居住方向教学工作室就尝试将绿色建筑理念引入本科教学当中。课程设计题目的类型之一为综合性的绿色住区设计，类型之二为倾向于单体的绿色住宅设计，在不同的层面对学生进行绿色设计的相关训练。设计题目设置内容参考了中国绿色生态住宅技术评估体系、美国LEED评价体系等的相关技术要求，让学生通过前期调查和绿色建筑案例的分析研究，了解绿色建筑设计过程及程序，建立相应的绿色设计目标，并将其贯彻到整个设计过程中。

所谓绿色住区是指遵循科学的可持续发展原则，以生态系统的良性循环为基础，以人与自然的和谐为核心，在住区建设和使用过程中，科学有效地利用自然资源和

- need more privacy and recreation space than the young couples
- they have a more quiet way of living
- they may be overstrained with too much leisure time facilities and "modern" stuff
- prefer the traditional living
- short distances to different facilities
- apartments at the lower level (with no elevator)
- have a daily routine
- need help in some parts of their live
  > want to be needed too
- they don't want to be seperated
- don't want to relocate often

- more privacy than the singles or postgraduates
- need connection and friends
- need also connection to the city
- look for more entertainment
- prefer the western kind of living in some parts of their life
  > but still stick to the traditional
- may look for advice from the older ones
  > especially in family stuff
- they work hard to found a family in the future
  > SOHO (also because of the distance to the city)
- live there for a period of time until their child is at the school-age
  > maybe they come back when their child leaves

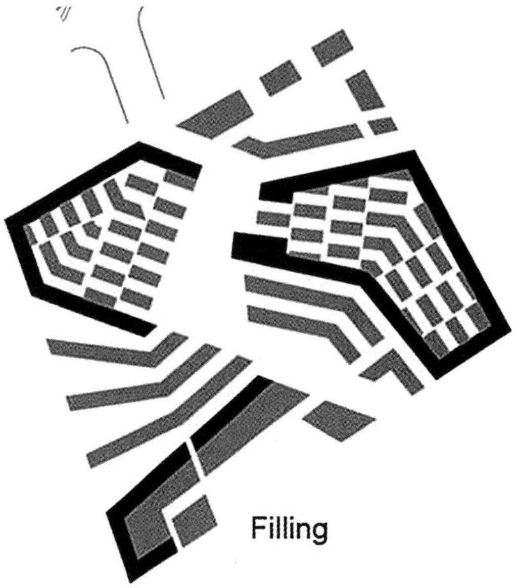

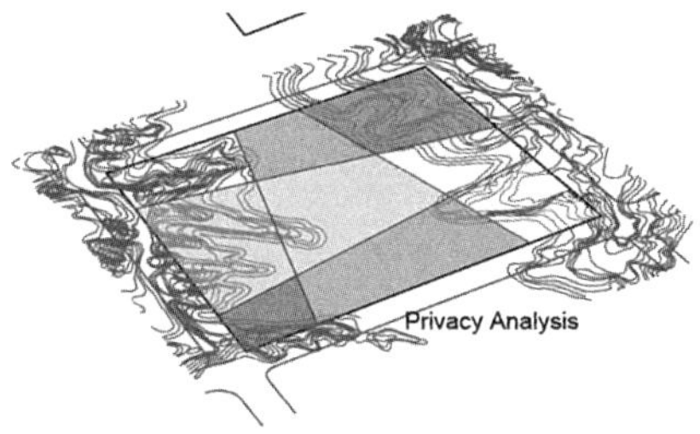

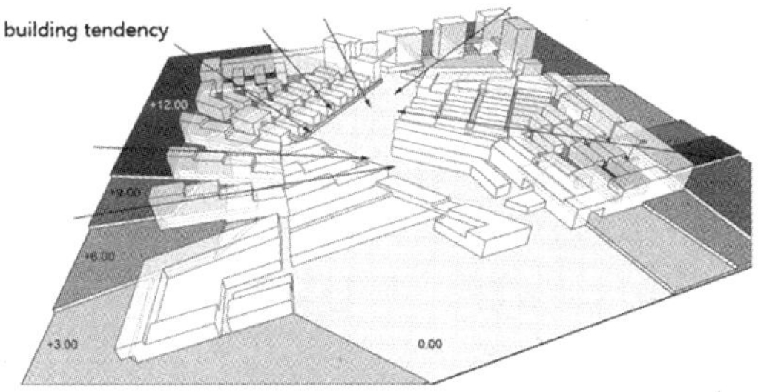

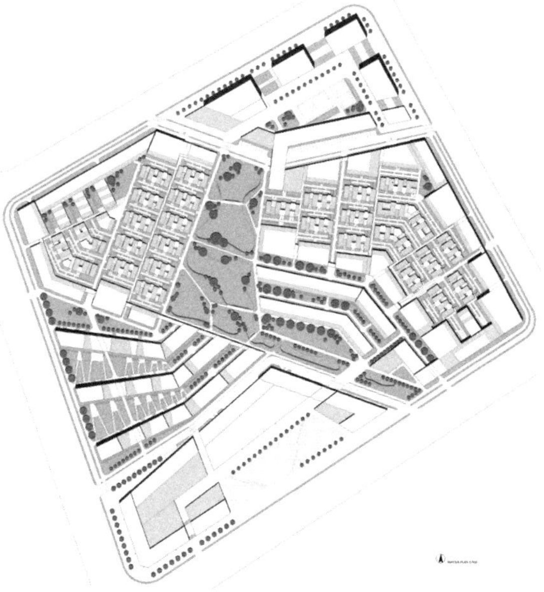

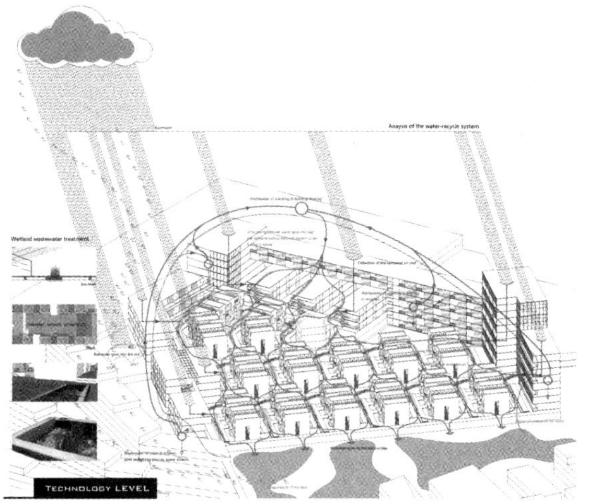

文化资源，结合系统工程方法和多学科现代科技成就，使住区对资源的消耗以及对环境的污染冲击降到最低限度，为人类营造自然、舒适、环保、健康、优美、便捷的居住生活环境。这就要求在住区规划中注重利用大环境资源（自然、地理、文化、交通和社会的），在建筑布置、单体设计以及环境设计中以可持续发展作为指导原则，选择适合当地气候的建筑形式及材料，将新技术和新的能源引入住宅设计领域。

绿色住区的设计目标在于实现低环境冲击性和高环境融和性，减少对资源、能源的依赖；保护自然环境，与环境和谐共生；提高生活居住环境的舒适性、健康性。鉴于绿色住区设计的综合性和复杂性，以及课程设计周期的限制，要求学生在设计时可参照《中国生态住宅技术评估手册》涉及的评估内容，考虑从以下方面着手，从不同的角度进行设计，设计方向有所侧重：

1.适应自然条件，保护自然和社会环境

（1）充分利用建筑场地及周边的环境条件，尽量保留和合理利用现有适宜的地形、地貌、植被和自然水系；充分利用尚可使用的旧建筑，物尽其用、节约资源。

（2）在建筑的选址、朝向、布局、形态等方面，充分考虑当地气候特征和生态环境。

（3）建筑风格与规模和周围环境保持协调，保持历史文化与景观的连续性。

（4）住区公共服务设施按规划配建，合理采用综合建筑并与周边地区共享。

（5）选址和住区出入口的设置方便居民充分利用公共交通网络。

2.建筑设计考虑当地气候，减少建筑使用及维护能耗

（1）利用场地自然条件，合理考虑建筑朝向和楼距，充分利用自然通风和天然采光，减少使用空调和人工照明；

（2）提高建筑围护结构的保温隔热性能，采用由高效保温材料制成的复合墙体和屋面，以及密封保温隔热性能好的门窗，采用有效的遮阳措施。

3.水资源的回收和利用

规划阶段制定水系统规划方案，统筹、综合利用各种水资源，合理规划地表与屋面雨水径流途径，包括：

（1）雨水回收利用与景观的结合；

（2）污水处理与回收利用；

（3）采用多种渗透措施增加雨水渗透量，如住区非机动车道路、地面停车场和其他硬质铺地采用透水地面铺设等，增强地面透水能力，降低热岛效应，调节微气候，增加场地雨水与地下水涵养，改善生态环境。

4.绿色能源与资源的利用

提倡可再生能源（太阳能、地热等）、绿色建材的回收利用等。

5.绿化系统设计

采用生态绿地、墙体绿化、屋顶绿化等多样化的绿化方式，应对乔木、灌木和攀缘植物进行合理配置，构成多层次的复合生态结构，达到人工配置的植物群落自然和谐，并起到遮阳、降低能耗的作用。

住区规划是综合性和技术性较强的一个课题，要求学生在满足住宅设计规范和设计标准的前提下，在绿色设计层面有所归纳，可借助各种软件加强设计的理性选择，应尽量避免不利因素，充分利用场地的有利条件进行精心设计，实现绿色设计目标。

以 2010 年的一个绿色住区设计作业（杨溯伟，林明路，Marie）为例，设计较好地整合了场地的自然和社会资源，强调社区及社会层面的生态循环概念，例如鼓励老龄人群和青年人群的混合互助，依据城市环境和自然环境划分场地，合理利用日照及通风组织住宅设计，以及水资源的整合利用等。

在课题二的绿色住宅设计中，侧重于建筑单体的设计和表达。要求学生对基本的生态技术手段有所了解并鼓励在建筑设计中加以应用，提倡从传统中学习，如采用符合当地气候的住宅布置形式以及平面、立面和剖面设计，经济合理的结构，以及新能源利用与建筑形式的结合等。

在设计中利用场地自然条件，合理设计建筑的体形、朝向、楼距和窗墙面积比，使住宅获得良好的日照、通风和采光，并根据需要设置遮阳设施和垂直绿化。在住宅套型的设计中适当考虑其灵活性，以适应居住人群及居住需求的变化，使建筑具有较长的适应性。

设计时学生可以顺应地域特点对住宅进行有针对性的形式设计，比如学生徐卉在作业中结合日照和通风提出特别的屋顶设计，考虑到在冬夏季及在白天和黑夜的不同要求。

或者也可以将设计重点放在新能源与建筑形式的结合方面，比如学生顾雨拯在作业中将太阳能设施与住宅垂直立面的良好组织，也是对传统住区肌理的一种回应。

将绿色理念应用于住区和住宅设计中符合我国当前国情和建筑的发展趋势，通过多年的教学实践我们发现，当学生主动从这一新的角度出发进行设计时反

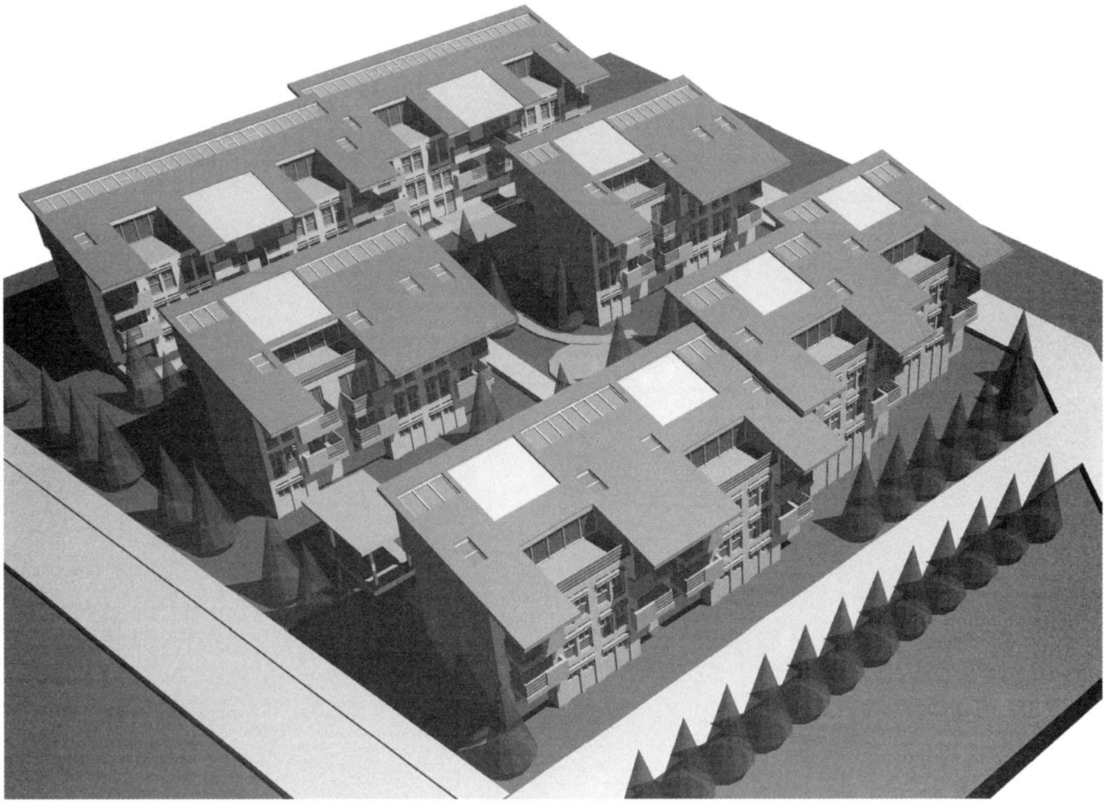

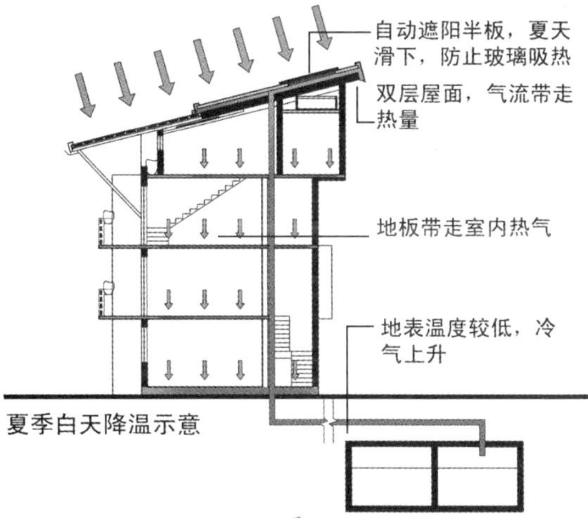

夏季白天降温示意

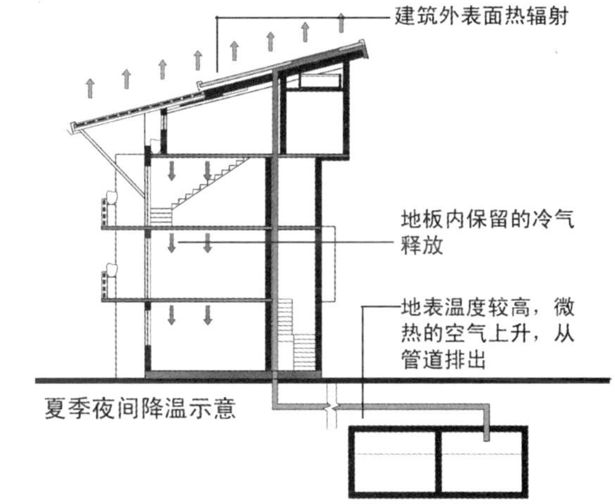

夏季夜间降温示意

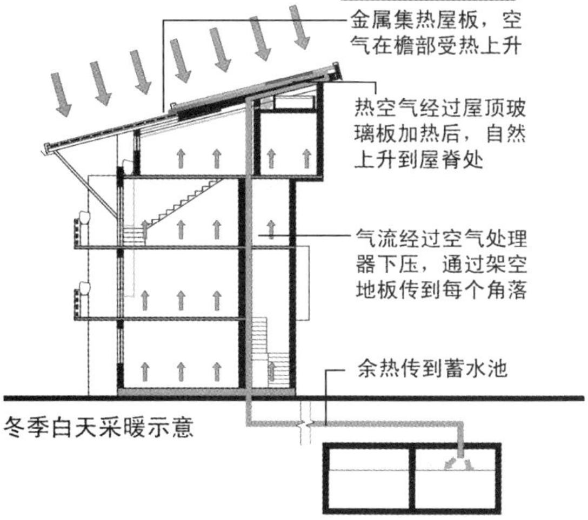

冬季白天采暖示意

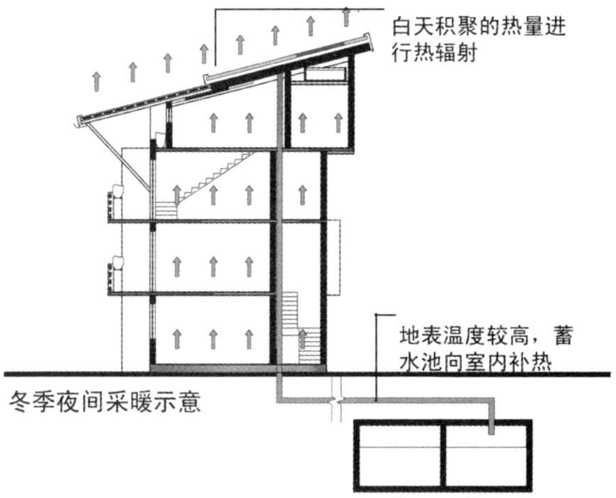

冬季夜间采暖示意

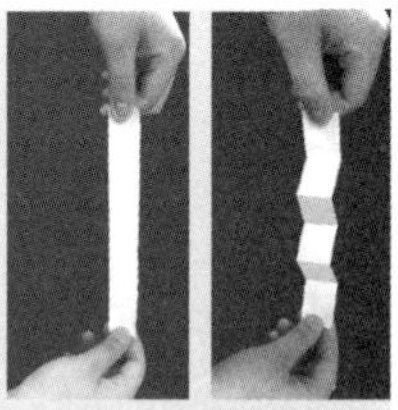

国画中用物体的上下排布表达远近的透视关系，我们将之运用于建筑设计中：一个垂直的村落。波浪形倾斜的墙的运用使每一户都同时获得了向阳面和遮阳面，提高了太阳能热水器的得光率同时形成的自遮阳解决了南向眩光问题。

We choose the concept of vertical village in our design by realizing the relationship between different objects in traditional Chinese paintings which show the depth through arranging them up and down. The use of undulating tilted wall make it possible for each house get both a sunny side and a shading side. In other words, this operation not only raises the utilization rate of solar water heater but also avoids the problem of south glare.

而会在住区和住宅设计上带来新的思路和表现形式。我们认为让学生树立可持续发展观，帮助他们了解和掌握生态技术设计体系，有助于他们在未来的工作实践中从宏观和系统的角度来处理环境、建筑等诸多的关系，实现绿色理念所倡导的和谐、发展的价值观，并且能够主动地推进住宅领域在未来多元化科学合理的发展。

作者：张玫英，东南大学建筑学院，副教授

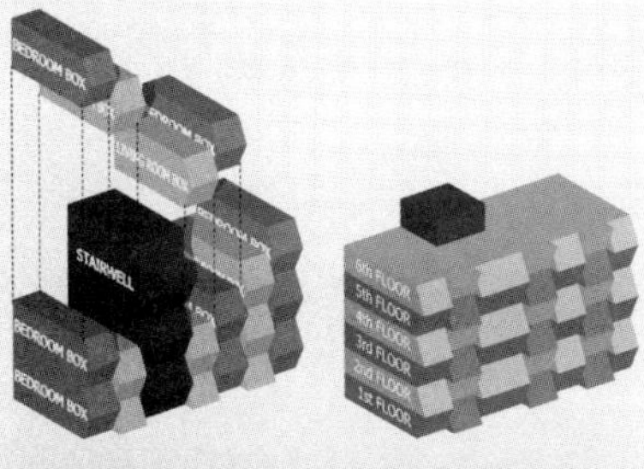

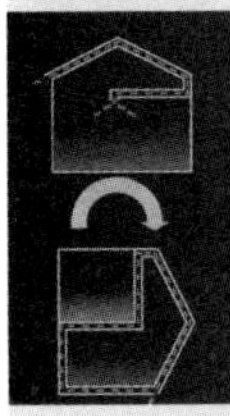

In order to trap warmth in winter from south, we connect the hollowcore floor with the wall in south which combines air exchange technology from solar wall and double-skin roof and is controlled by a thermo-sensitive air blower supplied by solar panels.

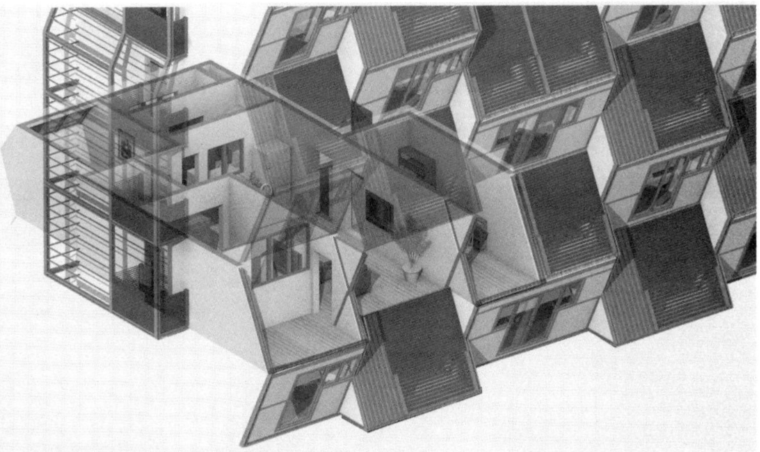

130m² UNIT PLAN 1:75

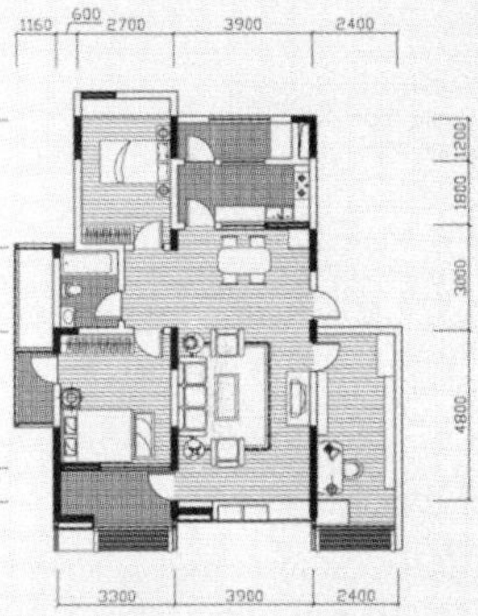

90m² UNIT PLAN 1:75

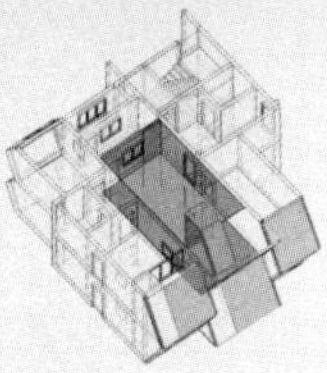

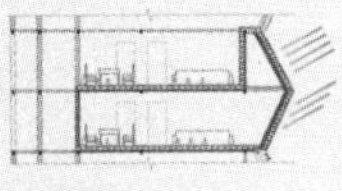

In winter, open the fan

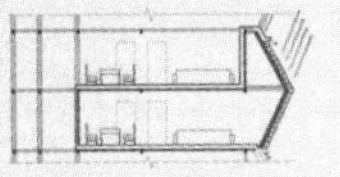

In summer, close the fan

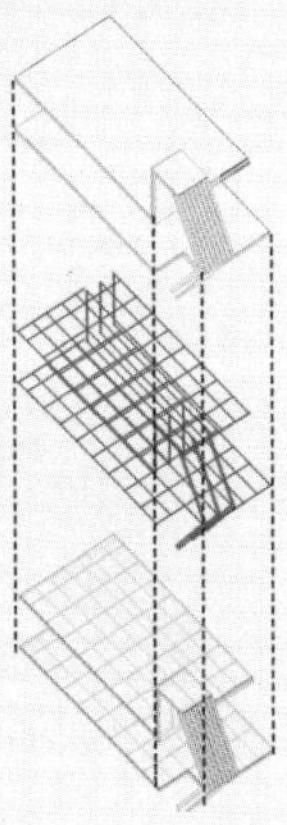

ISOMETRIC DECOMPOSITION

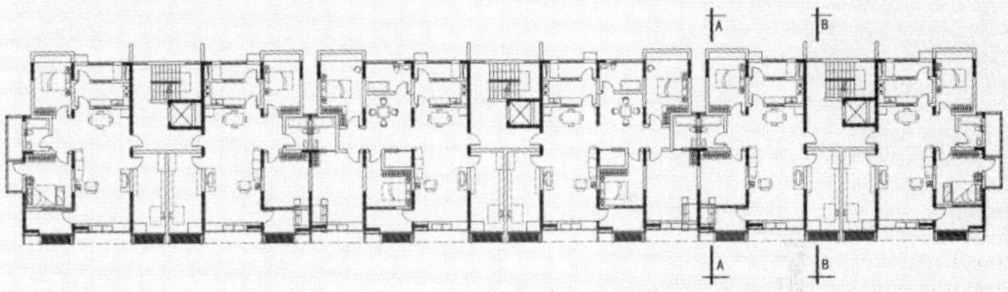

2nd 4th 6th FLOOR PLAN 1:200

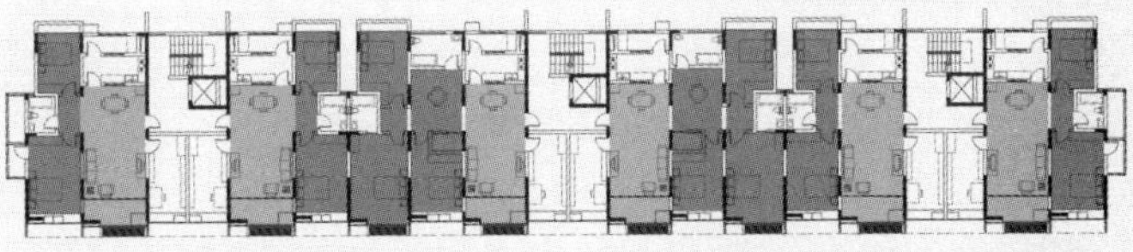

1st 3rd 5th FLOOR PLAN 1:200

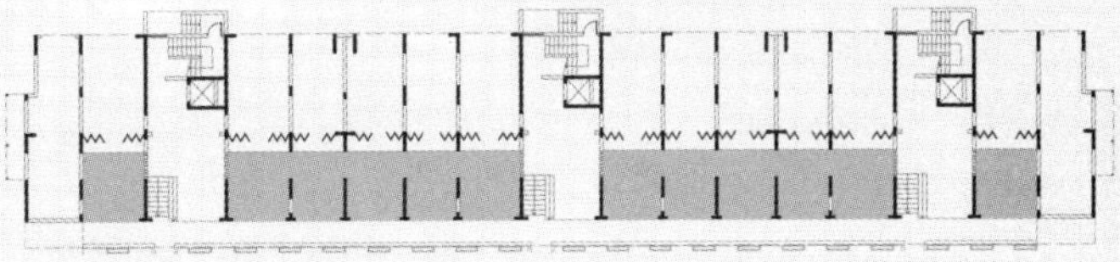

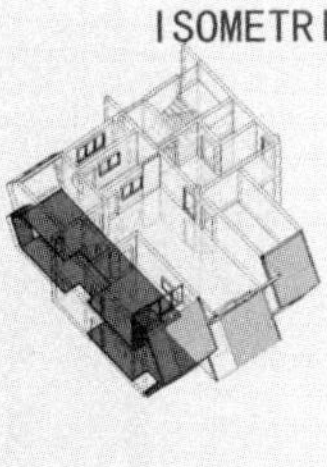

In winter, open the fan

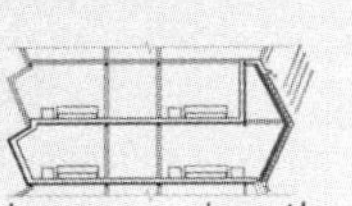

In summer, close the fan

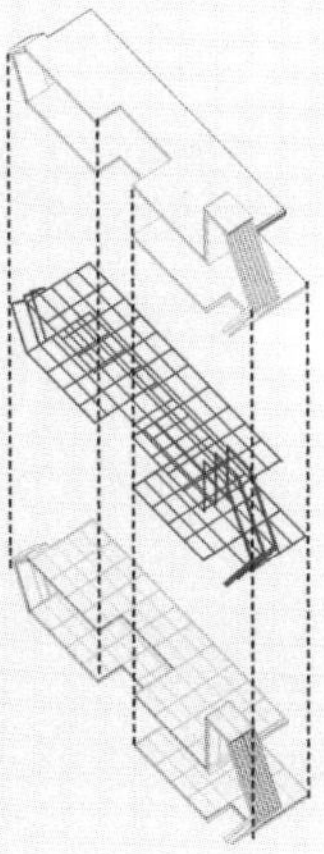

被动式节能专题研究与绿色建筑设计教学

陈 宏

Special Study on Passive Energy Saving and Design Studio of Green Building

■摘要：绿色建筑从未像今天这样被高调提及并深入人心，并使得学生对于绿色建筑设计抱有极大的学习热情。为了回应这样强烈的需求，我们尝试在绿色建筑设计教学中结合研究型课程设计引导学生进行被动式建筑技术的应用，树立被动式技术优先的绿色建筑理念。本文结合在国际设计竞赛获奖的课程设计实例，说明在建筑设计课程教学中结合被动式建筑技术引导学生进行绿色建筑设计的教学特征、教学过程与体会。

■关键词：被动式建筑技术，绿色建筑，专题研究设计，课程设计教学

Abstract: In recent years, green building is increasingly attracting attentions. Therefore, students have a great passion to learn how design a green building. In the background, we try to introduce the passive energy-saving technology with special case study for students in design studio of green building, and establish a green building concept that passive technologies should have given priority. In this paper, an award-winning case of our students in the international design competition is present to explain the process and experience of architectural design with passive energy-saving technology in design studio of green building.

Keywords: Passive energy-saving technology, Green building, Special case study, Design studio of green building

1.引言

近年来随着地球温暖化的进展，人类赖以生存的环境存在严重的危机。以节能减排、减少人类活动对环境的负荷、确保环境的可持续发展为主要内容的绿色、低碳理念引起各行各业的高度关注。绿色建筑从未像今天这样被高调提及并深入人心，并使得学生对于绿色建筑设计抱有极大的学习热情，绿色建筑的迅速发展也对建筑设计教学提出了新的要求。为了适应绿色建筑对于设计理念、设计方法与技术集成等方面的新要求与新问题对于绿色建筑设计教学带来的影响，并在眼花缭乱的概念与思潮中引导学生树立正确的绿色建筑设计观念，迫切要求我们对于绿色建筑设计教学方法与过程进行探索。

2.绿色建筑设计教学体系与专题研究设计

绿色建筑研究与设计作为华中科技大学建筑与城市规划学院的重点支持方向，具有鲜明的学科特点与前瞻性的研究方向，并且拥有以学院院长李保峰教授为学术带头人，包括一批教学经验丰富、研究能力强的教师所形成的学术梯队。在建筑学专业本科、硕士研究生以及博士研究生的教学中以绿色建筑为导线，通过专题研究设计、建筑节能概论、绿色生态建筑设计研究、城市与建筑热环境等相关课程及绿色建筑相关的设计竞赛构成本学院建筑学专业的绿色建筑教学体系。

作为本学院绿色建筑设计研究团队的成员，笔者承担建筑学专业本科4年级的专题研究设计与居住建筑研究与设计、建筑节能概论以及研究生的城市与建筑热环境等课程的教学任务。

在建筑设计教学环节上针对4年级本科生设置基于被动式技术的专题研究型设计课题（图1）。其主要目标为针对学生对绿色建筑的理解与认识不足，课程设计中

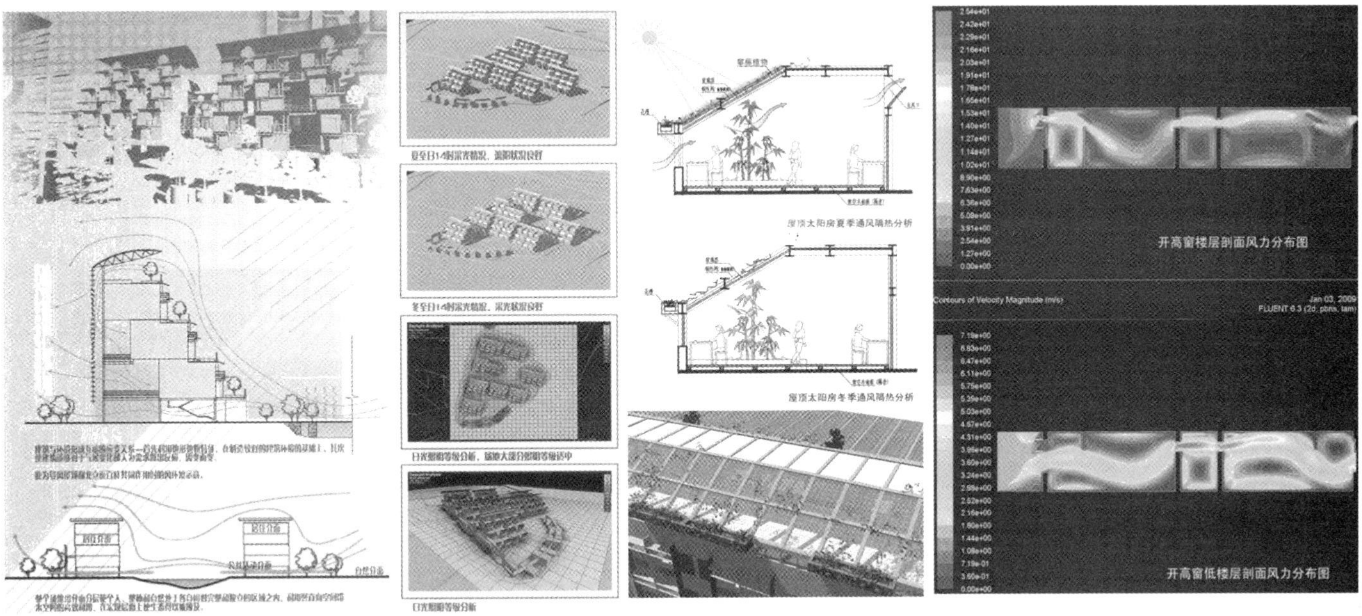

图1　被动式建筑技术系列专题设计研究

图2　方案鸟瞰图

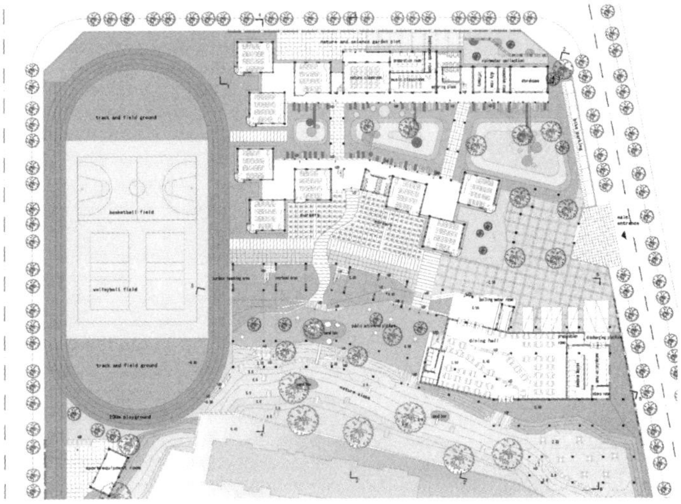

图3　一层平面图

存在一些片面的甚至是错误的观点，例如强调技术设备的作用，而忽视被动式技术的应用；无视环境条件的差异，采用的技术千篇一律等的问题，结合专题研究设计、居住建筑研究与设计等课程，通过设置自然采光、自然通风、被动式太阳能利用等被动式技术相关的研究型设计课题，引导学生树立被动式技术优先的绿色建筑理念。同时在教学过程中为了解决学生仅注重感性思维的问题，在教学过程中将设计与技术类教学内容相互融合，并且根据设计课题的内容给学生讲授相关的被动式设计原理、设计方法、模拟分析手段以及实际案例。同时，对于学生的课程设计提出更加注重设计过程，引导学生重视被动式技术应用过程中的定量化分析，并利用模拟分析方法逐步完善设计方案，使设计方案更具备逻辑性与技术合理性。

3.绿色建筑教学案例

在笔者的专题研究设计与居住建筑研究与设计的教学中，为了更有针对性地将可持续理念与技术方法融入到设计教学过程当中，进一步提高学生积极思考大胆尝试的积极性，鼓励学生有选择地参加绿色建筑设计竞赛，使技术更好地与设计结合。笔者指导 2 组 4 年级本科生参加了 2009 年“台达杯”国际太阳能建筑设计竞赛，分别获得二等奖及优秀作品奖，以下结合二等奖的获奖作品介绍绿色建筑设计课程的教学。

2009 年“台达杯”国际太阳能建筑设计竞赛结合中国汶川地震的灾后重建工作，以“阳光与希望”为主题，向全球征集农村“阳光小学”设计方案。“阳光小学”不仅强调绿色环保理念，而且将建筑技术与太阳能利用技术相结合，充分利用太阳能降低建筑使用能耗，减少碳排放。设计中应充分考虑主、被动太阳能技术，重点解决隔热除湿、自然通风等技术难点，在实用、美观的基础上，确保学生可以在建成后的“阳光小学”里健康、愉快地学习和成长。根据竞赛要求、场地条件以及当地的自然条件，设计方案在如下几个方面进行了深入思考，多方案比较，最终取得较好的效果。

3.1　总体构思

设计方案针对“阳光与希望”的竞赛

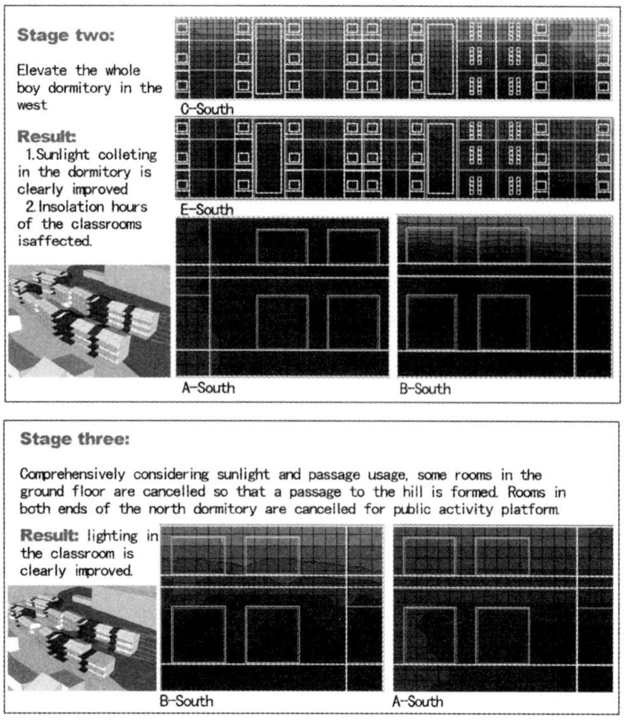

图4 日照时间分析

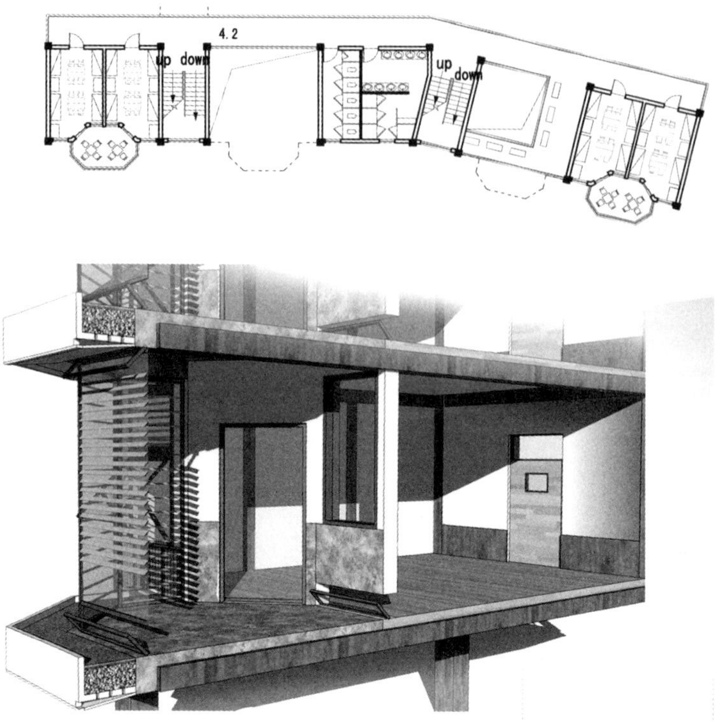

图5 教室阳光间剖面

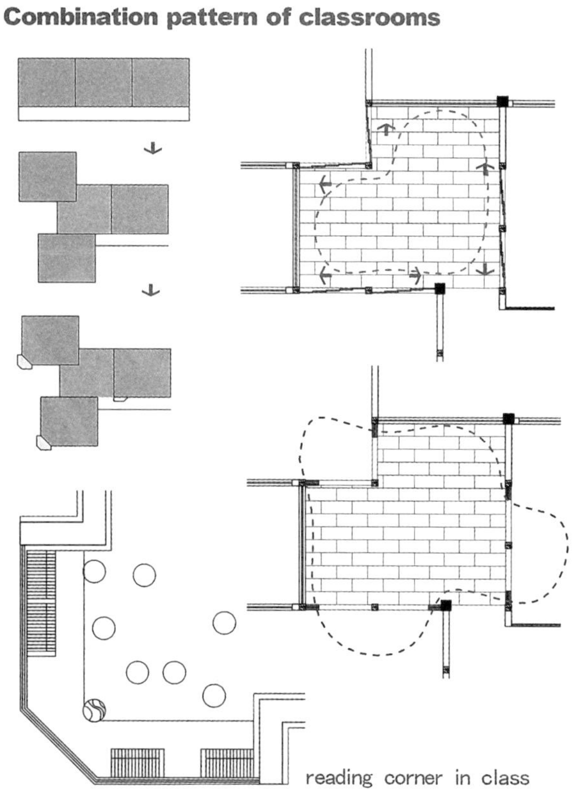

图6 教室组团示意图

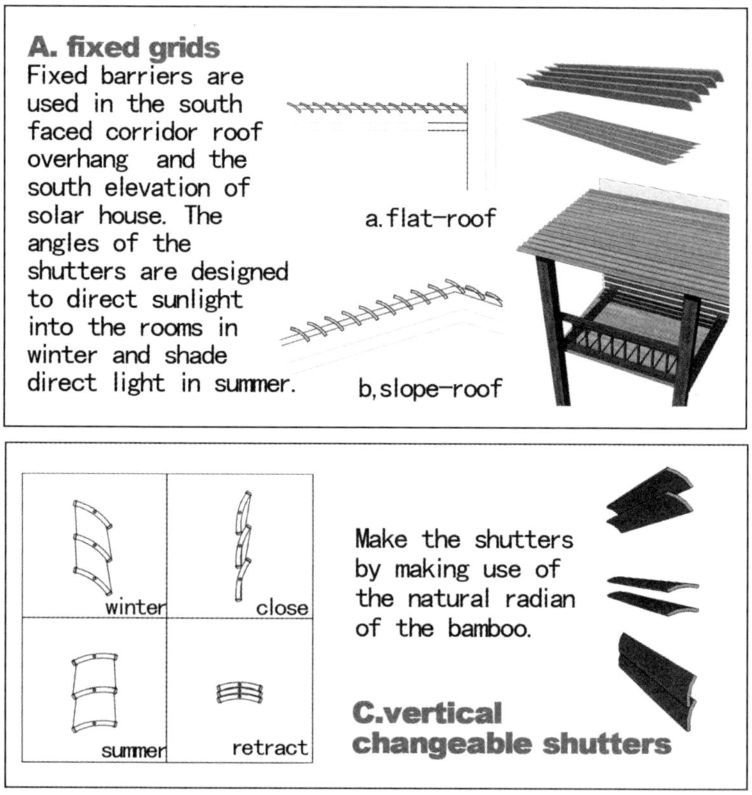

图7 竹片制遮阳构造示意图

主题，力图为小学生提供温暖的教室、温暖的宿舍、温暖的户外活动场地，使小学生们感受到有阳光的地方就有温暖，有关心，从身体与心灵上感受到“温暖”。

3.2　被动式太阳能利用

小学校建筑对于普通教室以及宿舍的日照有较高的要求。在设计场地的南侧存在一个长条形的坡地，由于坡地高处的现存建筑遮挡阳光，使邻近坡地处设置的宿舍区难以满足日照时间的要求，经过多轮方案比较，调整总平面布局与建筑的体型关系，最终确定了将食堂设置在宿舍的底层（图2，3），加高宿舍部分的建筑高度，以及建筑坡屋面的“切角”造型（图2），满足宿舍对于日照时间的要求（图3、4）。同时节省了用地，建筑也具有当地传统建筑的造型特点。

为了在冬季充分利用阳光，提高室内热环境的舒适性，方案在教学楼的设计中采用3个教室为一个组团，并共用一个玻璃阳光房的布局形式（图5）。同时在2间教室相连处设置阳光读书角（图6），使学生在业余活动时间能充分地沐浴在阳光下，感受阳光的温暖。在夏季则采用百叶窗阻挡直射阳光，避免阳光对室内的影响。另一方面，在宿舍建筑中，每两个房间共用一个阳光房，每个阳光房在南侧都用了百叶窗，在西南和东南侧用攀爬植物覆盖。夏天的时候，植物茂密可以阻挡直射阳光，通过植物间隙以及打开的阳光房内侧玻璃而达到很好的通风效果；冬天的时候，植物枯萎，太阳光可以照射到阳光房内部。

方案对于遮阳材料的选用也独具匠心，结合当地盛产竹子的特点，依据竹片自然的弯曲形状，选用竹片作为遮阳百叶的材料（图7），体现了选用本地材料以及保证材料的可持续性等节材的设计理念。

3.3　主动式太阳能利用

四川省由于其气候特征，在我国属于太阳能资源较缺乏的地区。因此设计方案太阳能的主动利用主要集中于生产过程成本较低并且环境污染较少的太阳能光热技术。因此，方案在学生宿舍屋顶设置太阳能热水系统，并设置储水箱，用水泵分配到每一个宿舍（图8）。在连续阴天太阳能不足时，储水罐将采用备用能源提供热水。

另外，为了更充分利用太阳的采暖效果，方案采用了太阳能集热系统（图9）。集热系统是在白天通过强制对流使经过太阳加热的空气流过充满石材的空间，通过空气与石材的热交换将热量蓄积在高热容量的石材中，并为室内提供热量。

3.4　自然通风

为了促进场地内的自然通风，改善小

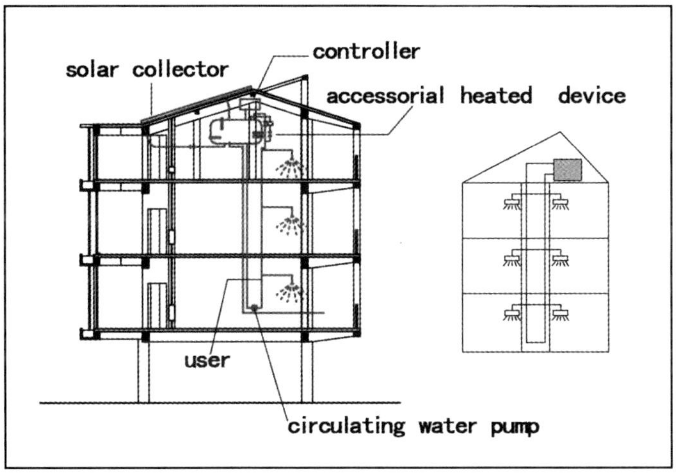

图8　太阳能光热系统

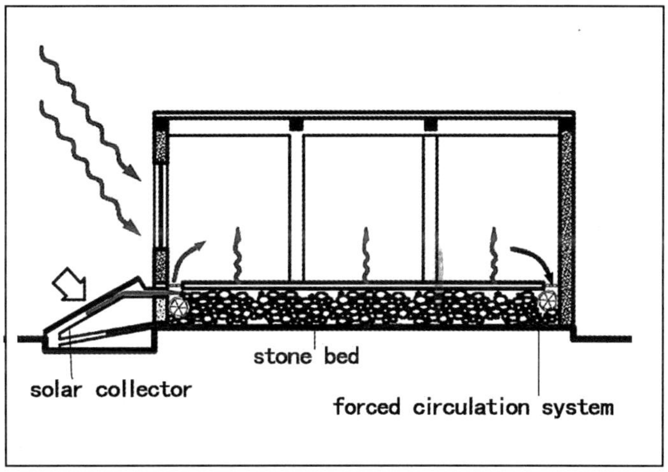

图9　太阳能集热系统概念

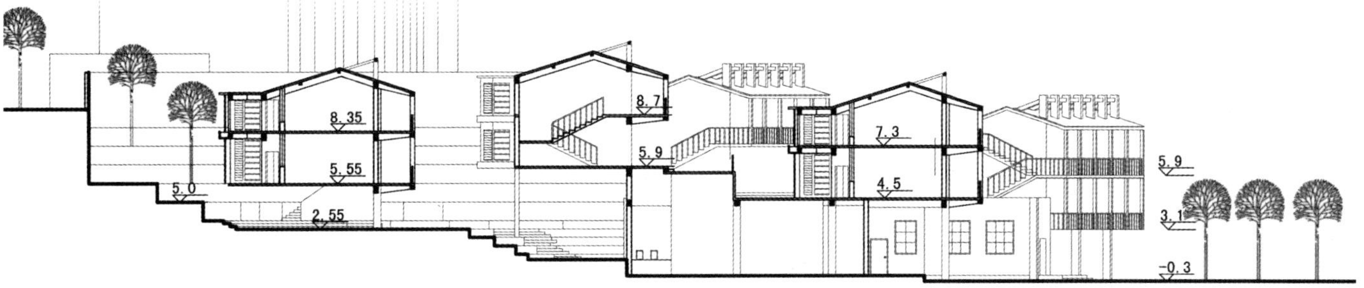

图10　剖面图（底层架空）

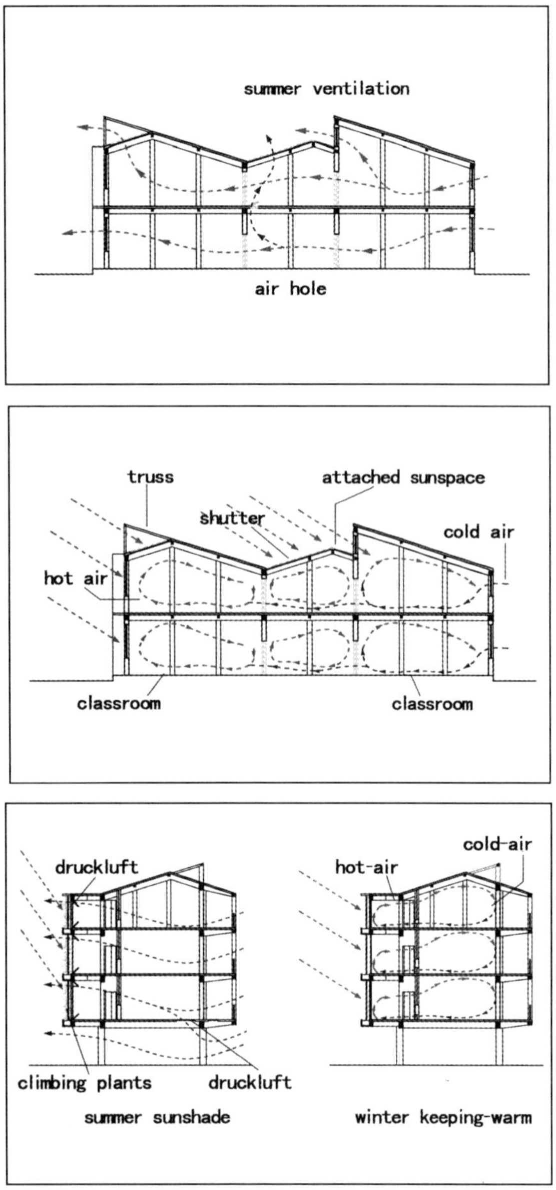

图11 自然通风示意图

学校的微气候，设计方案在夏季主导风向上设置了若干架空层（图10），以利于改善下风向的自然通风。同时在教学楼与宿舍楼的平面设计与体型设计上，考虑了在夏季组织室内的"穿堂风"，以改善建筑室内的自然通风状况，而在冬季进行防风，避免冷风渗透，提高热舒适性（图11）。

3.5 绿色建筑设计教学体会

在该设计方案的教学过程中主要的体会在于以下几点：(1) 由于绿色建筑具有较强的技术性要求，因此，在教学中应将技术类内容与设计教学紧密结合，通过给学生讲解被动式技术原理、设计方法及案例，引导学生树立被动式技术优先的绿色建筑理念；(2) 根据教学内容，教授相关的技术分析方法与模拟计算手段，对设计方案进行定量化评价，为设计提供相应的技术支持；(3) 为了培养学生适应绿色建筑的技术性要求，在设计过程中强化对设计过程的要求，根据场地的特点与自然条件，通过模拟方法进行多方案比较，寻找设计方案的亮点，并逐步完善设计方案。在此基础上引导学生形成更具逻辑性与技术合理性的绿色建筑设计方法。

4.总结与展望

本文结合一个国际设计竞赛设计中获奖的课程设计实例，探讨了在建筑设计教学中通过将技术类内容与设计教学紧密结合，引导学生树立被动式技术优先的绿色建筑理念，并采用模拟分析的方法为绿色建筑设计过程提供技术支持的教学方式。这样的教学方式引起了学生的兴趣并受到了学生的欢迎，学生也在设计的过程中逐步思索绿色建筑设计的方法和技术，也通过解决问题不断地学习和进步。

绿色建筑的转型对建筑设计教学带来了巨大的冲击和挑战，建筑设计课程的教学内容、教学方法与模式的适应性调整刻不容缓。

作者：陈宏，华中科技大学建筑与城市规划学院，教授，博士

跨越藩篱

——浙江大学建筑系馆绿色改造设计的教学与探讨

黄 锰 金 虹

Break through Barriers

—A Case Study Education and Investigation on the Green Reform of Architecture Department Hall, Zhejiang University

■摘要：绿色建筑引领着建筑的未来走向。绿色建筑教育是基于建筑学的基础平台，融合了设计、技术、设备等学科的知识谱系，体现了跨越学科的边际整合。文章结合旧建筑的绿色改造，由现状测试分析入手，确定了绿色改造框架，建立了绿色改造模型，模拟了建成后的数据并做了前后指标比照。文章提出了建筑绿色改造的途径、手段和措施，认为绿色改造应放置于建筑全寿命周期的参照系之下，各专业需要跨越学科的藩篱，指出整合性、阶段性和实效性是绿色改造的主要线索，并由此展开对当前绿色教育实践的探索思考。

■关键词：绿色改造，教学，探索

Abstract: Green building directs the future of architecture. Education on green building is based on the basic platform of architecture, integrates special knowledge of design, technology and equipment, and embodies interdisciplinary methodology. By comparison to green reform of existing buildings, this paper analyzes present case, constructs an outline as well as a full model of the reformed case, and simulates index change before and after the green reform. This paper also brings forward specific approaches to green reform, and studies green reform under the life cycle of buildings. In this way, one must break through discipline barriers, in order to realize the integration, staged development and effectiveness of green reform process. Thus green building technology can be open to further education and investigation.

Keywords: Green Reform, Teaching, Investigation

2010年10月末，大陆6所高校与台湾11所高校应邀相聚西子湖畔，拉开了"海峡两岸大学生低碳城市及绿色建筑设计工作坊"的大幕，与会代表分别就几个实际题目做了绿色改造的大胆尝试。这次活动是针对绿色建筑及教学的专题探讨，是对课堂教学的有益补充，一定程度上反映了各校在绿色建筑教育方面的进展，值得从事建筑技术教育同行们的思考。

绿色建筑引领着未来建筑的走向，在当前建筑教育中愈发受到重视。然而，我们现实的情况是：在传统学院派的培养模式下，学生普遍强于"设计"，而弱于"技术"；同时，一些"明星"建筑过分注重形式，也常使学生偏离本源、迷失方向。运用"技术"解决建造问题已成为学生知识结构中的普遍"短板"，亟待解决。在此背景下，这次绿色建筑改造的教学与交流成为一次积极有益的探索和尝试，拓宽了我们传统教学的思路，收到了良好的教学效果，受到了学生们的欢迎。

1.出题

主办方浙江大学给出了六个题目，其中建筑系楼改造引起了我们的兴趣（图1）：一来这是学生们熟悉的学习场所，结合建筑系学生的特点，会有较大的设计兴趣二来该建筑形式独特、环境复杂，在"绿色改造"方面潜力很大，应该能使学生更加系统深入的展开探讨。

建筑系楼处于浙江大学校园主轴，是一座个性鲜明的建筑。主体呈半月牙形，大面积玻璃天窗包裹着一个中庭，且面向南侧。在未做数据定量采集之前，我们做了一些定性的假设和预判：首先，大面积玻璃的"温室效应"会造成室内温度过高，需要耗费大量的电能才能降温；其次，主楼过于封闭，通风情况受限，似乎不适合南方湿热的气候特征；第三，中庭的光线"曝光过度"，不利于较长时间学习和阅读。

我们基于上述预判，做了一个较为全面的主客观调研方案，主观上，可以通过问卷的设计与有效发放，定性的做足反馈工作；客观上，我们需要的室内物理环境数据可以利用实验仪器进行数据采集，通过定量的分析形成研究的基础。这是绿色改造的前提，可以有的放矢的抓住改造的关键点。设计应当遵循如下几点要求：

（1）适应杭州的气候特点，尽可能采用被动式节能措施，降低能耗；（2）方案必须具有可实施行性，尽可能地减少改造过程中的能源资源损耗；（3）有效地验证机制，确保设计方案在遮阳、节能方面的有效性。

2.过程

2.1　目标分析

基地位于杭州市浙江大学紫金港校区。杭州位于北纬30°，是典型的夏热冬冷气候区。作为新校区的代表建筑物，建筑系馆有着独特的半月形造型，建筑系馆中心有着大面积的玻璃幕墙的屋顶，由于缺乏有效的遮阳设计，每到夏天总是导致大厅内的温度过高，需要耗费大量的电能才能降温。针对上述情况，结合杭州地区的气候特点以及校区建筑的特殊需要，通过主观评测及计算机模拟等手段找出现状问题，对浙江大学建筑系馆玻璃幕墙进行有效的改造以回应节能技术。并希望通过对这一典型建筑物的改造，为此类玻璃幕墙在南方的设计使用提供指导。

2.2　题目分组

依据上述分析，我们初步设定了一个改造的框架、确立了改造的目标、找到了改造的手段、依据学生们的擅长及兴趣，自发的分成几个小组。每个小组确定了各自的侧重方向：比如有同学关注通过设计的手段来实现建筑的"绿色化"，相应的采取以被动式技术为主的技术路线；有的同学关注参数化设计，更多是运用计算机软件等高效率的手段，在大量的具有可行性的计算结果中，进行优选；有的同学关注软件和实测，通过数据化和定量的分析，来证明建筑改造前后的优劣和差异。

图1　浙江大学建筑系楼

图片来源：图1由作者拍摄，图2～6由小组成员绘制
指导教师：金虹、黄锰
小组成员：吴皓鹏、徐馨莲、李新欣、刘晓妹、彭涛

2.3　现状分析

（1）气候条件分析　利用Ecotect软件对杭州地区进行气候特征的分析。掌握杭州全年温湿度情况，太阳辐射量，辐射角度及采暖能耗量，以便进行节能技术改造。从图中可以看出（图2），

杭州地区的夏季太阳辐射强度很高，湿度也非常大，如不设必要遮阳及制冷措施，则会对人体产生不利的影响，而冬季湿冷，这就给采暖带来更大压力，使得杭州地区建筑能耗量大大提高。

影响建筑使用情况的除了太阳辐射强度，温湿度等条件之外，主导风向也是极其重要的。通过软件系统了解到，杭州地区的冬季主导风向为东北风，夏季主导风向为西南风。图3中蓝色的深浅表示风速。

对以上多个条件进行综合分析后，Ecotect软件提供了一个建筑最佳朝向分析。从图示可以看出（图4），在杭州地区的建筑物最佳朝向为南向（图中黄色的部分）。而西侧由于南方西晒的缘故，不宜作为主要朝向。必要时，需进行遮阳设计以抵挡太阳辐射。

（2）热环境分析　通过Ecotect软件对建筑系馆中庭进行模拟，得出在夏季最热日中庭得热的三个主要途径依次是：直接太阳辐射得热、通风得热和传导得热。中庭失热的途径是向其他空间辐射热量。中庭玻璃幕墙就像一个热源，不停地向其他房间释放热量。但系馆南北向开口形成的对流风能对一层起到降温作用。

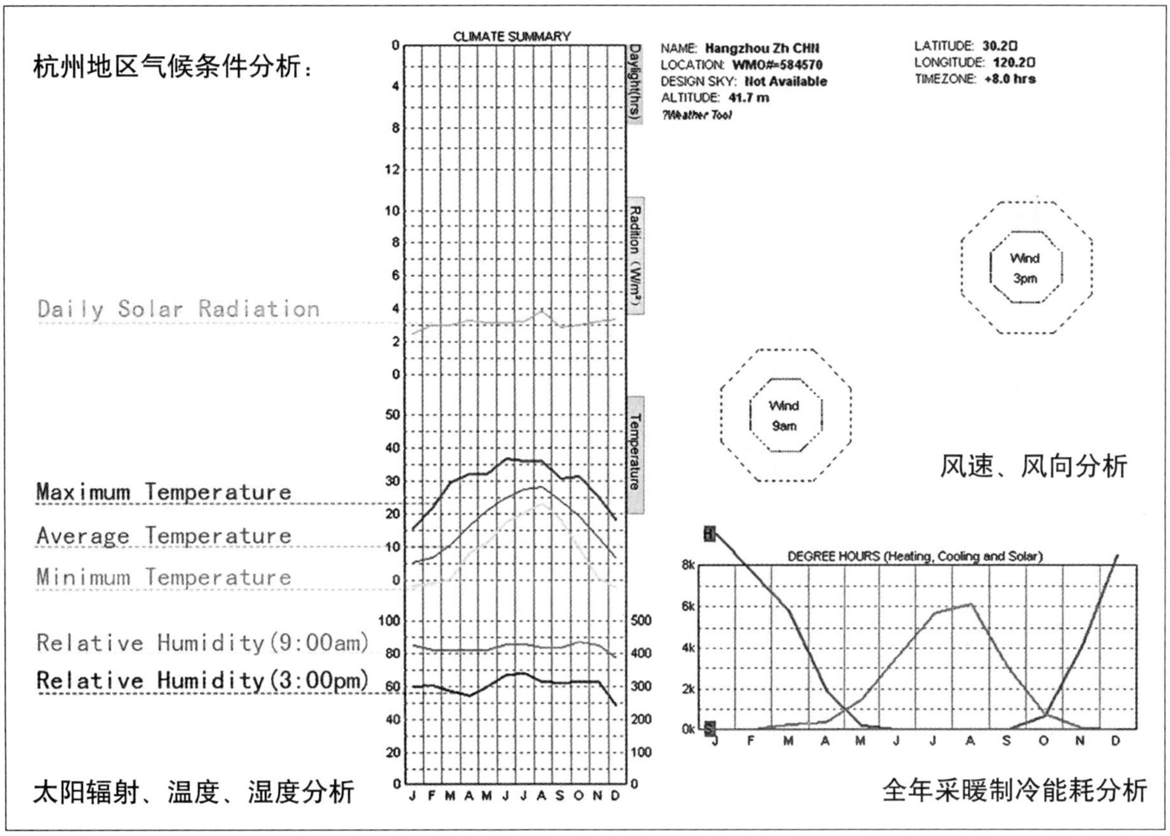

图2　杭州气候特征分析

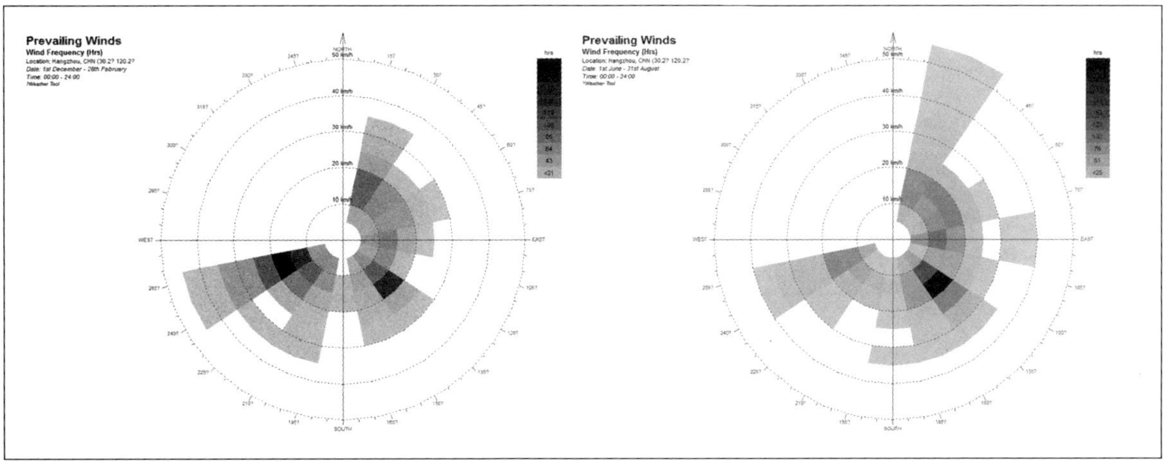

图3　杭州地区风玫瑰图

（3）风环境分析　通过 Fluent 软件对建筑系馆中庭进行了风环境模拟。图中箭头颜色越接近暖色则表示风速越高，越接近冷色则表示风速越低。但值得一提的是，并不是风速越高越凉爽。人体对于风速有一定的舒适感，低于这个阈值就达不到降温的作用，而超出这个阈值也会让人产生不佳的感受。接近绿色的风速都是人体舒适阈范围内的。

从平面图的模拟结果看，在中间位置由于开口位置相对，一层有较强的对流风。但是东侧形成了一个强烈的涡流，基本没有空气流动，这与主观热体验得到的结果是一致的。

从剖面图的模拟结果看（图5），进一步验证了一层的风速较快这个事实。而中庭上层部分则缺少有效的通风，局部也形成了小涡流，使得空气无法带走室内的热量，积聚在中庭。同时大量自然风从建筑顶部被加速，并没有进入室内。

3.解答

针对杭州地区天气情况及计算机模拟的建筑系馆内部现状，我们最终决定综合采用遮阳、通风、隔热与热法降温三项技术改造措施。

3.1　增加遮阳

在各种防热措施中，建筑构件遮阳是最直接而最有效的办法，而其中又以遮阳板为最好。我们将中庭幕墙的分隔形式加以改进，部分单元由原先的玻璃变为遮阳板。在遮阳材料的选择上，选用高级隔热陶瓷。该材料具有高度

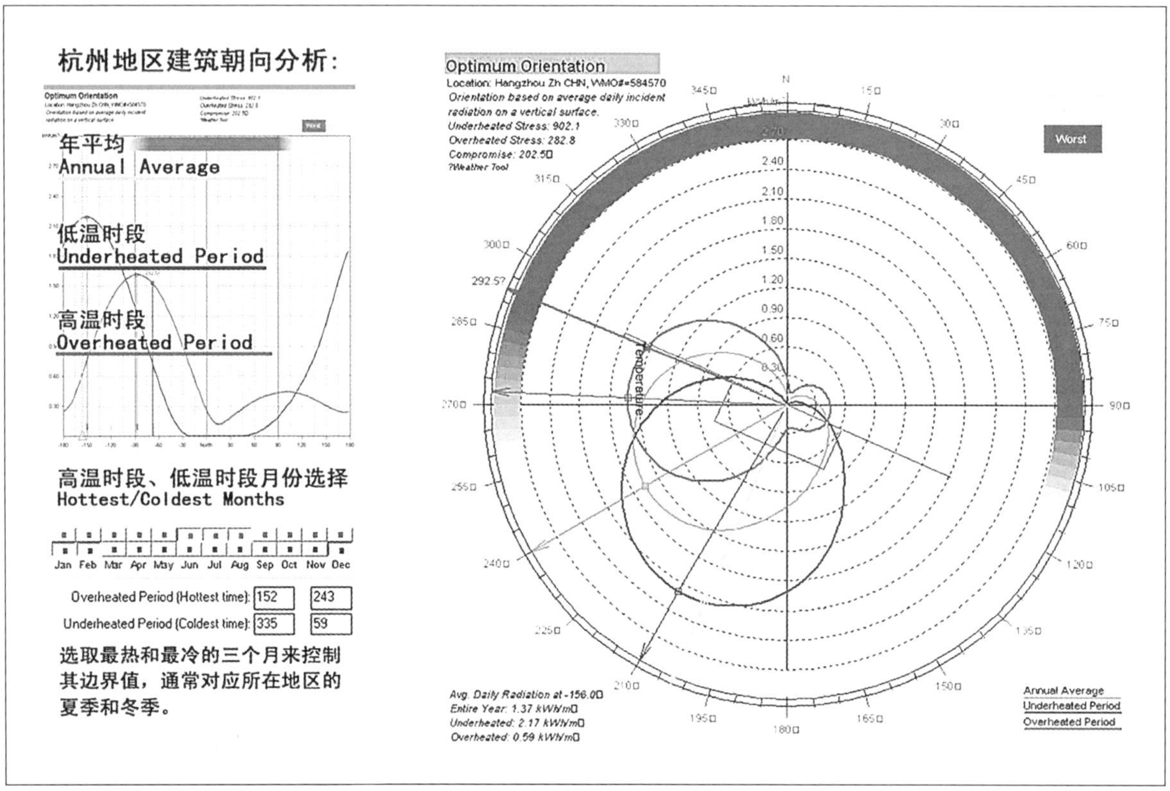

图4　建筑最佳朝向图

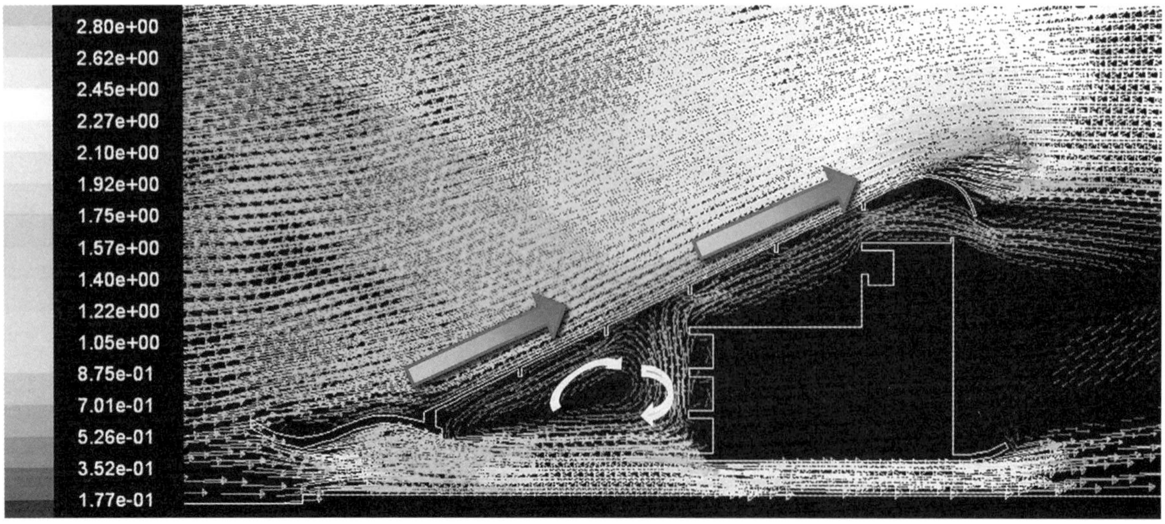

图5　中庭通风现状模拟

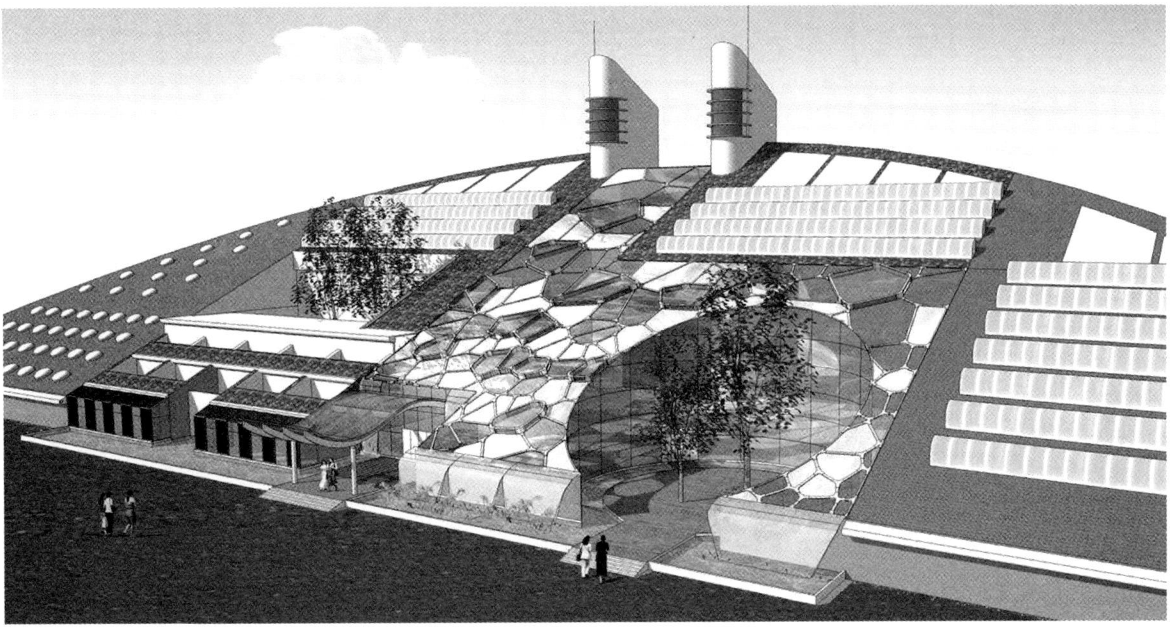

图6　改造后的效果图

的防水，耐久等特性，而且本身具有很好的遮阳隔热性能。与金属材料相比，陶瓷不会对周边环境产生光污染，是此案例中非常理想的遮阳材料。

3.2　改善通风

为了解决积郁在阳光大厅的滞阻空气涡流，采取在玻璃幕墙上设置可开启通风口的策略，用以增加中庭空间的空气流动。通风口的开启数量、角度及位置确定是根据导风最佳策略，使得风能顺利进入室内，并被上部的开口以拔风形式快速排出室外。

3.3　隔热与蒸发降温

本方案改造中利用了基地南侧的湖水，将夏季温度较低的湖水汲取至建筑玻璃幕墙的顶端，顺势流下的水不仅能够起到隔热的作用，同时蒸发降温带走室内多余的热量。在建筑底部设置蓄水池，收集流下的湖水并进行循环，保证水源能够源源不断的对屋面进行降温。

根据风环境模拟结果，采用在幕墙上加入可开启扇玻璃，增强通风。同时，充分利用基地南侧的湖水。不仅能作为景观，也可以利用流水对玻璃幕墙进行蒸发降温。

改造后的屋面由具有防水、耐久特性的半透明采光片、高级陶瓷遮阳板、突起通风开启扇组合而成，半透明采光片与高级陶瓷遮阳板能很好地满足中庭采光遮阳的要求，通过调节突起通风开启扇的开启数量、角度及位置可以使得风顺利的进入室内，并被上部的开口以拔风形式快速排出室外；同时，在屋面上覆以流水，不仅可以带走屋面的大量热能，起到降温作用，还形成了一道景观，增添了情趣。此外，屋顶其他部分区域种以绿色植物，可冬季保温夏季降温。

4.思考

绿色教学与传统课程设计相比，具有把科研成果向教学转化的特点，体现了研究性；改造过程需要结合设计、技术和设备等不同背景的人员，体现了整合性；从调研着手，到设计、模型模拟，检测验证，体现了过程性。

在设计着手时，对杭州的气候特征进行了细致的分析，从中抽取出三种有效的被动式节能措施。这种严密的构思逻辑，使得方案有据可循，体现了方案作品的科学性；在设计构思中，引入冰纹窗元素，并运用了参数化设计辅助工具，将碎冰纹结合水幕，为建筑创造了独特的景观，体现了技术与艺术的融合；在设计过程中，我们运用了多种建筑节能模拟软件，对方案进行有效的模拟测试。比较了改造前后室内温度、通风、得失热状况，将建筑节能设计从定性、模糊提升到定量、精确的高度。同时也验证了该方案的有效性。这次教学体现了从现状分析到方案生成再到方案验证，一气呵成、自成体系，体现了学生在节能建筑设计改造方面具有较强的综合能力。

旧建筑的绿色改造如同“成衣改制”，既有很大局限性，同时也有很强的现实意义。如何能把绿色技术与手段与旧建筑结合，则成为成败的关键。相比而言，绿色观念更为重要，是源头，这意味着创作不能盲目地跟风或者一味地追求创新；在既有建筑的建成环境与空间界面限制下，创作不能无限的发散，要考虑与已形成的环境条件和自身条件结合。建筑系馆改造体现了生态措施、绿色规划和因地制宜规划的思想。改造中既实际应用了绿色的表皮遮阳技术，同时也表达了独特的设计个性。这将使技术与艺术相互跨越藩篱，走向真正的融合。

作者：黄锰，哈尔滨工业大学建筑学院建筑技术系主任，副教授；金虹，哈尔滨工业大学建筑学院教授，博导，国家一级注册建筑师

图书馆设计教学中绿色设计方法的运用初探：光与空间

吴锦绣

专辑主持 鲍莉 张彤

The Attempt to Apply the Green Building Design Method in Library Design Studio: Light and Spac

■摘要：本论文介绍了东南大学建筑学院建筑设计教学中图书馆设计教案中绿色建筑设计理念的设置和执行情况。在图书馆绿色设计教案中的核心内容是光和空间的问题，本论文从光的功能、光的设计和光的处理三个层面介绍了图书馆建筑设计教案中如何以光为立足点，解决总体设计、空间处理和相关的技术问题，最后对于图书馆绿色设计教案进行了进一步思考。

■关键词：图书馆设计，光，空间

Abstract: The application of Green Building theory & method in the teaching of Library Design Studio in School of Architecture, Southeast University, is introduced in this paper. This paper, focusing on lighting in Library Design Studio, shows how to precede library design from the angle of lighting from the levels of function of lighting, design of day lighting and technologies of day lighting.

Keywords: Library Design Studio, Lighting, Space

近年来，随着我国低碳和谐发展战略的深入贯彻，建筑的可持续发展已成为我国经济和社会发展中的一个重要议题。绿色建筑作为其中重要的一个内容，在绿色建筑设计和相关技术方面都取得了显著的进展，不仅引发了世界范围内建筑领域发展的深刻变革，也促使人们对于建筑、自然和社会三者关系的深入思考。作为培养未来建筑师的摇篮，高校在贯彻绿色设计理念和传播绿色建筑知识方面责无旁贷。

一、图书绿色设计教案的背景

东南大学建筑学院的建筑教学有着非常严整的体系。就二年级的设计教学而言，教学的主线是空间，关键点是环境、空间和建构三大要素的相互交织和融合，由此形成了全年的四个设计题目设置。

根据绿色设计教学小组的讨论，我们对于一至四年级的绿色建筑设计有了整体的把握，制定了相应的框图。据此，我们将二年级绿色建筑设计教学的主题定义为被动式

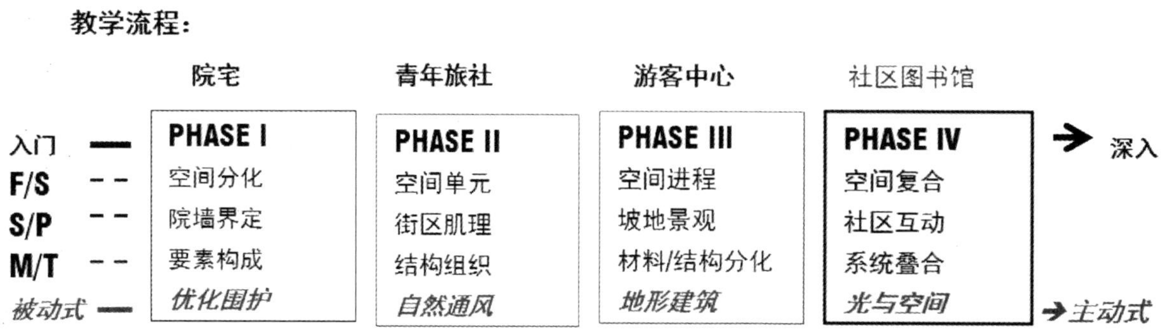

图1 二年级建筑设计教学流程图

绿色建筑设计知识。对应各个设计的主题，我们将被动式绿色设计的知识点分为：优化维护、自然通风、地形建筑和光与空间，分别对应二年级的四个设计题目：院宅、青年旅社、游客中心和社区图书馆，在每个设计题目中突出一个知识点的学习，做到突出重点、各个击破。由此确定图书馆设计中绿色建筑设计的主题是：光与空间。

同样需要指出的是，由图 1 中的教学流程图可以看到：我们所强调的绿色建筑设计作为一条单独的线索融入设计教学，是在常规教学内容之外额外附加的要求，也就是说，对于绿色设计组的学生而言，他们必须完成常规教学的所有要求，并在此基础上强调绿色设计的特色。这种特色在理想的情况下可以帮助启动设计，并成为设计的特色，但是必须满足基本的设计要求。

二、图书馆绿色设计教案的内容与执行情况

经过思考，我们将本教案中光与空间的关系分为三个层次的问题，在不同的阶段和层面着力解决不同的问题：

1. 光的功能：这个层面的核心问题是让学生理解光的物理作用，即不同的空间需要不同的光，光可以和不同的空间相结合从而使空间变得不同，这个层面可以影响方案的整体构思。

根据图 2 教学流程图可以看出，图书馆的空间主题是空间复合，社区图书馆还强调和社区的互动。在教案设定中，我们将设计内容分为基本部分和附加功能部分，基本部分的内容均有统一明确的规定，基本功能包括阅览室、书库、办公室等。附加部分则具有一定的灵活性，包括自修教室、茶室、展室、多功能厅等社区相关内容。附加功能的选择完全来自社区调研，要求学生通过社区调研进行场地注记和居民调查，然后在两类给定的功能中进行自选和组合。

通过课堂讲授和实地调研，学生渐渐明白光在图书馆设计中可以起到非常关键的作用，这种作用首先是物理作用。

在图 2 所示的设计方案中，设计者为了减少新建图书馆对于北部学生宿舍的体量、光线和视线的影响，将图书馆分为基本部分和附加部分两个体量，体量南北错动，并与北面的广场相联系形成倾斜的大台阶。大台阶成为总体设计中的突出特点，在总体设计中减小了新建建筑体量对于场地和周围建筑的影响，尤其是光线和视线的影响。其次，大台阶两侧是绿色屋顶，中部是可以供居民休息的大台阶，居民也可以顺着大台阶从北面的广场拾级而上一直走到位于二层的附加功能的茶室以及图书馆的另一个读者入口。大台阶为居民提供宜人的户外活动场所，体现着社区图书馆的主题。同时大台阶侧面的玻璃采光窗也为位于其下的最大的普通阅览室提供了北向的柔和的顶光，为阅览室创造了明亮又安静的读书氛围。

图2　从关注光线和环境出发的图书馆总体设计模型（设计者：邵星宇）

2. 光的设计：这个层面的核心问题是解决光的设计问题，理解空间场景中的光，理解光所创造的空间感受和氛围，这个层面可以影响方案的空间设计。

在图书馆中，光的设计的重点是阅览空间、藏书空间和公共交流空间，尤其是阅览空间的设计是图书馆设计中很关键的问题。在图 3、图 4 所示的案例中，设计者所要创造的阅览空间是比较内向的光线柔和的空间，因而将其布置在大台阶之下的空间中，利用大台阶的侧面做采光窗，以获得北向的柔和的顶光。在空间设计中将书架分成小段错落有致地布置在较宽的大台阶状阅览空间之上，读者可以坐在台阶上看书，使他们在很大的阅读空间中获得与书非常亲近又尺度宜人的小的阅读空间。

而在此案例的公共部分，光线的设计则完全不同。

图3（上）
图4（下）
公共空间和阅览空间不同的光线处理方式（设计者：邵星宇）

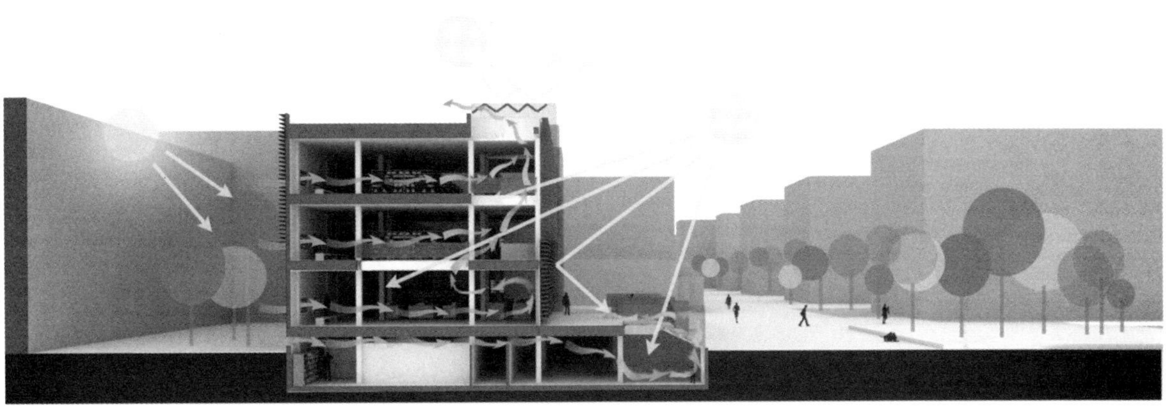

图4　场地-建筑剖面体现图书馆设计中光的处理问题　（设计者：钟强）

公共部分包括入口大厅、目录出纳的相关空间以及通往二楼的坡道，位于大台阶的西侧。这里所创造的是一种非常开敞明亮的公共空间的氛围。巨大的落地窗使大台阶的景色尽收眼底，大台阶上活动的居民和图书馆公共空间中的居民获得了良好的互动，大台阶的平面延伸进公共空间中形成通往二楼的坡道，而坡道顶部的一束光线又引导读者继续向上，预示着上面还有精彩的空间。

上述两个空间的对比可以看到光的设计给空间所带来的截然不同的个性。教案中对于场景中的光的强调促使学生以人的尺度和视角仔细研究场景中光的效果与空间感受，使学生对于空间的研究变得很扎实具体，易于操作。

3. 光的处理：这个层面的核心问题是光的处理技术问题，例如如何进行光的引入与遮蔽，如何针对不同朝向进行不同的光线处理，如何将光和通风相结合等问题。

图 4 的案例中可以看出学生对于光线处理知识的综合运用。

首先是通过采光中庭和采光天窗的设置，将顶窗采来的柔和光线引入建筑深处。在图书馆建筑的基本部分设置了错落布置的两个中庭，一个朝向东侧景观面，正对花园，为二三层贯通，另一个位于建筑中部，为一二层贯通。这两个中庭的错落布置将三楼顶窗采来的天光可以一直引至建筑一楼的中部，使建筑内部的光线明亮而柔和。东侧中庭顶部的防晒装置又可以将过多的光线反射出去。位于广场上的采光窗白天可以将光线引入下部的展览空间，晚上又可以将室内的光线映射出来，为广场提供照明，同时采光窗本身在夜晚也可以成为发光的雕塑，成为广场上的景观中心。

其次是各个界面材质的处理，使进入室内的光线经过过滤变得柔和。建筑外界面除了位于二三楼的东侧的采光中庭是透明玻璃材质之外，建筑主要空间外侧均覆盖以木百叶。百叶的质感柔和而温暖，很适合图书空间的氛围。在朝西一侧，除了百叶之外，还新种植有绿色植物，绿色植物可以帮助百叶解决西晒的问题。在朝南一侧，原有树木的保留也起到了较好的遮阴的作用。朝东面由于景观很好，所以仅以百叶遮阳，以便更多地引入东侧花园的景观。

最后，这些采光设施的设计也促进了建筑内部的通风，设计者在适当的地方设置有通风口来促进室内风环境的循环，使室内的微气候环境更加宜人。

三、图书绿色设计教案的思考

在东南大学建筑学院的整个绿色建筑设计教案中，图书馆设计只是其中一环。对于绿色建筑教案的整体把握和知识点分布为图书馆绿色设计教案的深入发展提供了良好的宏观背景。在教学中我们体会到绿色设计不仅是一个新的对于建筑未来发展很重要的知识点，更是一个可以帮助学生有效地深入方案设计的一个非常好的立足点，可以使抽象的空间设计因为有了一个好的着眼点而变得非常扎实具体，便于操作。在今后的教学中，我们会继续在如何将绿色设计与教学相结合方面继续进行深入的研究和探讨。

参考文献

[1] 鲍家声，编著，现代图书馆建筑设计，中国建筑工业出版社，2002

[2]（荷）赫曼·赫兹伯格，建筑学教程：空间与建筑师，刘大馨，古红缨，译，天津大学出版社，2003

作者：吴锦绣，东南大学建筑学院

副教授，硕导

绿色考量：既有建筑适应性改造再利用

——以东南大学建筑学院三年级课程设计为例

张 慧 鲍 莉

Green Dimension: Adaptive Reuse of Existing Buildings

—The Case Study on Design Studio at the 3rd Year in the School of Architecture at Southeast University

■摘要：三年级绿色建筑设计课程在"既有建筑改造再利用"的设计题目中加入"适应性"要求，旨在帮助学生了解与建筑改造相关的生态考量视角和策略，学习如何挖掘既有建筑自身特点和生态潜力，并应用相关方法和技术设计出既满足功能置换要求、同时又获得性能提升、低能耗高能效、环境友好型的舒适空间。此设计课题仍侧重被动式生态技术方法的学习和应用，包括利用空间调节微气候、改善外围护结构热工性能、引导和加强天然采光和自然通风等。教学成果再次表明只有均衡考量功能、空间、结构、能耗性能和舒适度等各方面因素的建筑设计才是公认的"绿色"设计。

■关键词：适应性改造再利用，既有建筑，被动式生态技术，整合

Abstract: With the integration of "adaptive" concern into the architectural design theme "reuse of existing buildings", the "green" course objective in the 3rd-year is to help the students not only gain an overview on ecological concerns and strategies relate to the building reuse, but also learn and apply corresponding methods to explore the distinctive characters of existing buildings and create energy-efficient, environment-friendly, desired and comfortable spaces when satisfying the new functional requirements. In this phase, the passive ecological techniques are recommended, such as space conditioning, improvement of the thermal performance of building envelope, introducing or strengthening day-lighting and natural ventilation etc. It is convinced by the teaching results that only an integrative design concerned with all the aspects including function, space, structure, energy performance and human comfort is acknowledgedly "green".

Keywords: adaptive reuse, existing building, passive ecological technique, integration

既有建筑改造符合可持续性的发展原则，也在实际建筑活动中将会越来越多地出现。因此，东南大学本科三年级的绿色设计教学中，专门设置了既有建筑改造的课题，以期帮助学生认识并学习既有建筑的适应性改造的设计和技术策略。本文主要介绍了本年度以东南大学前工院教学楼为载体并将其改造为设计创意中心的教学实践。

1.教学目标

在保留旧建筑历史人文或外观特色的前提下，改变其功能空间配置，使其适应新的使用要求，同时提高使用舒适度和环境适应度、改善建筑的能耗性能、降低能耗、减小环境冲击，既有建筑的适应性改造包含了功能更新、空间置换、结构调整和性能提升等方面。

设计课题的基本训练目标是使学生在掌握功能复合的公共建筑设计原理和基本知识的基础之上，学习场地、结构、空间、功能的设计方法；学习在校园复杂场地环境中开展调研工作、处理新旧建筑关系以及

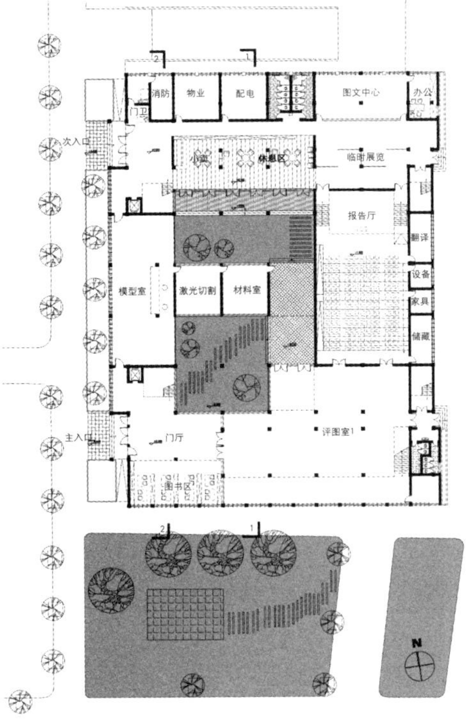

入口层平面　1：300

二层平面　1：300

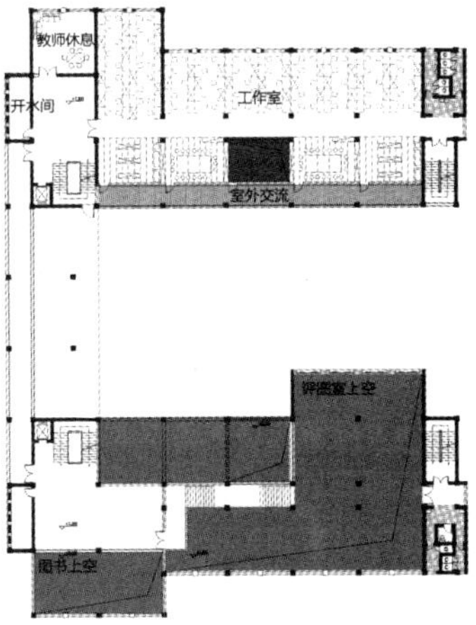

三层平面　1：300

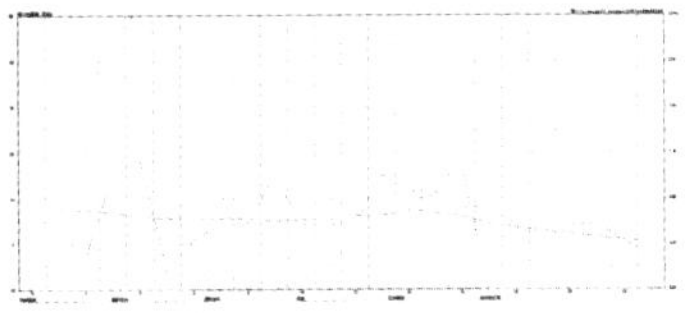

逐时温度曲线

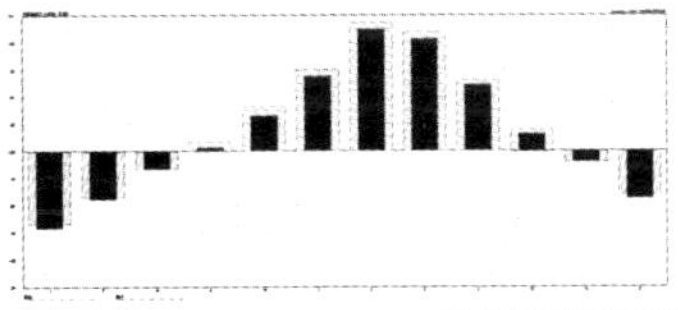

逐月负荷/舒适度曲线

四、五层平面　1：300

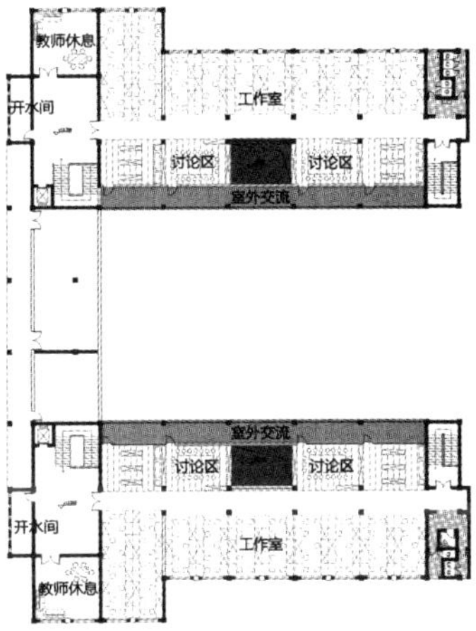

六层平面　1：300

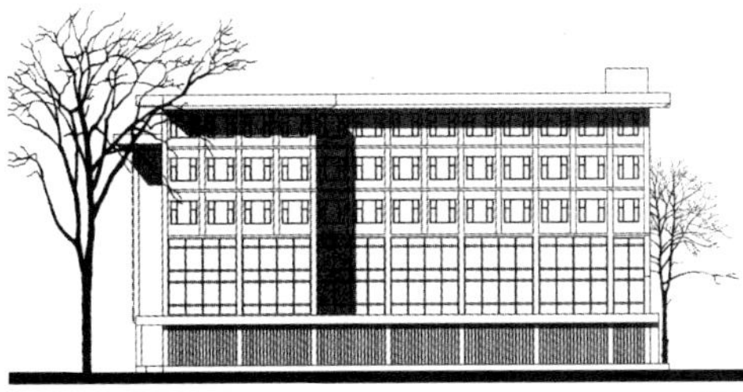

南立面　1：300

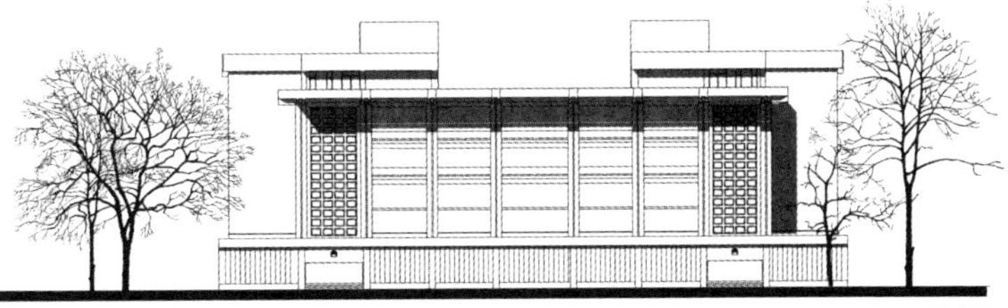

西立面　1：300

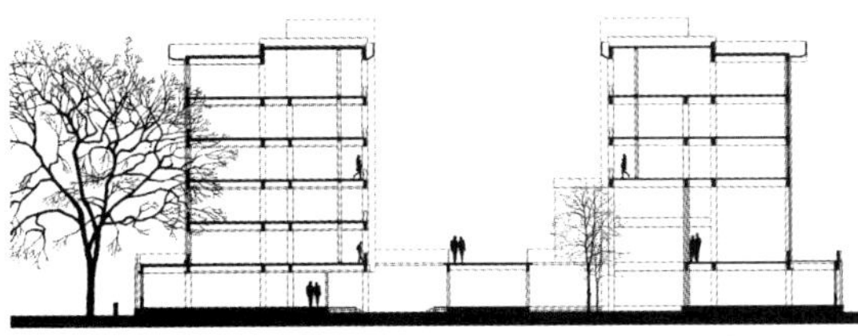

1-1剖面　1：300

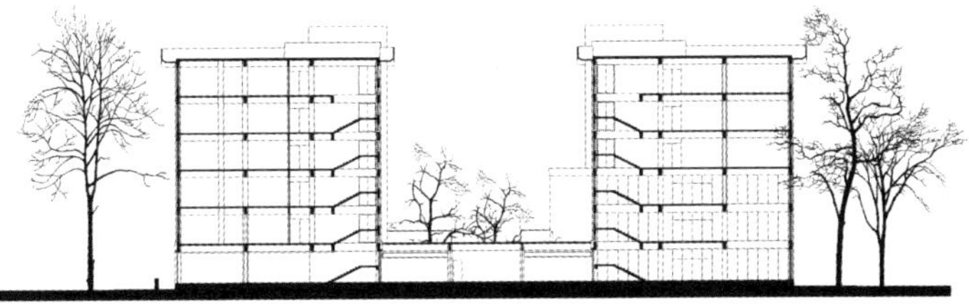

2-2剖面　1：300

图1　学生作业："设计创意中心——建筑学院前工院改造"（黄卿云）

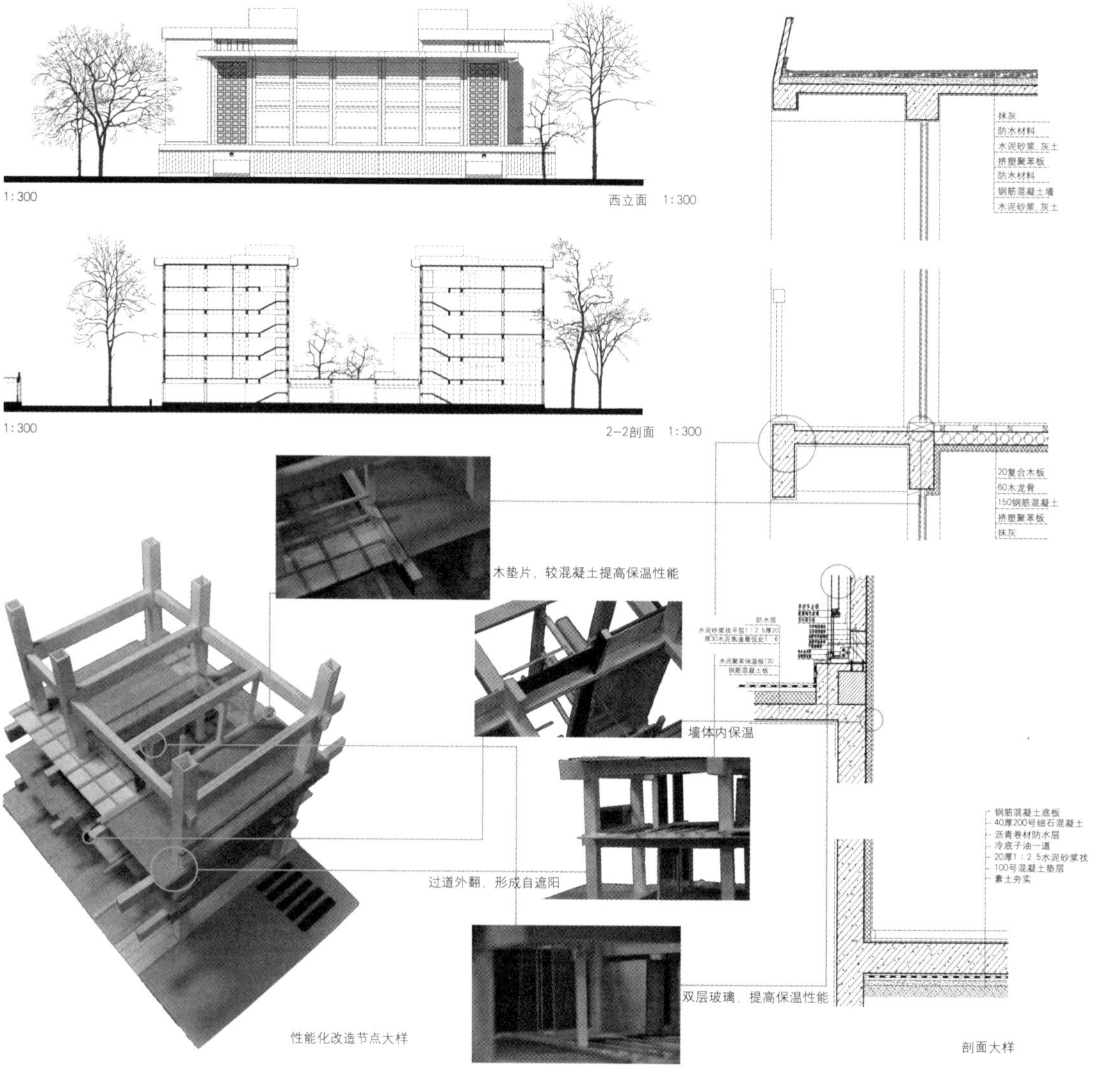

图2 学生作业:"设计创意中心——建筑学院前工院改造"(黄卿云)

图3 学生作业:"设计创意中心——建筑学院前工院改造"(黄卿云)

功能配置与结构选型相结合的技巧。学习建筑细部处理和构造设计互动的技巧，了解和初步掌握空间的物质实现方法和手段。与此同时，培养学生利用手工模型进行快速推敲方案的能力。培养快速入手、多轮反复、逐层深入的工作习惯。培养对于图纸、模型、设计对象三者之间在设计过程中同步推进的想像力和把握秩序的能力。

针对“适应性改造”的训练目标是帮助学生了解既有建筑功能置换、性能化改造以及适应性再利用的策略、方法和技术细节，并在改造设计中加以应用。现阶段主要侧重的首先是强化“空间调节”的意识，在此基础之上，采用被动式生态技术对旧建筑进行性能化改造，其中包括，提高围护结构的保温隔热性能，引导和加强自然通风，利用自然采光改善光环境等。

2.教学内容

设计课题为“设计创意中心——建筑学院前工院改造”，要求对东南大学建筑学院教学楼——前工院进行改扩建设计，将原本较为单一的教学楼改造为综合性的设计创意中心。前工院平面布局为U形，原有面积10600m^2，南北两翼均为普通教室。

改造的功能要求是将教学区域缩减为8个工作室，增加公共区（包含300座报告厅、评图室、展室、多媒体教室、社团活动室等）、服务区（模型室和图文中心）和休闲区等功能空间，总面积扩大至11000m^2。改造的空间、结构和形态要求为除东侧连廊外，建筑主体梁柱结构不可改动；原有屋顶形式须保留。空间形态参照现有格局；外围护保持原有形态，做性能化改造；改扩建下挖不超过一层，扩建部分超出建筑原轮廓线部分不得高于6m。

对于绿色组，要求除贮藏室外的所有功能空间都必须满足自然通风采光的要求，在不考虑采用空调系统调节室内气候的条件下，创造舒适宜人的室内环境。

3.成果小结

对功能逐渐不能满足使用要求或高能耗的既有建筑进行改造，是近年来建筑界关注的一大热点。在我国，95%的既有建筑是不节能的，改造势在必行。根据建设部的设想，从2006年开始，国家将每年至少改造5.6亿m^{2}的既有建筑，使其达到新的节能标准。三年级原有的建筑设计教学框架中即包含有“旧建筑改造”这一课题，引入绿色建筑教学线索后，在旧建筑功能改变或／和扩大的基础上，加入建筑性能化改造的要求和训练，将课题改变为“既有建筑适应性改造”。这一改变顺应了当前绿色建筑的发展趋势，符合现实要求。

增加绿色概念后的“既有建筑改造”设计结果在成果表达方面来看，似乎变化并不明显，只是增加了EcoTECH模拟软件对改造前后围护结构的热工分析计算和分析图。然而，比较内部空间品质后可以发现，“适应性改造”得到的建筑空间是对功能、空间、结构和性能的综合设计，性能提升不再是在空间定型后采取技术措施的附加结果。学生学会了在空间置换设计阶段，即考虑在满足功能需求的前提下，首先借助空间设计手段来改善建筑的风、光、热等环境性能，其他被动式技术手段的应用、材料选择和构造设计、软件工具的辅助验证与设计再调整也是在功能、空间、结构、性能循环深入的过程中适时引入。学生们再次明确绿色建筑设计不是设计后期建筑技术的简单堆砌，可持续与绿色理念应贯穿于设计始终，整合设计的结果才可能是真正绿色、可持续的。

阶段	阶段1 综合认知		阶段2 方案构思和定型		阶段3 方案深化、细部研究	
增加授课	既有建筑改造Ⅰ：综述	主题案例分析	既有建筑改造Ⅱ：空间策略	既有建筑改造Ⅲ：结构	主题案例研学（组内）	EcoTECH软件介绍
主要内容	a.既有建筑价值评估；b.改造策略分类；c.改造设计层面；d.典型案例介绍	a.空间置换；b.结构策略；c.材料策略；d.性能化提升	a.空间改造策略；b.空间置换对建筑使用性能及舒适度的影响	a.结构改造策略；b.新旧结构关系	a.性能化提升——使用性能、物理舒适度、空间氛围与舒适度；b.空间、结构与性能；c.材料、构造与性能	
进度	1周		2周		3周	
作业要求	1.明确建筑改造的定位和重点；2.评估既有建筑的生态表现和改造潜力		新旧空间—功能—结构—建筑性能互动关系的循环深入		从空间调节、舒适度提升角度对空间、结构进行进一步调整；应用被动式技术手段；外围护结构的材料选择及构造研究（详图和模型）；软件计算验证	

作者：张慧，东南大学建筑学院，博士，讲师；鲍莉，东南大学建筑学院建筑系副系主任，副教授，硕导

绿色：回归设计 GREEN: BACK TO DESIGN

首届中国高等院校建筑学院绿色建筑设计教育交流展

Exhibition on Green Architectural Design Education in Chinese Universities

选登

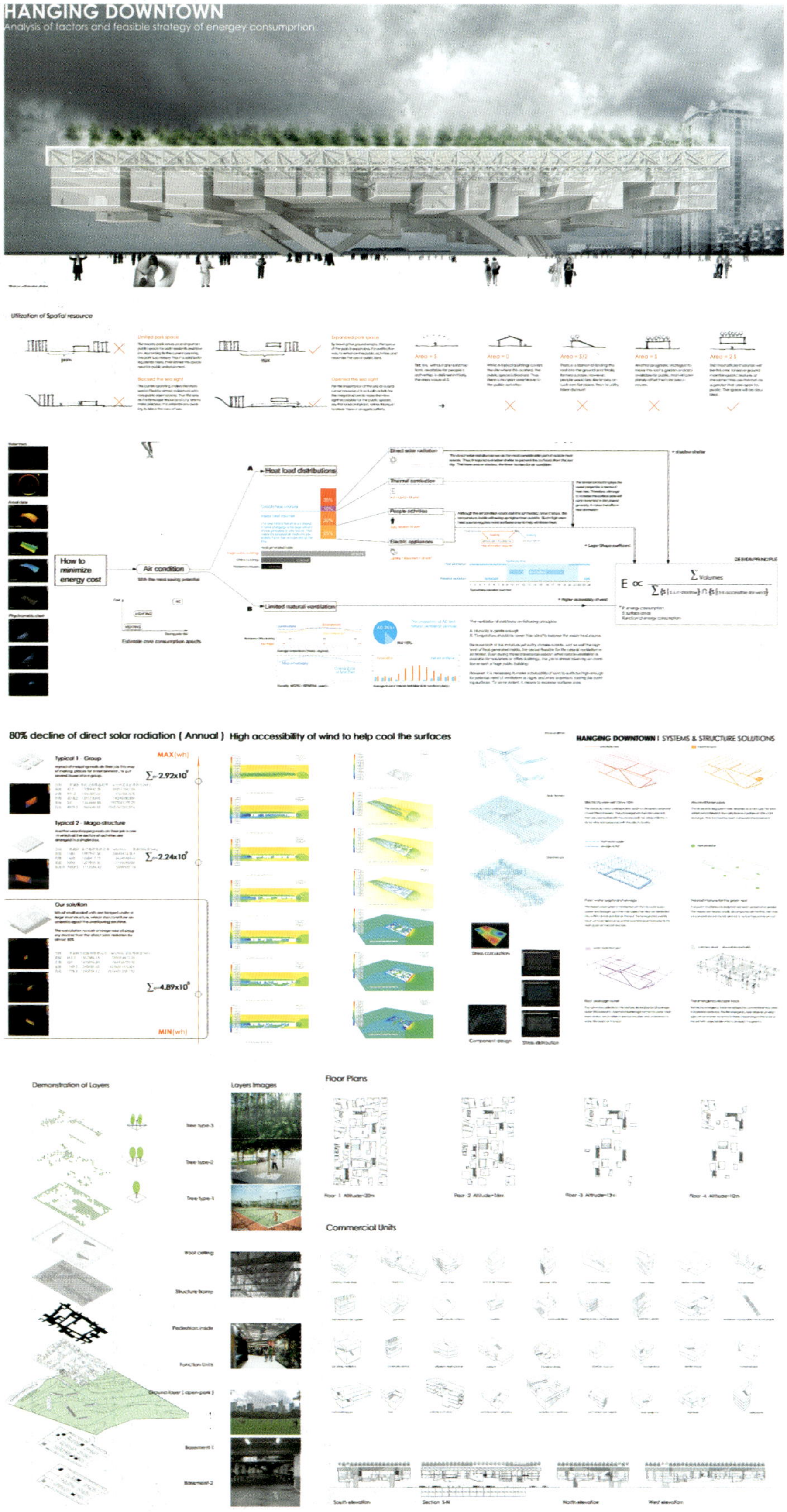

清华大学研究生生态建筑设计——" hanging town " 熊星、秦嘉煜 指导老师：栗德祥、程晓青、邹欢 时间：2008

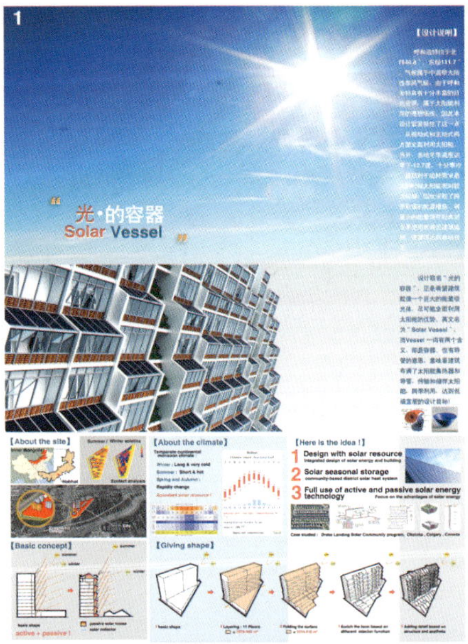

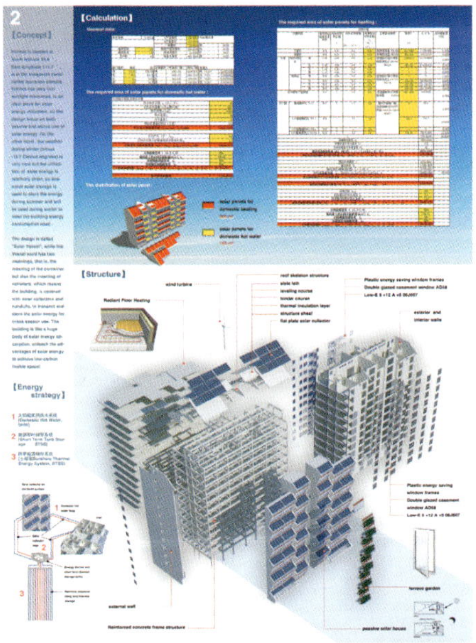

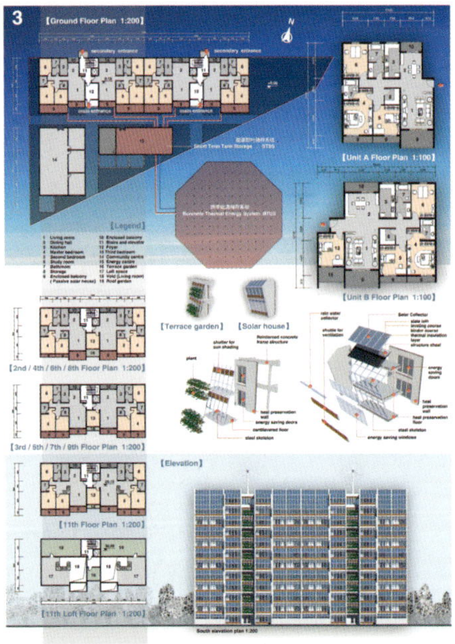

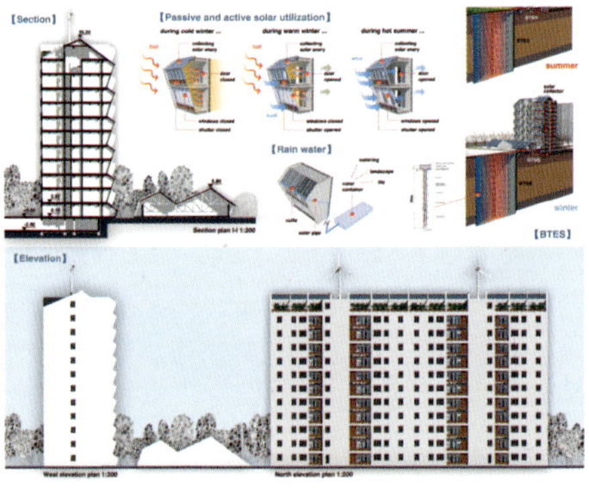

清华大学本科三年级生态建筑设计——呼和浩特生态集合住宅设计　陈洸锐　指导老师：夏伟　时间：2010

生物实验中心

学生姓名：刘丹萍
指导教师：徐小东

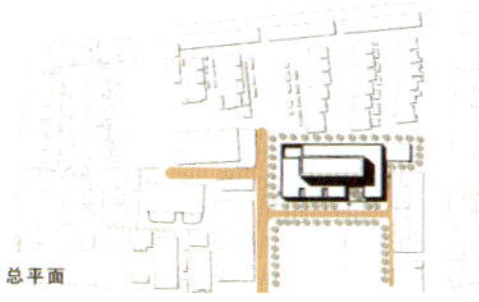
总平面

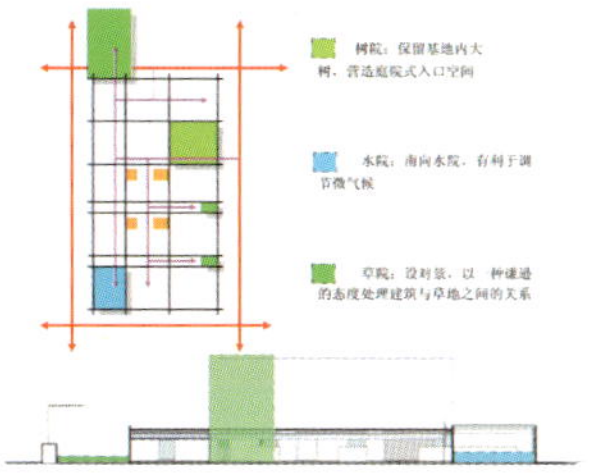

一层平面

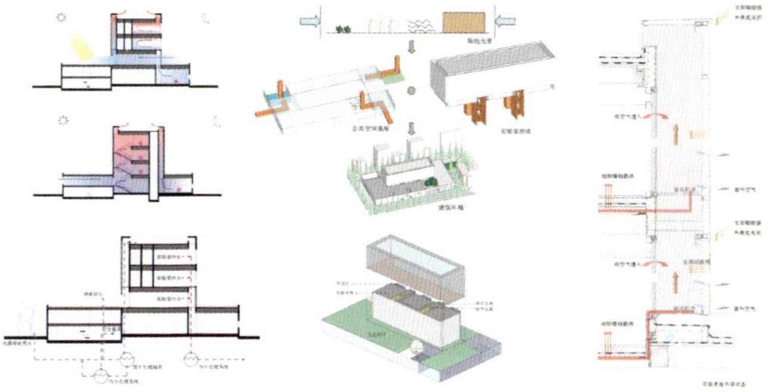

山地建筑设计——和平纪念中心

学生姓名：季欣
指导教师：鲍莉

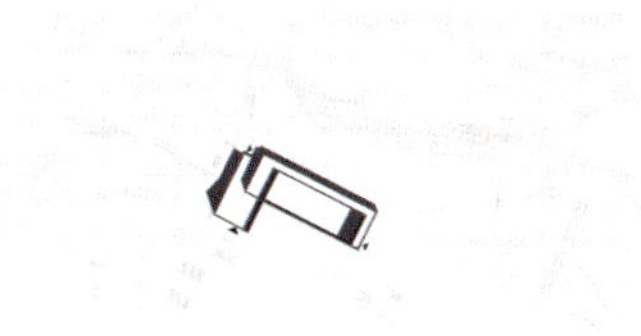
总平面

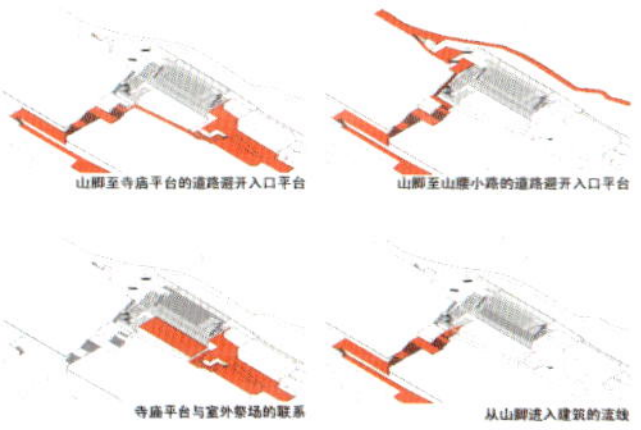

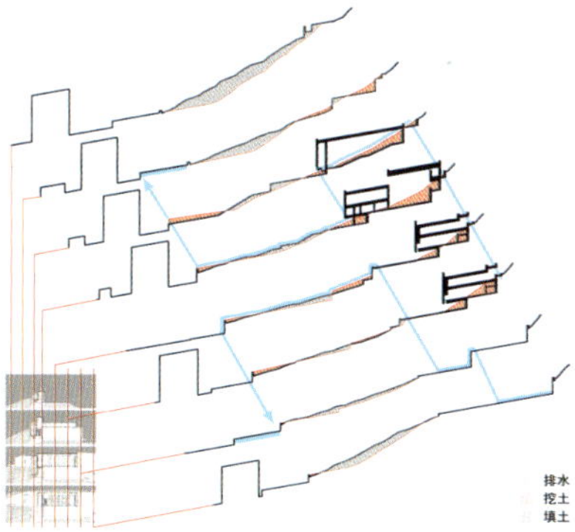

自然通风

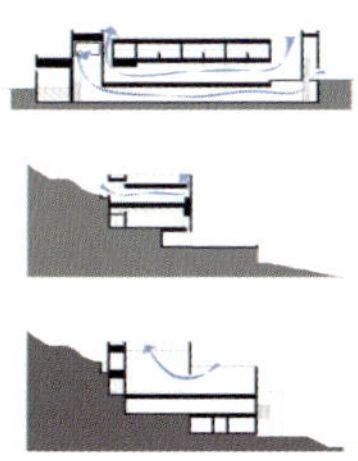

光照分析

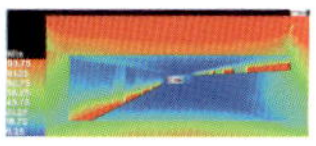

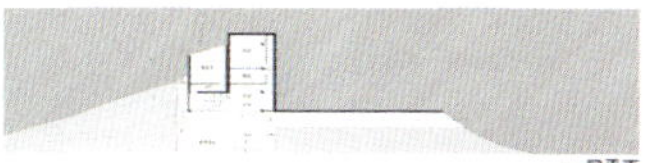
一层平面

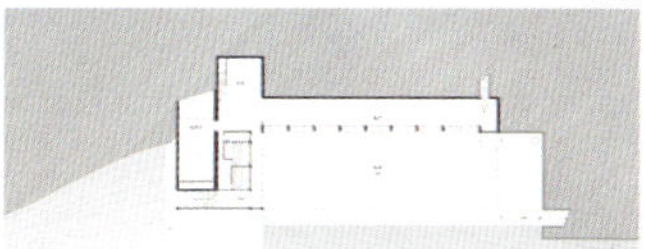
二层平面

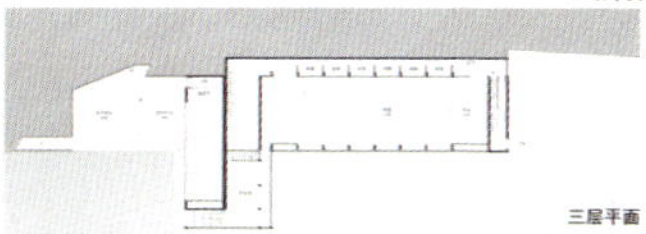
三层平面

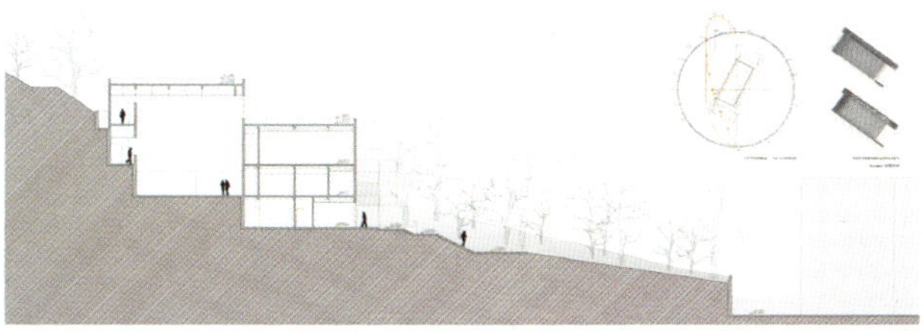

南京某科技企业总部办公楼

学生姓名：潘晖 林岩
指导教师：张彤

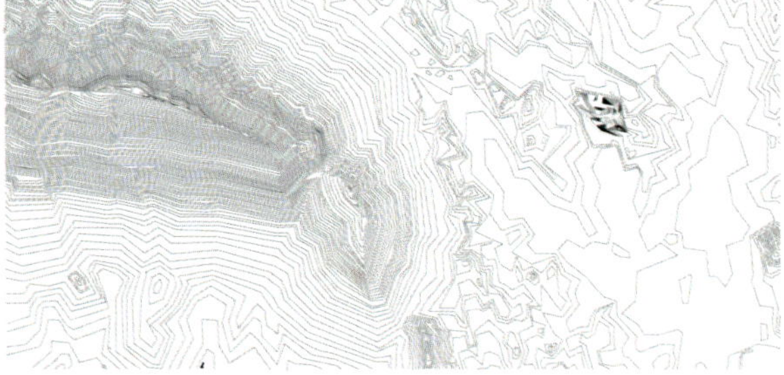

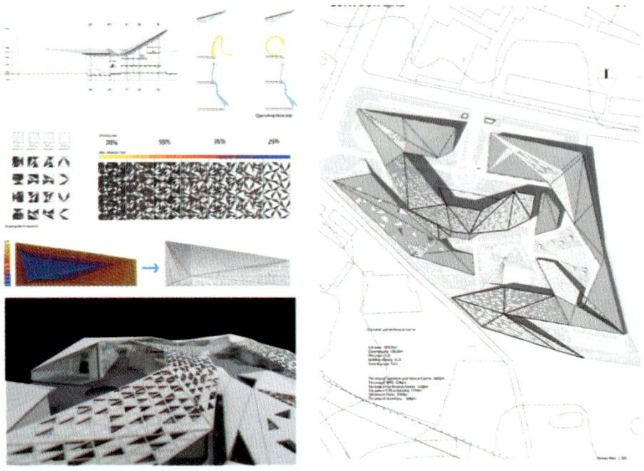

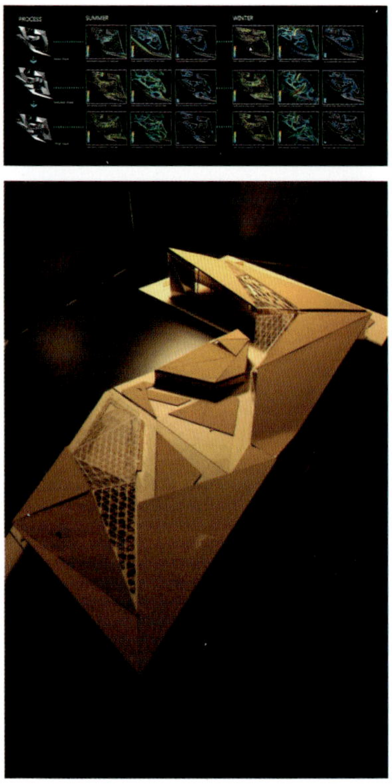

金山谷创意产业园规划与建筑设计

学生姓名：杨晔 宋亚程 刘程浩
指导教师：张彧 雒建利

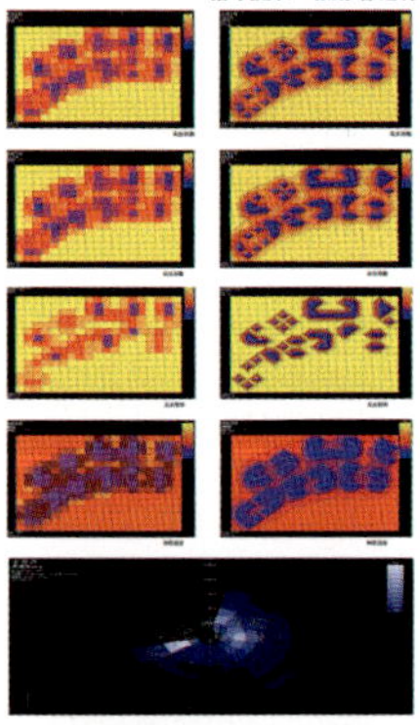

高舒适度低耗能建筑设计 High Comfort, Low Energy

中瑞联合教学（SEU-ETH）

东南大学前工院改造

Sun Can/Zhang Fang/Shen Xiaoli
指导教师：李海清, Stephan Ruetz

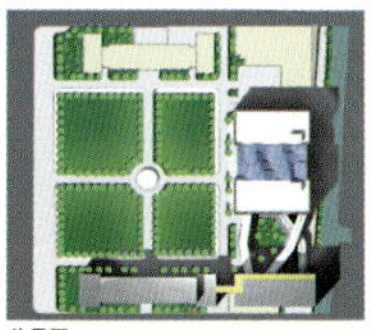

总平面

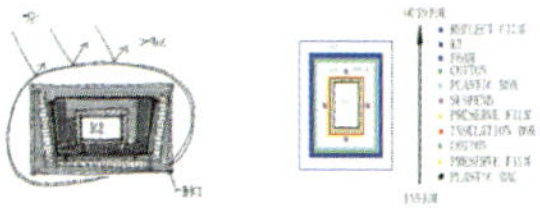

The Design of The Delta Skin

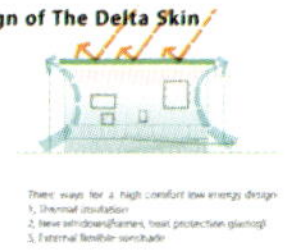

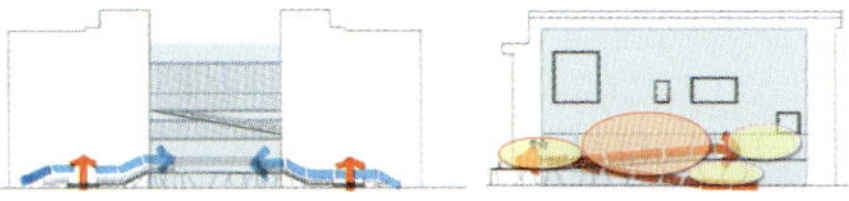

宝应县行政中心设计

指导教师：李海清, Stephan Ruetz

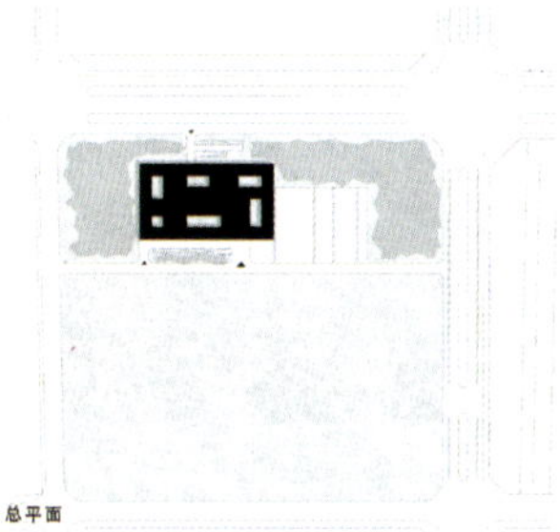

总平面

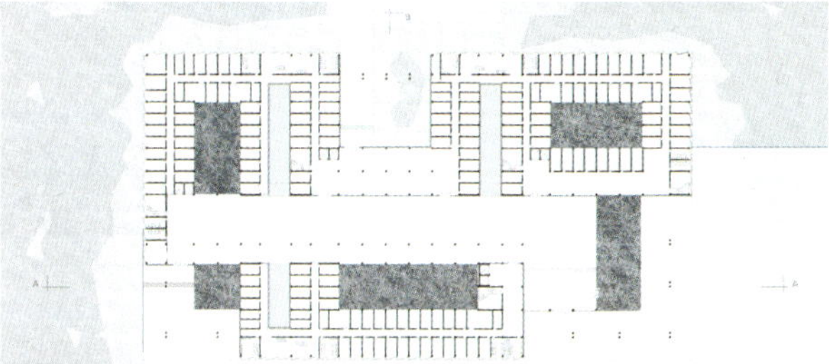

一层平面

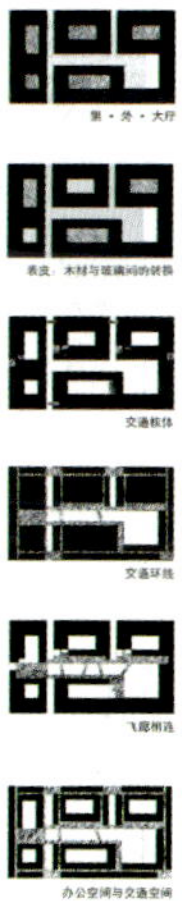

“Delta Skin”和“Space conditioning”结合使用可以将建筑能耗降低到原来的20%-30%

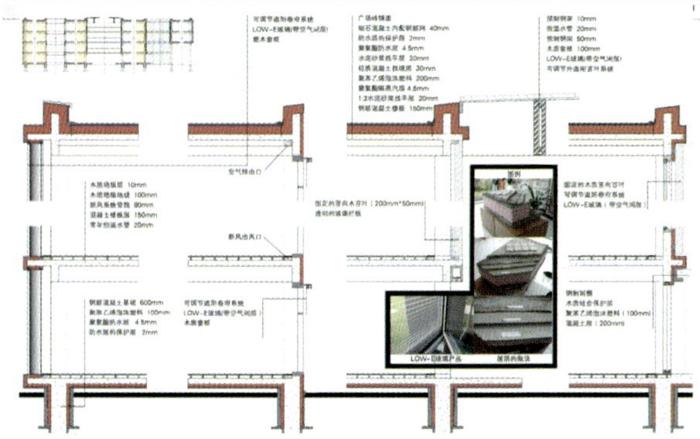

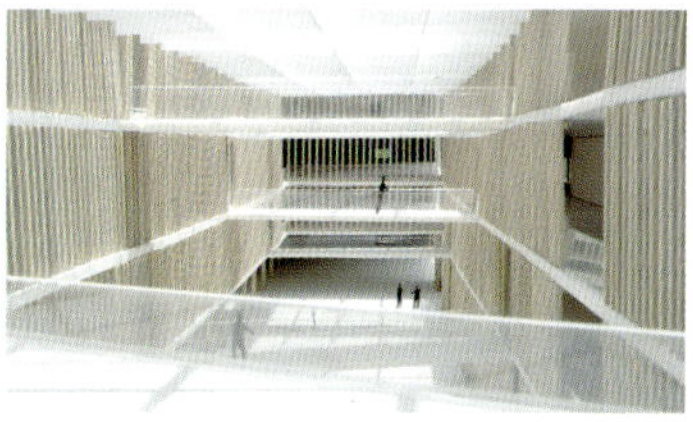

“Space conditioning”建筑室内环境调节系统（地源热泵系统）

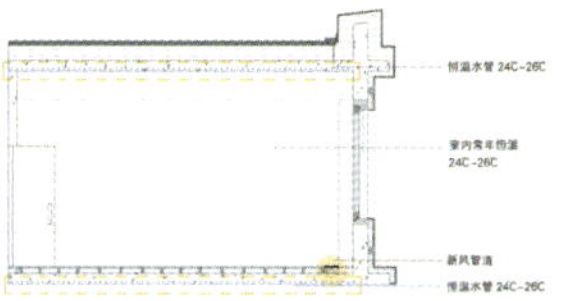

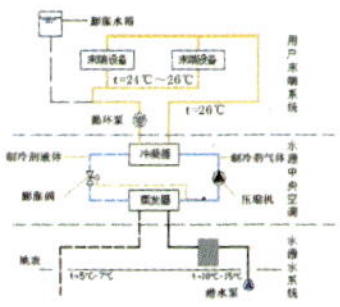

“Delta skin”节能建筑表皮系统

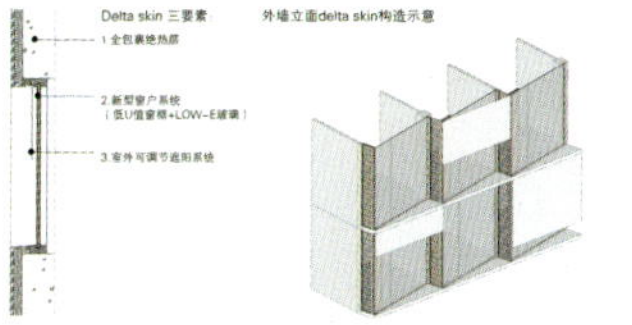

1 同济大学大礼堂节能改造策略调研

改造前需解决的问题：

1）外立面的围护构件急需修缮，保温隔热早已满足不了要求，导致室内环境不佳的同时，又造成了能源的极大浪费。

2）原窗户采用木窗，玻璃采用普通玻璃，不能有效阻隔室外高温严寒等严酷环境对室内的影响，造成室内空调等系统的能源浪费。

3）室内没有循环有效的通风系统，开窗等简单的方式不能使室外新鲜的空气有效地进入室内，达到改善室内空气环境的目的。因此，造成室内闷热、空气质量差等情况，使室内舒适度大大降低。

4）另外，由于礼堂的观演大空间被封闭了起来，极大地增加了大空间的通风负荷。若使用全空调通风，代价大不说，今后的运营成本也很高，不符合节能要求。

5）侧墙无隔声和遮阳设计，没有有效的外围护措施，尤其在夏季，对室内空间造成很大影响。

6）室内温度变化较大。

7）若在改造中增加空调设备和管线，其位置的安排是个难题。怎样安排这些新增的线路，在不影响空间整体统一和美观的情况下，又能满足功能的要求，也是需要解决的问题之一。

8）原屋盖的保温性能不佳，也会造成能源的浪费。

具体实施方案：

1）提供设备间。

2）根据不同区域和功能设置不同的空调送风系统。

3）增加玻璃侧廊。

4）对原有的木窗进行保护处理，原普通玻璃换成中空隔热玻璃。

5））外保温和内保温相结合。

6）屋顶改造。

7）增加水平可控遮阳板及其他遮阳措施。

建议：

1）冬季采暖措施不够。

2）对玻璃侧廊做遮阳通风措施，避免形成温室作用。

3）增加垂直绿化。

4）使用先进构造的窗。

改造过程中新技术的利用：

1）采用自然通风和机械通风相结合的方式。

2）采用地源新风送风系统。

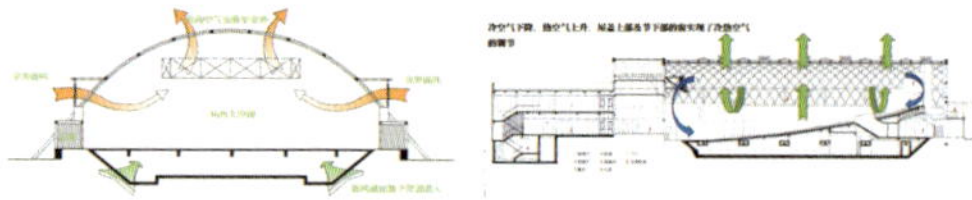

2 历史建筑改造环境控制策略——以文远楼改造项目为例

1. 能源利用改造：

1）地源热泵与通风，地源热泵通过地下的土壤换热器，利用了地热资源来调节室内温度。

无动力风帽可以实现每天24小时免电能无噪音安全通风换气，利用室外新鲜空气来稀释室内空气污染物，使其浓度降低，并提高室内外空气互换速率，增强通风流量。

2）热辐射吊顶，辐射顶板空调系统主要是以顶板为辐射表面，通过辐射与对流的方式与室内进行热、湿交换，其中辐射换热量达50%以上。

3）太阳能发电，设置在了建筑屋顶，为建筑提供了部分电能。

2. 节能改造：

1）LED节能灯具，采用了世界知名品牌，德国OSRAM光源。其中包括OSRAM最节能的T5，T8荧光管，紧凑型荧光灯，LED半导体等等。走道照度水平达到100勒克斯，照度水平提高了一倍，总体用电量节省了30%，局部区域达到50%以上。

2）窗，采用了LOW-E中空玻璃窗，这是一种断热铝型材的玻璃窗，保持了原有窗户的基本分隔。作为一种节能窗，它采用了双层玻璃，利用空气间隔层，减少了窗户的热传递，并使气密性加强，在夏季，LOW-E玻璃窗能将不可见的红外辐射阻挡在室外，从而降低室内温度，提高人们的舒适感。

3）内遮阳系统，在遮阳设计上，使用内遮阳系统。文远楼在教室和走廊使用的是水平铝合金遮阳百叶，由道格拉斯公司生产，这种百叶可以通过按钮控制打开的角度或者打开的程度，以满足室内环境的自然光需求。

4）外墙保温，采用了外墙内保温系统（外保温系统会破坏整体外观），在空调使用房间采用安健能、巴斯夫、拜耳三家公司提供的聚氨酯内保温系统以最小的材料厚度减少能源损耗。同时，文远楼外墙使用了保温涂料，以进一步对建筑进行保温。如果拿外滩的历史建筑作为对比，就会发现，外滩的历史建筑就不能使用保温涂料，因为它的外表是石头，而文远楼外表是混凝土。

5）屋顶花园，文远楼在223阶梯教室的顶部，和中间教室的顶部设置了屋顶花园。它有两方面的作用，一是可以保护屋顶结构，节能降温，阶梯教室作为一个利用率很高的场所，并且经常内部空间人很多，如果只是用空调作为温度调节系统，对能源是极大的损耗。在阶梯教室上种植的绿化在夏天可以吸收掉很多的热能，在冬天也可以防止下面室内的热量逸出。可以在一定程度上减少能源的损耗。二是屋顶花园可以改善该屋顶区域的景观，提供一个宜人的室外活动场所。

6）雨水收集系统，文远楼屋面雨水收集面积约为1500平方米，绿化面积约为3500平方米，如果根据2L/M2/天的绿化灌溉水量计算，每天需要绿化喷灌用水大约是7吨上下。而自然界的雨水完全可以被利用起来作为灌溉用水。文远楼的雨水收集利用工程的设计具有相当的自动化控制装置，它采用了内置式中水处理设备，一泵多用，采用PLC控制和自控弃流装置。最大限度地降低了人工操作维护的强度。采用了防沉积管，使收集池无需定期清理淤泥等措施。

3 “集合策略”与上海里弄建筑的生态改造

里弄建筑生态改造的策略：

1）强调“风貌可持续保护”与生态技术“适宜优选”的互动里弄建筑的风貌包括其单元空间布局、群体建筑形态、典型细部装饰等，对其应采取动态可持续保护的原则。

2）强调 被动式”、“低技术”与“高技术”的互补许多里弄建筑本身蕴含了合理的生态模式、细部做法，充分地吸收、保留这些生态技术，去除那些在不当使用中所造成的生态破坏，本身就是一种被动式的生态改造。

3）强调单体改造与群体区域生态环境的互谐，里弄建筑是城市生态体系中的一分子，其生态改造过程中所涉及的各项集合系统，不应只局限于单体建筑，都应以建筑及其周边整体区域为考量对象，使建筑单体与周边群体区域、城市环境互为和谐。

2.“生态建筑集合设计体系”及其在里弄建筑生态改造中的应用：

1）里弄改造设计优化系统。里弄建筑改造设计优化系统是集合设计体系的首要部分，包含场地优化及风貌保护、功能空间优化、结构、构造体系优化、设备系统优化及施工优化5大部分。

2）里弄改造能源优化系统。里弄改造能源优化系统可从“开源”与“节流”两个角度入手，通过“降低总能耗”与“开拓清洁能源使用”实现节能最大化及用能清洁化的目的。

3）里弄改造材料节约与废弃物回用系统。材料节约与废弃物回用包括材料节约、3R建材使用、节水及中水回用3部分。

4）里弄改造环境控制优化系统。里弄环境控制优化町分为室内环境控制优化与弄内环境控制优化。室内环境控制优化包含室内声、 光、空气、绿环境优化等，同时通过控制其温度、湿度、氧含量等，提升室内舒适度。

5）里弄改造智能优化系统。 智能优化系统是高端里弄建筑改造中不可或缺的一部分。智能系统包含室内智能系统与弄内智能系统两部分。

6））里弄改造经济平衡系统。经济平衡系统对于里弄建筑改造而言也是至关重要的。众所周知，里弄建筑高额的改造成本、人员安置费用与寸土寸金的市中心地价形成了鲜明对比，里弄建筑想要继续生存下去，必须通过提升自身价值与品质，结合政府扶持、申请优惠政策、节约运营成本等手段，最大程度实现其经济平衡。

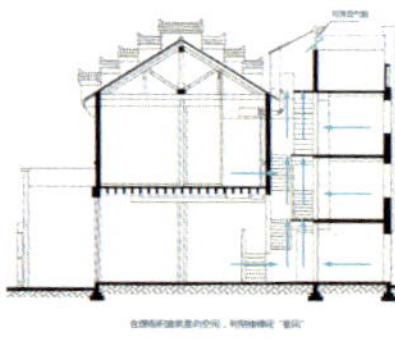

里弄建筑立面

系统	子系统	技术体系
设计优化系统	场地优化及风貌保护	[illegible]
	功能空间优化	[illegible]
	结构、构造体系优化	[illegible]
	设备系统优化	[illegible]
	施工优化	[illegible]
能源优化系统	降低总能耗	[illegible]
	清洁能源使用	[illegible]
材料节约与废弃物回用系统	材料节约	[illegible]
	3R建材使用	[illegible]
	节水及中水使用	[illegible]
环境控制系统	室内环境优化	[illegible]
	室外环境优化	[illegible]
智能控制系统	户内生态设备智能控制	[illegible]
	智能社区控制	[illegible]
经济平衡系统	投资控制	[illegible]
	政策优惠率	[illegible]

里弄建筑生态改造集成设计体系

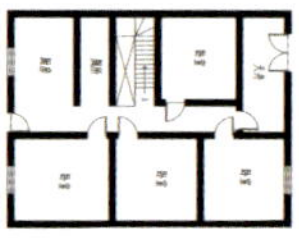

一层平面

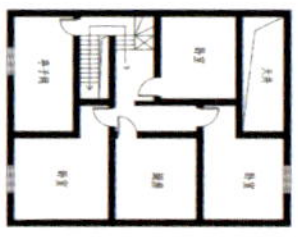

二层平面

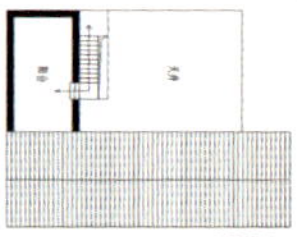

三层平面

4 上海旧居民小区平改坡实例调研

平改坡概念：

“平改坡”是指在建筑结构许可条件下，将多层住宅平屋面改建成坡屋顶，并对外立面进行整修粉饰，达到改善住宅性能和建筑物外观视觉效果的房屋修缮行为。前些年盖的房子多为平顶，节省材料吧。但是平顶楼房的房顶容易渗漏，保温不好。现在改成坡顶，有很多好处。

平改坡后节能环保效用：

平屋顶防水较为困难，且耗能较多。将平屋顶改为坡屋顶（斜屋顶）并内置保温材料，不仅提高了屋顶的热工性能，还有可能提供新的使用空间，也有利于防水。

平改坡使屋面的隔热保温效果显著提高，一方面大大地减少了屋顶的传热量，从而节约了能量，另一方面改善了顶层住户的热舒适性，解决了平屋顶“冬冷夏热”的弊病。

据实测，平屋顶住宅楼的顶层住户室内温度在冬季比其他楼层的室内温度要低3~4 ℃，在夏季则要高4~5 ℃，而改建成坡屋顶后，温度的差异消除了，并且随着顶层住户冬季室内温度的提高，以往顶棚和外墙交界出的长毛现象也不再发生。

节能措施建议：

可利用更多屋顶节能改造方式对住宅进行改造。如采用屋顶绿化来提高室内热舒适度。

是否能从太阳能利用角度出发，如在平改坡时，结合太阳能集热器采集能量的最佳坡度确定坡屋面的坡度以充分利用能源。

小区门口，饮水设备，门房有监控设备

改造前旧貌

平改坡示意图

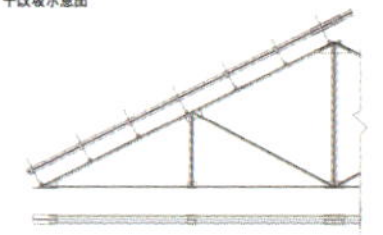

屋顶剖面图

小区改造后，老公房如同花园洋房

活动空地

立面图

指导教师：宋德萱 吴耀华 程光

1 朱家角漕港河岸生态节能改造

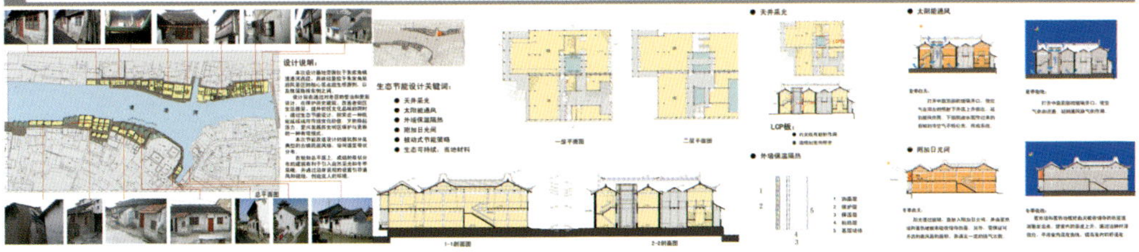

2 上海黄浦体育馆节能改造设计

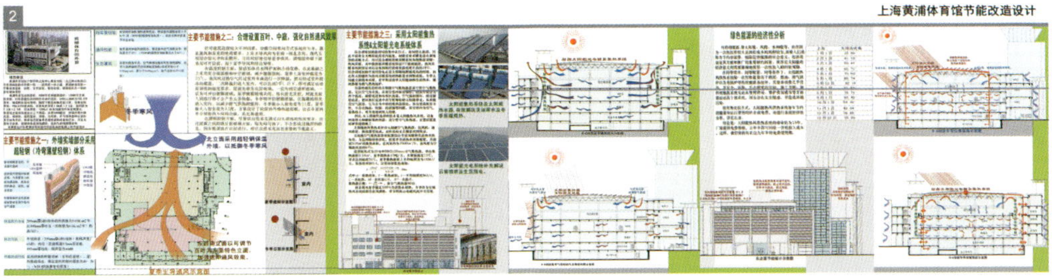

3 历史建筑改造中生态节能技术设计

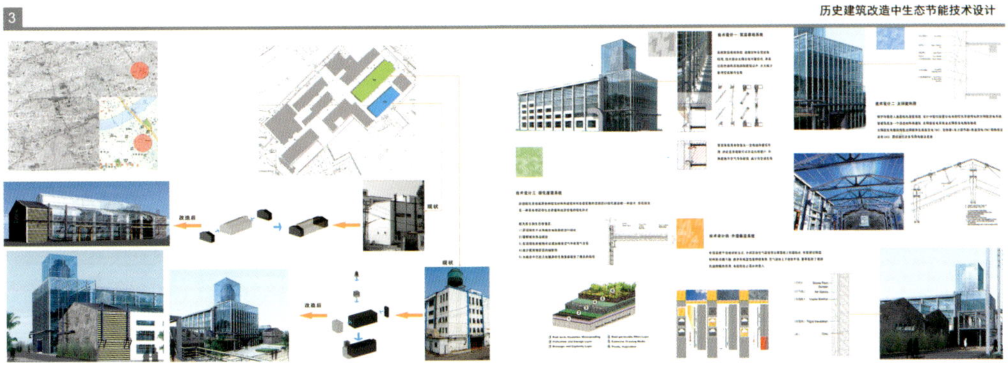

4 农村住宅节能设计

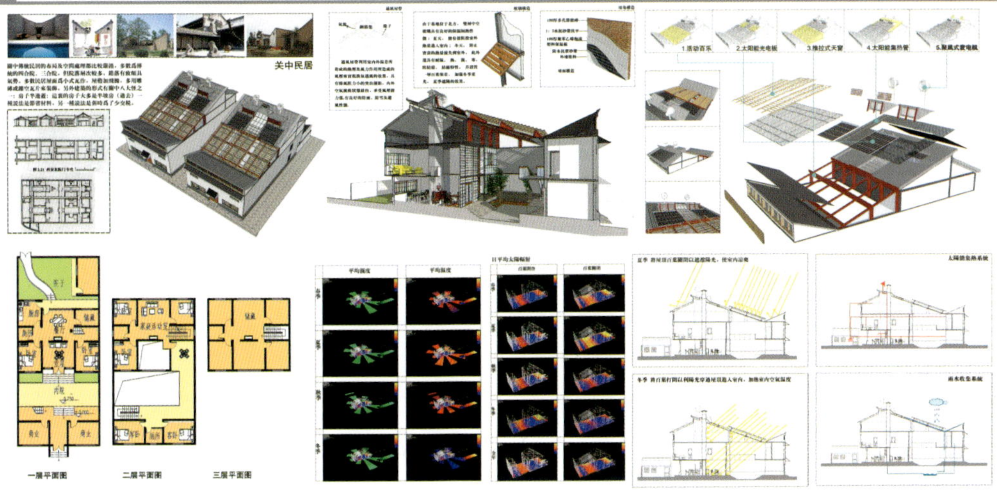

5 上海理工大学第二办公楼节能改造

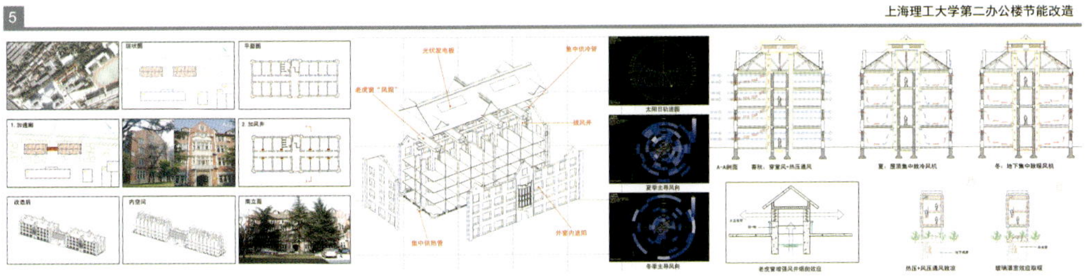

指导教师：宋德萱 吴耀华 程光

BACKGROUND 竞赛背景

SDE(2010)17所参赛高校

1 UF (美国) REFOCUS; 2 UPC (西班牙) LOW3; 3 UDS (西班牙) SOLAR KIT; 4 IAAC (西班牙) FABLAB HOUSE; 5 RDS (德国) REFOCUS; 6 BUW (德国) WUPPERTAL HOUSE; 7 AAL (芬兰) LUUKKU; 9 UON (英国) NOTTINGHAM HOUSE; 10 ENSAM (法国) NAPEVOMO HOUSE; 11 HFT (德国) HOME+ HOUSE; 12 VPU (美国) LUMENHAUS; 13 CEU (西班牙) SML HOUSE; 14 UDV (西班牙) AL ENVOLVENTE DEL URCOMANTE; 15 BER (德国) LIVING EQUIA; 16 TUS (中国) BAMBOO HOUSE; 17 GRE (法国) ARMADILLO BOX

SDE(2010)竞赛介绍

"太阳能十项全能竞赛"（Solar Decathlon）是由美国能源部（DOE）主办的以大学为参赛单位的全球性建筑与能源科技竞赛。竞赛要求每所参赛大学设计并建造一栋面积为74平米的太阳能住宅，并将其运往华盛顿国家广场进行为期一周的现场竞赛（如右图）。竞赛期间，太阳能住宅的所有运行能量完全由太阳能光电、光热装置供给。经过对房屋性能的客观指标测量和专家主观评价，给出十个单项比赛得分，并最终确定总分及名次。该竞赛创办于2002年，并于2005年、2007年和2009年举行了第二、三和四届。

2010年"太阳能十项全能竞赛"(Solar Decathlon）首次在欧洲举办。此次竞赛的场地位于西班牙马德里市中心，西班牙皇宫西侧，毗邻穿过市中心的里奥曼萨纳雷斯运河。

2010太阳能十项全能（欧洲）竞赛(Solar Decathlon Europe）共有17所大学的代表队参加，主要来自西班牙、德国、美国等7个国家。其中，天津大学代表队是第一个入围，获得参加此项赛事资格的亚洲团队。

天津大学团队介绍

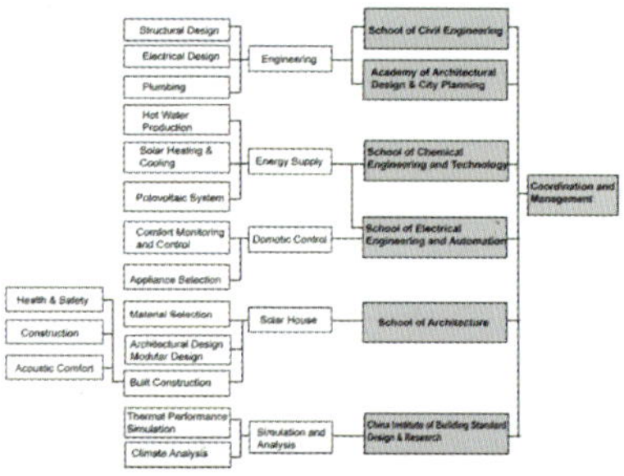

SDE(2010)沿运河全景

开幕式盛况

此次竞赛由天津大学多个学院师生组成。学生在导师们的带领下，在竞赛申请，项目设计，施工图设计，具体施工和设备调试，到最后的竞赛建造的全过程中发挥了巨大的作用。

天津大学参赛师生与中国驻西班牙大使馆大使朱邦造合影

竞赛十项评分

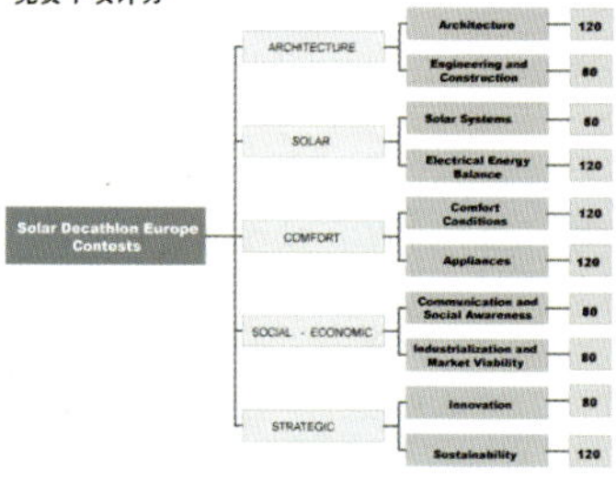

SDE(2010)比赛当天

竞赛阶段日程表

MONDAY	TUESDAY	WEDNESDAY	THURSDAY	FRIDAY	SATURDAY	SUNDAY
07-Jun-10	08-Jun-10	09-Jun-10	10-Jun-10	11-Jun-10	12-Jun-10	13-Jun-10
DAY 1	DAY 2	DAY 3	DAY 4	DAY 5	DAY 6	DAY 7
REGISTRATION [illegible] WELCOME MEETING [illegible] START ASSEMBLY PERIOD [illegible] BUILDING INSPECTIONS. HEALTH AND SAFETY SUPERVISIONS [illegible]	ASSEMBLY PERIOD BUILDING INSPECTIONS. HEALTH AND SAFETY SUPERVISIONS	ASSEMBLY PERIOD BUILDING INSPECTIONS. HEALTH AND SAFETY SUPERVISIONS	ASSEMBLY PERIOD BUILDING INSPECTIONS. HEALTH AND SAFETY SUPERVISIONS	ASSEMBLY PERIOD BUILDING INSPECTIONS. HEALTH AND SAFETY SUPERVISIONS	ASSEMBLY PERIOD INSTRUMENTATION ASSEMBLY START BUILDING AND HEALTH AND SAFETY INSPECTIONS	ASSEMBLY PERIOD INSTRUMENTATION ASSEMBLY BUILDING AND HEALTH AND SAFETY INSPECTIONS
14-Jun-10	15-Jun-10	16-Jun-10	17-Jun-10	18-Jun-10	19-Jun-10	20-Jun-10
DAY 8	DAY 9	DAY 10	DAY 11	DAY 12	DAY 13	DAY 14
ASSEMBLY PERIOD INSTRUMENTATION AND GRID TIE ASSEMBLY BUILDING INSPECTIONS. HEALTH AND SAFETY SUPERVISIONS	ASSEMBLY PERIOD INSTRUMENTATION AND GRID TIE ASSEMBLY BUILDING INSPECTIONS. HEALTH AND SAFETY SUPERVISIONS	FINAL ASSEMBLY PERIOD INSTRUMENTATION AND GRID TIE ASSEMBLY BUILDING INSPECTIONS. HEALTH AND SAFETY SUPERVISIONS FINAL APPROVAL	COMPETITION OPENING CEREMONY [illegible] V.I.P. VISITS TEAMS SPONSORS VISITS EQUIPMENT AND INSTALLATIONS VERIFICATION BUILDING INSPECTIONS. HEALTH AND SAFETY SUPERVISIONS	START COMPETITION PUBLIC VISITS	COMPETITION ACTIVITIES PUBLIC VISITS JURY VISITS	COMPETITION ACTIVITIES PUBLIC VISITS SDE V.I.P. VISITS JURY VISITS ARCHITECTURE CONTEST AWARDS
21-Jun-10	22-Jun-10	23-Jun-10	24-Jun-10	25-Jun-10	26-Jun-10	27-Jun-10
DAY 15	DAY 16	DAY 17	DAY 18	DAY 19	DAY 20	DAY 21
COMPETITION ACTIVITIES PUBLIC VISITS SDE SPONSORS' VISITS JURY VISITS INDUSTRIALIZATION AND MARKET VIABILITY CONTEST AWARDS	COMPETITION ACTIVITIES JURY VISITS COMMUNICATION AND SOCIAL AWARENESS CONTEST AWARDS	COMPETITION ACTIVITIES PUBLIC VISITS SDE SPONSORS' VISITS ENGINEERING AND CONSTRUCTION CONTEST AWARDS	COMPETITION ACTIVITIES PUBLIC VISITS SUSTAINABILITY CONTEST AWARDS	COMPETITION ACTIVITIES PUBLIC VISITS INNOVATION CONTEST AWARDS	COMPETITION ACTIVITIES PUBLIC VISITS TEAMS VISITS OUT OF CONTEST AWARDS CONTESTS' AWARDS (Electrical Energy Balance, Comfort Conditions, Appliances and Functioning)	PUBLIC VISITS TEAMS SPONSORS VISITS COMPETITION AWARDS CLOSING CEREMONY SOLAR SYSTEMS AWARDS
28-Jun-10	29-Jun-10	30-Jun-10	01-Jul-10	02-Jul-10	3-Jul-10	4-Jul-10
DAY 22	DAY 23	DAY 24	DAY 25	DAY 26		
DISASSEMBLY PERIOD [illegible] INSTRUMENTATION AND GRID TIE DISASSEMBLY BUILDING INSPECTIONS. HEALTH AND SAFETY SUPERVISIONS	DISASSEMBLY PERIOD INSTRUMENTATION AND GRID TIE DISASSEMBLY BUILDING INSPECTIONS. HEALTH AND SAFETY SUPERVISIONS	DISASSEMBLY PERIOD INSTRUMENTATION AND GRID TIE DISASSEMBLY BUILDING INSPECTIONS. HEALTH AND SAFETY SUPERVISIONS	DISASSEMBLY PERIOD BUILDING INSPECTIONS. HEALTH AND SAFETY SUPERVISIONS	FINAL DISASSEMBLY PERIOD BUILDING INSPECTIONS. HEALTH AND SAFETY SUPERVISIONS		

NOTE: BUILDING INSPECTIONS AND HEALTH AND SAFETY SUPERVISIONS WILL TAKE PLACE ALL THE DAYS OF THE COMPETITION WEEK

TECHNOLOGY 技术策略

被动式太阳能设计

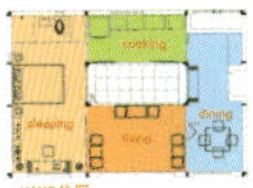
HAVC分区

1、中央设置天井加强夏季通风，冬季可关闭成为室内空间；
2、建筑周围种植物，夏季减少阳光直射；
3、南向门窗分为两层，外层关闭时起遮阳作用；
4、有效HAVC分区，根据需要对空间进行供暖或制冷。

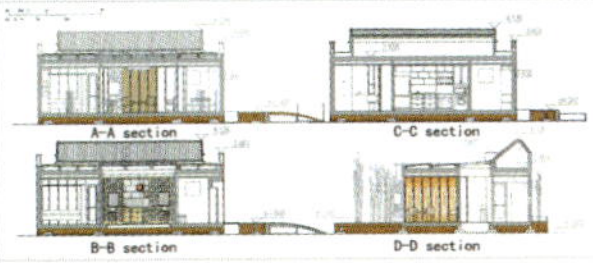

剖面图

实景照片

中庭透视

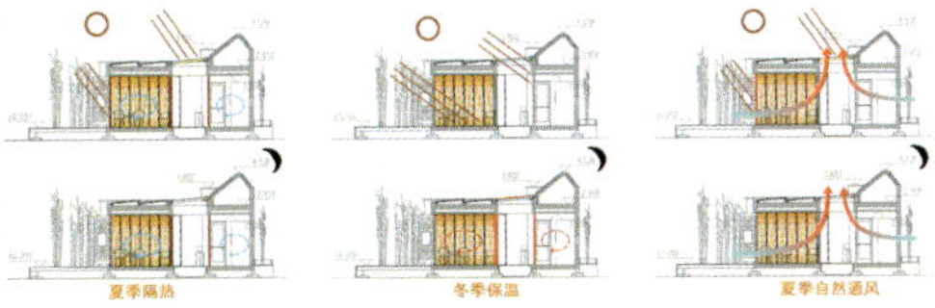
夏季隔热 冬季保温 夏季自然通风

模型PV板

校园预建过程

校园预建过程——主体安装、设备安装和性能调试

在校园的预建过程中，以学生为主，他们克服多重困难。完成了主体结构的安装、辐射板的安装、设备系统的安装和调试等全过程。

主动式太阳能设计

我们的PV板

PV板太阳能系统：

PV板安装在平屋顶部分以及建筑墙面和马头墙处，可产生足够一般家庭所使用的电量。PV板被安装在一种便于操作的铝制框架上，可以根据季节的变化做出一定的调整。PV板后面安装了热回收系统，不仅仅可以进行冷却，提高PV板的转化效率，还可以将热量进行回收再利用。

平屋顶PV板组装系统：

PV板整体安装部位

真空集热空调流程图

辐射板系统：

本建筑采用辐射板吸收太阳辐射而产生的热能作为热源为室内供暖，同时利用辐射板向太空辐射热量作为冷源为室内供冷。源端辐射板安装在西侧和北侧外墙面以及斜屋顶的南向底瓦和北向全部屋面，末端辐射板安装在北侧和西侧内墙面，同时为保证室内湿度要求，加装冷冻除湿装置。

室内供暖和供冷流程图

屋顶真空集热管

真空集热管系统：

在建筑北部的南向斜屋顶筒瓦处，安装真空管集热器，获得120摄氏度以上的温度。在烹调时，可将热量输送到由学生自行设计的专用灶具进行烹调。

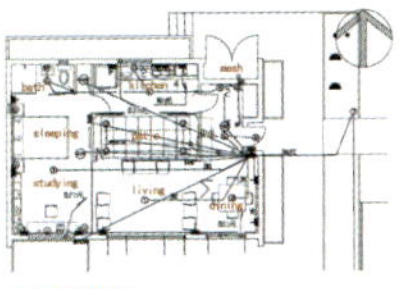
自动化控制设计

给排水设计

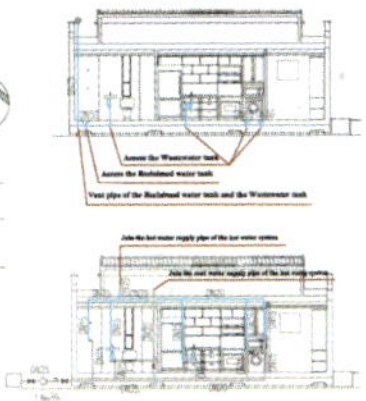

照明设计

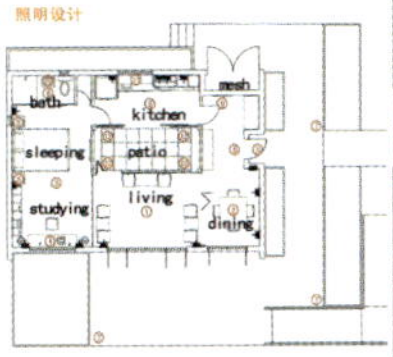

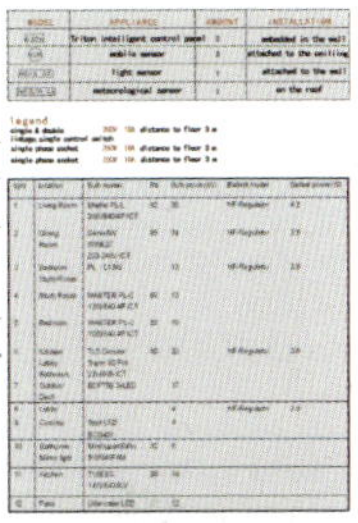

给排水、自动化控制、照明设计（均由学生自行设计）

竞赛施工过程

由于瓦伦西亚港口工人罢工，天津大学团队的集装箱延迟两天运送到比赛场地。从卸运到建筑主体建设，设备安装和调试，师生们在比规定时间少两天的情况下，克服了天气、建设等种种困难完成建造并投入比赛。

建筑能耗模拟

夏至日自然采光模拟

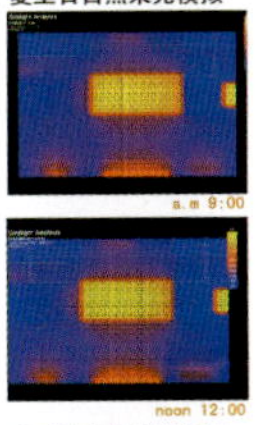

冬至日自然采光模拟

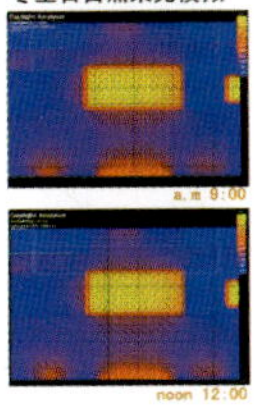

建筑能耗模拟

马德里室外温度 01
南向太阳辐射强度（W/㎡） 02
东向太阳辐射强度（W/㎡） 03
室内温度曲线 04
北向太阳辐射强度（W/㎡） 05
西向太阳辐射强度（W/㎡） 06
室内负荷曲线 07
冬季逐时热负荷 08
夏季逐时冷负荷 09

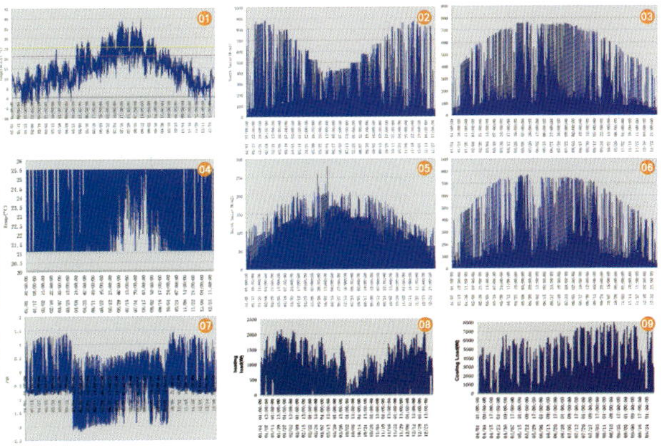

通过马德里全年气温分布图以及设计温度对比，冬季采暖和夏季制冷是不可避免的。

马德里全年太阳辐射强度比较均匀，辐射强度大，具有很大的太阳能优势，在项目测试的六月份，东西向太阳辐射强度较大，应充分利用，通过运用专用能耗分析模拟软件，对围护结构、暖通空调和照明等系统进行全年能耗分析，并比较分析不同建筑形式空调系统等，从中选择经济适用的方案。

全年温度在22-24摄氏度间波动，通过室内舒适性的评价指标PMV值的波动幅度在-2～1之间，根据PMV值与人的热感觉之间的关系可以看出，室内舒适度处于凉快到稍微暖和之间，符合热舒适度要求。

PMV	+3	+2	+1	0	-1	-2	-3
Thermal sensation	Hot	Warm	Slight warm	Neutral	Slightly cool	Cool	Cold

建筑主题——中式风格

PROTOTYPE 方案设计

综合分析以往SDE竞赛参赛作品，发现提交方案大都采用现代风格设计手法。鉴于此，TUC团队决定采用中式风格作为此次太阳能竞赛的建筑主题，以期在2010年竞赛期间带给日渐趋于审美疲劳的各国游客耳目一新之感。

设计意向：“一颗印”民居

中庭作为“气候缓冲区”的可持续设计理念被首次应用于此项赛事。而我国南方“一颗印”的民居意向，更加突显中国内敛的建筑设计思想。内庭院的设计也是以往参赛作品中从未出现过的处理手法。

设计意向：徽派民居

徽派民居作为中国传统居住的典型代表之一，其意向的引入一方面增添了中式建筑的“儒雅”特征，其简洁的立面风格处理，更有利于实现建筑与技术的一体化设计。

SDE竞赛对于中国生态建筑发展的意义：

• 提高国际影响：

天津大学此次参赛是中国第一次入围此项竞赛，因此本次竞赛的成功，将提高我国（以太阳能建筑为代表的）生态建筑设计、研究和建造在国际学术界和相关业界的影响。

• 促进生态建筑各领域交叉研究：

此次竞赛集合建筑设计、楼宇自动化控制、太阳能光热、光电研究等技术在太阳能利用、建筑一体化及建筑智能化等领域实现跨学科研究，从而为我国生态建筑的多学科研究提供平台。

• 促进教学、科研与实践相结合：

SDE2010竞赛是一次非常难得的实物竞赛机会，可以直接验证研究、设计的成果。由于竞赛的设计和建造过程主要是由学生操作，因此可以很好地锻炼学生的实际动手能力，并从中体验新技术应用和建筑建造、技术和市场分析的全过程，从而为我国建筑界培养复合型生态建筑设计师。

综上所述，通过参与此次竞赛，可以提高我国生态建筑科研、设计及工业化水平等各方面的整体实力。

天津大学代表队的高辉教授接受中央电视台和西班牙当地媒体的采访

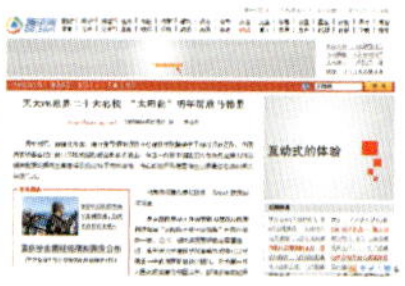

媒体宣传及自建网站

建筑原型的空间扩展性与功能适应性

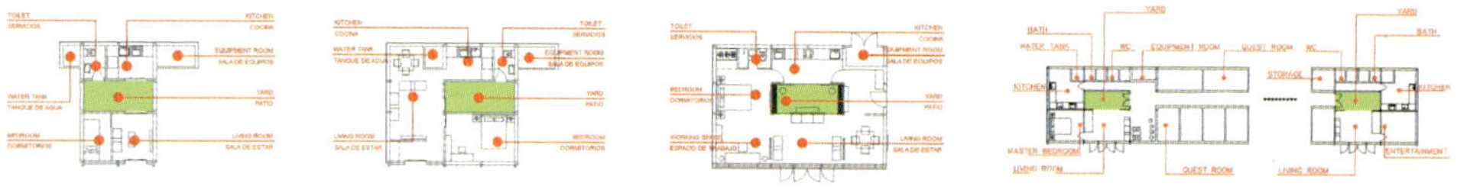

1、FARM HOUSE　2、FOREST HOUSE　3、SENTRY　4、INN

施工图（全套施工图均由学生绘制）

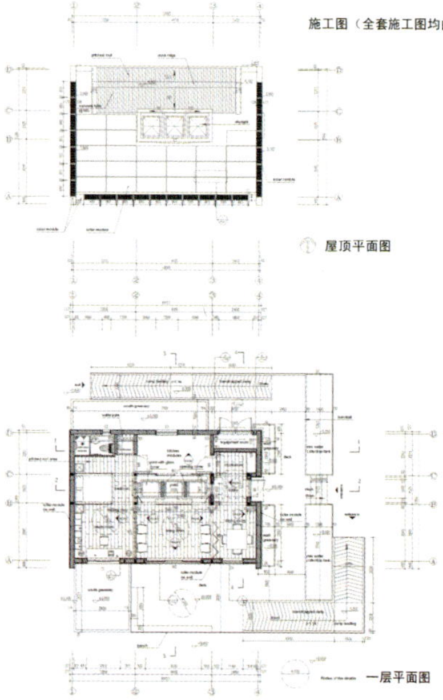

屋顶平面图

一层平面图

技术经济指标：

用地面积：5380平方米
建筑面积：2950平方米
容积率：0.54
绿化率：57%
建筑密度：47%

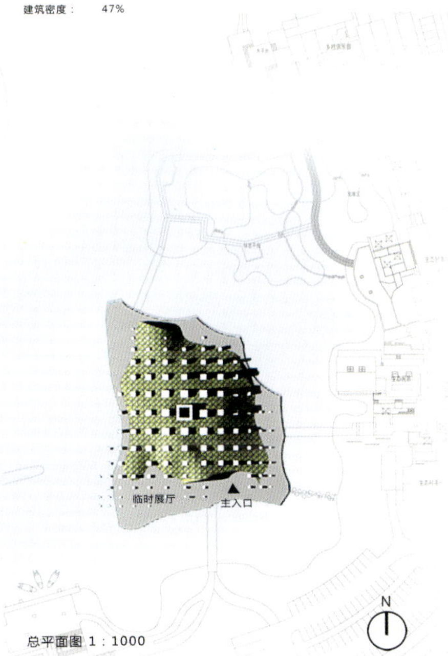

总平面图 1：1000

概念与生成

设计说明：

这是一个展示"低碳与生活"的主题科技馆。场馆位于杭州西溪湿地，该地区气候冬热夏冷，空调耗电占公共建筑耗电的三分之一以上。为更好地呼应"低碳"主题，该馆通过能量晶体的置入，与冬暖夏凉的地下交换热量，为建筑室内创造良好舒适的热环境，实现"空调零耗能"。同时，能量晶体还起到收集过滤雨水，为场馆提供（除饮用外）水资源和导入光线，形成具有视觉震撼力的光柱的作用。

形式上，场馆采用消隐概念，利用方块矩阵，形成渐变的效果，使得建筑体量在大地中减弱消隐，成为一种大地景观，延续西溪淳厚质朴清净隐逸的文化传统。

该场馆的曲面屋顶可作为室外展场。能量晶体突出屋面部分根据体量大小的不同可作为展台、展柜、橱窗和休息座位等，营造出自然的、灵活的、利于促进交流的公共空间。

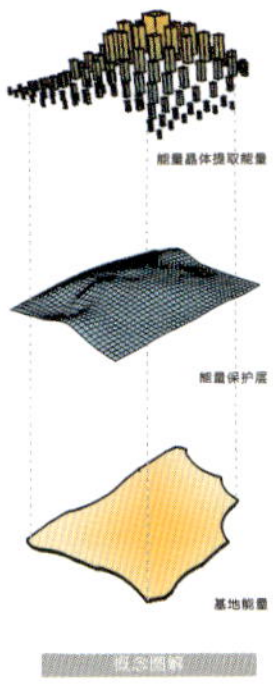

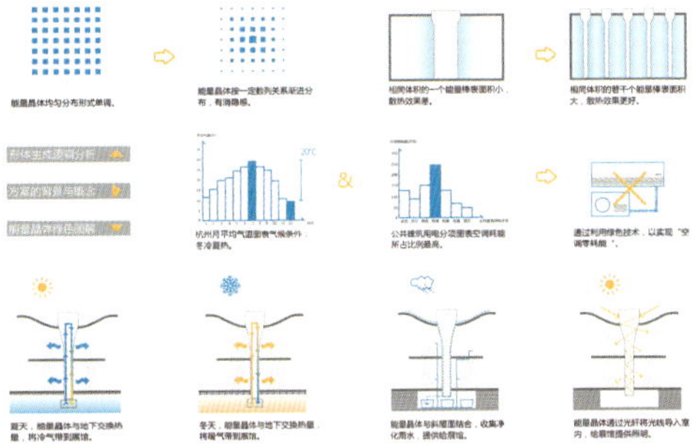

东立面 1：300

正立面 1：300

休息凳使用透视

展台使用透视

展柜使用透视

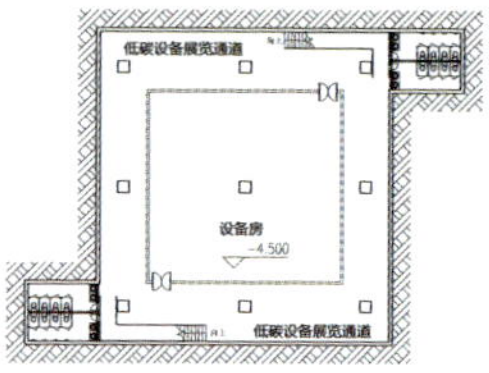

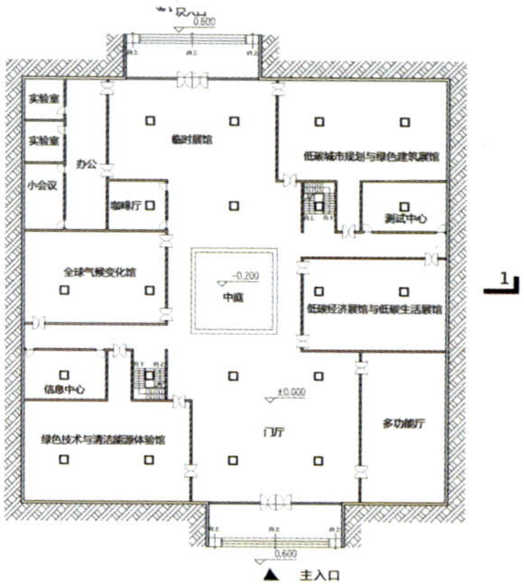

地下层平面图 1：300

首层平面图 1：300

1-1剖面图 1：300

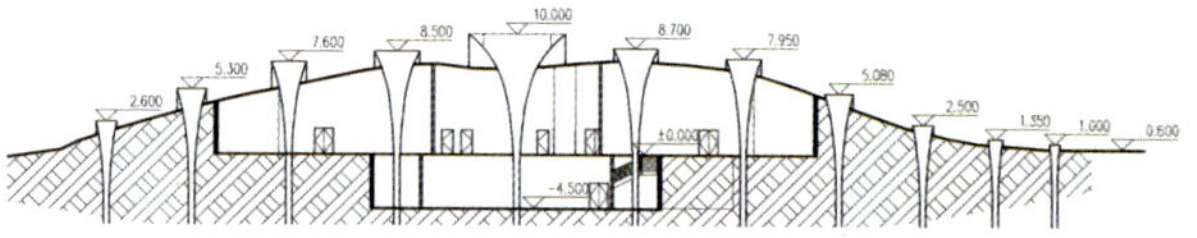

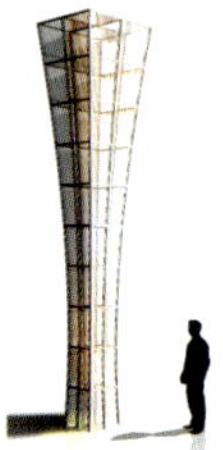

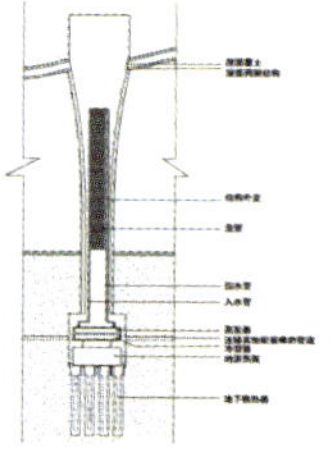

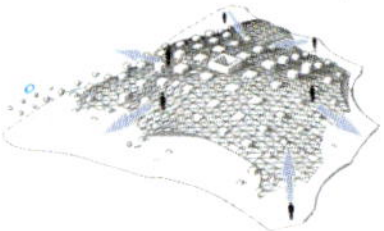

主体建筑位于基地中部，其余场地结合建筑屋顶做成上人草坡的形式，既有利于建筑与周围环境的和谐，也实现了基地与场馆合一的概念。

能量晶体既是建筑造型的一部分，丰富室内外空间；同时也吸收湿地丰富的能量提供给建筑使用。

低碳生活展厅利用高低起伏的方块代表人的各种日常活动的碳排放量，把抽象的数字用具象的实体表现出来，让人一目了然，同时丰富了展厅的空间体验。

绿色建筑及规划展厅利用一条放置模型的折线展带把室内空间分为建筑和规划两个展示区，既满足功能，又丰富展示空间。

多媒体展厅

在多媒体展厅中利用不同的围合空间形成多个影像展示空间，方便游客根据自己的兴趣进行选择。

在绿色技术展厅中模拟自然地形，便于介绍人们对不同资源不同利用方式和技术。

室外地下换热器　循环水泵　冷凝器　换向阀　蒸发器　室内风机盘管　调节室温

在制冷状态下，地源热泵机组内的压缩机对冷媒做功，使其进行汽-液转化的循环。通过蒸发器内冷媒的蒸发将风机盘管循环所携带的热量吸收至冷媒中，在冷媒循环的同时再通过冷凝器内冷媒的冷凝，由水路循环将冷媒所携带的热量吸收，最终由水路循环转移至地下水或土壤里。在室内热量不断转移至地下的过程中，通过风机盘管以13℃以下的冷风的形式为房间供冷。

在制热状态下，地源热泵机组内的压缩机对冷媒做功，并通过换向阀将冷媒流动方向换向。由地下的水路循环吸收地下水或土壤里的热量，通过冷凝器内冷媒的蒸发，将水路循环中的热量吸收至冷媒中，在冷媒循环的同时再通过蒸发器内冷媒的冷凝，由风机盘管环将冷媒所携带的热量吸收。在地下的热量不断转移至室内的过程中，以35℃以上热风的形式向室内供暖。

能量晶体工作原理

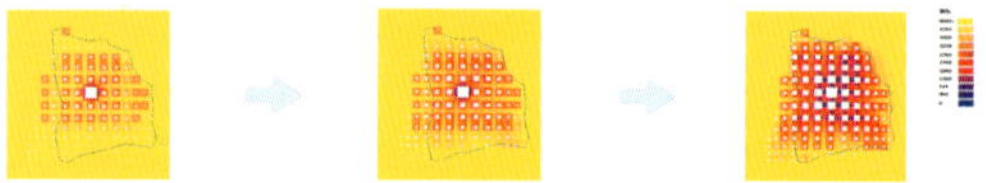

稀疏 ×　适中 √　密集 ×

利用 Ecotect 寻找能量晶体的分布情况与对自然能源的吸收情况的关系，寻找到最佳的能量晶体分布的模数。

能量晶体分布情况分析

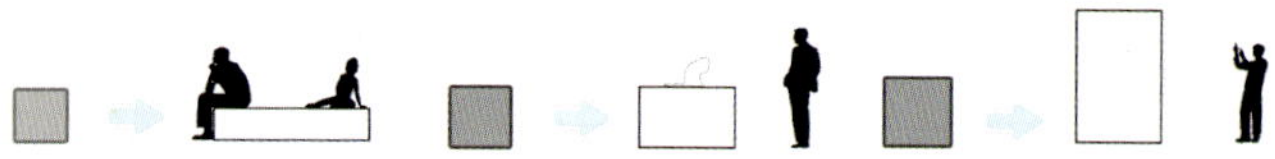

0.8m×0.8m　休息凳使用　1.2m×1.2m　展台使用　2.0m×2.0m　展柜使用

能量晶体屋顶使用分析

呼吸·生长

CUBE 180 ——— 星源不动产绿色低碳建筑国际设计大赛

参赛人员：张远 李林林 朱佳 方孙韡 获奖：银奖

背景 Background

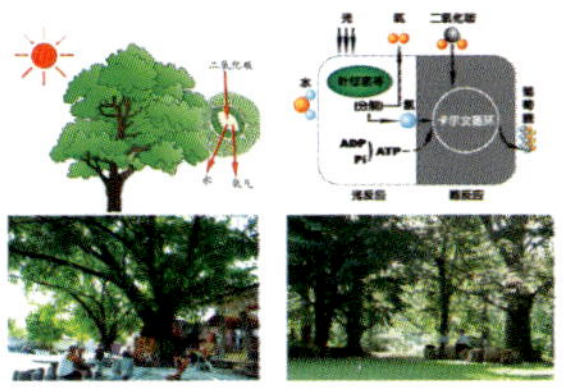

碳排放 Carbon emissions

随着世界工业经济的发展、人口的剧增、人类欲望的无限上升和生产生活方式的无节制，世界气候面临越来越严重的问题，二氧化碳排放量越来越大，地球臭氧层正遭受前所未有的危机，全球灾难性气候变化屡屡出现，已经严重危害到人类的生存环境和健康安全。

树的作用 The role of tree

树利用太阳辐射的能量进行光合作用。太阳辐射能被植物转换成化学能储藏下来，而不是将太阳辐射反射到周围的环境中。这使得树冠下的温度明显低于环境温度。

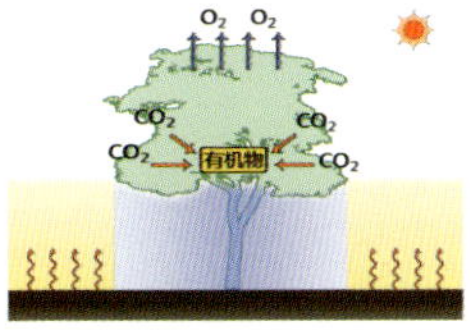

树的启示 The Enlightenment of tree

① 植物吸收环境中的二氧化碳。
② 植物将太阳辐射能被转换成化学能。

体量生成 Mass Evolution

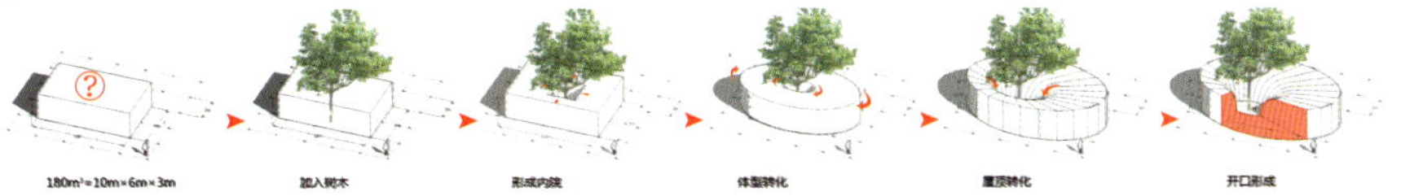

共生& 生长 Symbiotic & Growing

在设定的一个建筑单体内，建筑的使用者——人会随着年龄的增加而长大，会从儿童成长为青年，从青年到组成家庭。而在内部庭院中的树木，也会随着时间的推移而慢慢长高，变得更加粗壮。人与树，在一同成长。

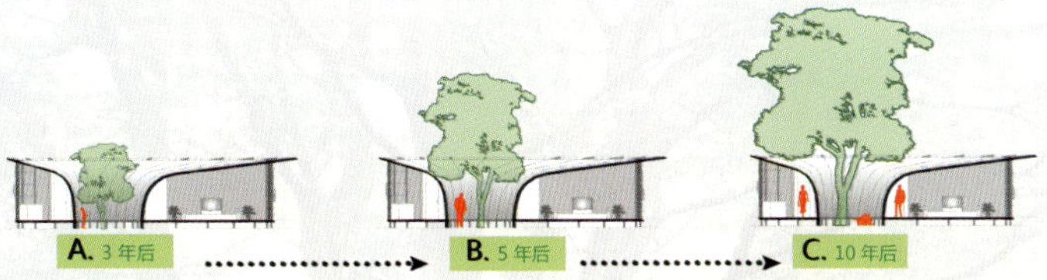

平面图 Plan

内向性的庭院成为建筑的内核，树成为建筑的精神寄托，人在建筑中180°都能感受到树的呼吸与生长。建筑，已不仅仅是180m²的建筑，更是180°的人文关怀。

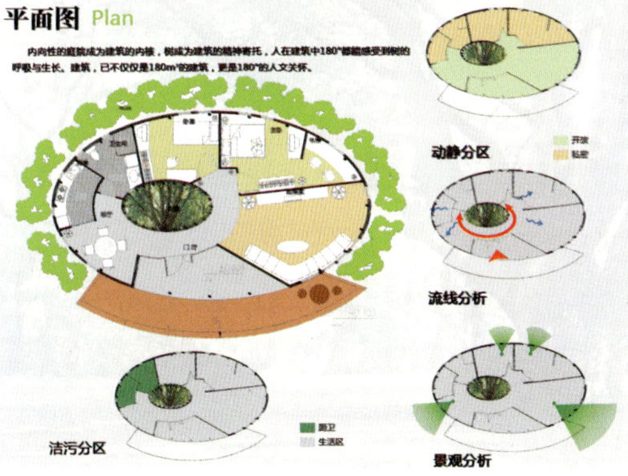

建筑表皮 Building Skin

建筑建造 Tectonic

在建筑建造过程中，首先是对于竹，木板，纸板等可回收再利用材料的选用，减少建筑生命周期内对环境资源的浪费。并结合它们不同的材料受力特性，在建筑建造的过程中，使之合理利用，并将各种材料有机组合，使每种材料的能效发挥最大作用。

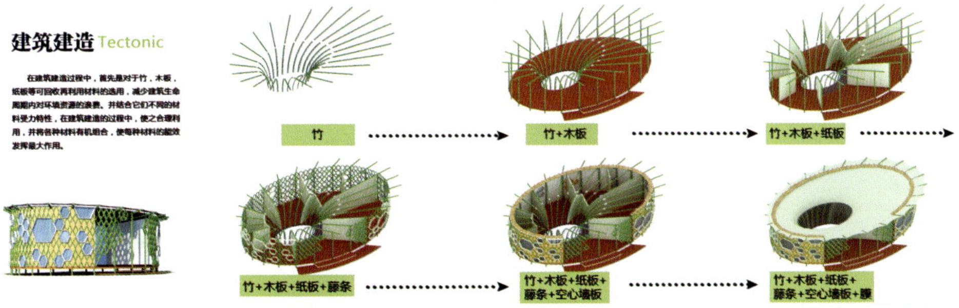

节点详图

竹子是一种在中国广泛生长并能迅速成熟的可再生材料，它体轻质坚，皮厚中空，抗弯拉力强。竹子的收缩量很小，而弹性和韧性很强，顺纹抗压强度每平方厘米为800公斤左右；顺纹抗拉强度每平方米厘米可承载1800公斤；其中刚竹的顺纹抗拉强度每平方达2833公斤，享有"植物钢铁"的美称。建筑主要结构采用的材料是竹，在与其他材料的连接处采用

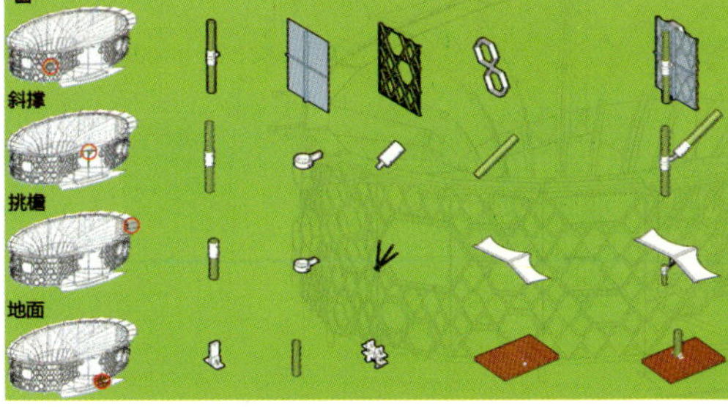

共生&聚落 Symbiotic & Settlement

单个的建筑在低碳节能方面以及人文关怀方面所体现出来的优势必然会产生积极的联动效应。居民能以一种自发而有序的状态投入到新建筑的建造中，并会比照已建成的建筑，结合自身条件，建造能满足自身需求最大化节能需求的建筑。这些建筑以最初的建筑单体为原本，组织成具有共性的建筑类型群体，从而发展成为一种新的聚落形式。

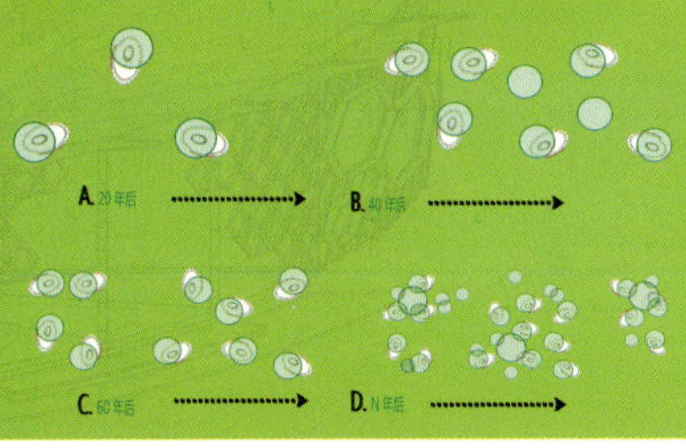

课程主题：本次课程设计的主题为“阳光与低碳生活”（Low-carbon Life with Sunshine），让我们采用低碳的生活方式，充分利用太阳能等清洁能源，建设低能耗的宜居住宅，摒弃“高舒适度=高能耗”的住宅建造方式，从我做起，从我们的住宅做起，将节能减排的目标落到实处。本次课程设计以真题假做的方式，提供详尽的场地条件，并按照北方、南方两种不同气候条件制定题目，以体现不同的太阳能建筑技术应用特点。

设计宗旨：地球是人类生存的共同家园，住宅是我们生活的基本场所，太阳能是低碳住宅的永续动力，设计太阳能住宅是倡导低碳生活的第一步。

小组成员：王君益 韩梦涛 李龙

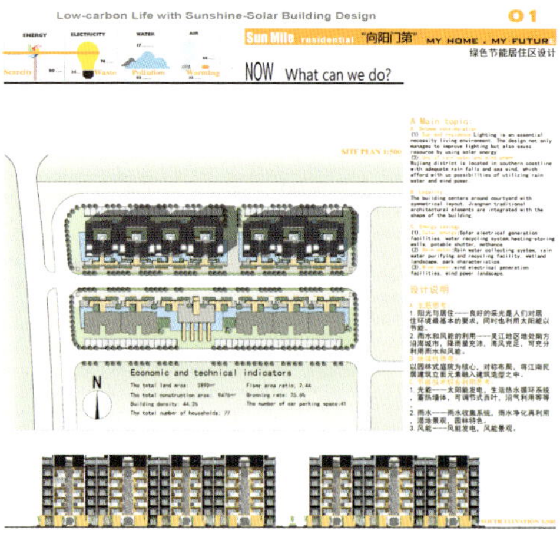

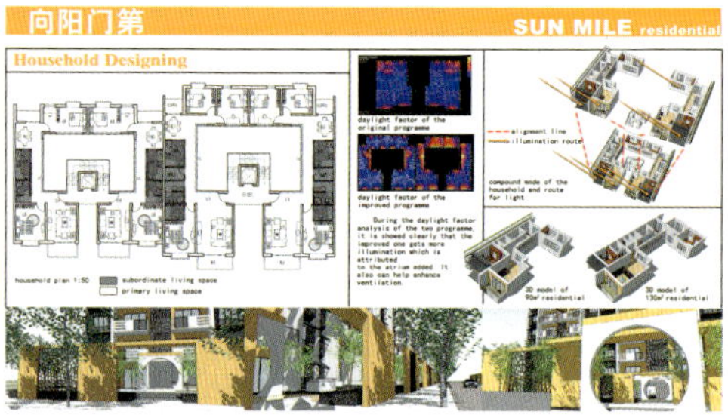

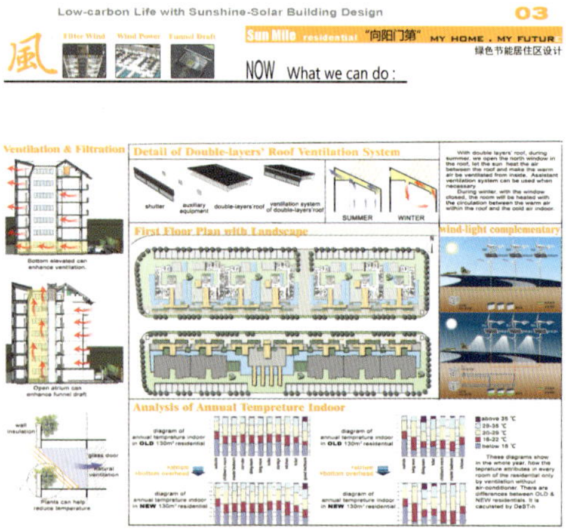

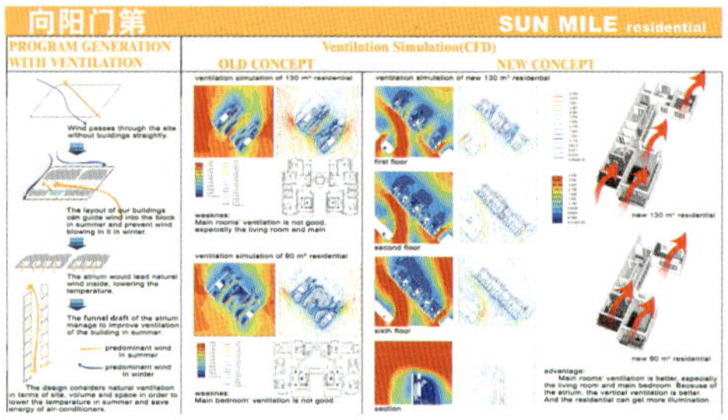

方案对西安地区农村住宅进行生态化设计，采取阳光间、沼气池、太阳能热水器、炕与烟道等低技、节能措施。

阳光间利用：冬季利用阳光间采暖，夏季阳光间作为遮阳外廊。

沼气厕所：将厕所与沼气池结合设计，以植物秸秆与人的粪便生成的沼气供给日常能源使用需求，改善农村地区的卫生状况。

太阳能利用：在建筑屋顶架设热水器，收集太阳能，供给热水。

炕与烟道的改进设计：通过改进烟囱，利用能源。

低技 节能——西安地区新农村住宅设计

- 建筑总平面设计
- 建筑平面设计
- 建筑剖、立面设计
- 建筑生态技术设计

低技 节能 西安地区新农村住宅设计

农村住宅建设是推进社会主义新农村建设的重要一环，本设计立足西安地区农村现状，试图运用可行的低技术，通过对建筑平面和空间的设计达到生态节能的目的。

经济技术指标：
占地面积：281㎡
建筑面积：207.4㎡
其中
主体住宅建筑面积：183㎡
附属房舍建筑面积：24.4㎡

创意设计 1

低技 节能 西安地区新农村住宅设计

西安地区原有的农村宅基地多为面宽窄，进深长，本设计选址在此类型宅基地。

在院落布局上，设置前后院，其中前院为生活院，后院为服务院，附属房舍position在此院。

在住宅平面布局上，主要房间布置在南侧，次要房间在北侧，套型的组织适用于农村传统的生活方式。

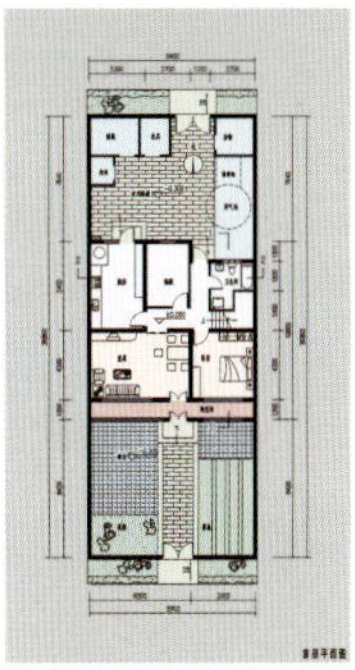

创意设计 2

低技 节能 西安地区新农村住宅设计

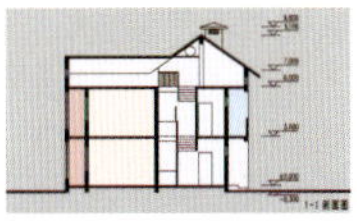

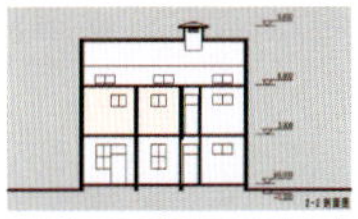

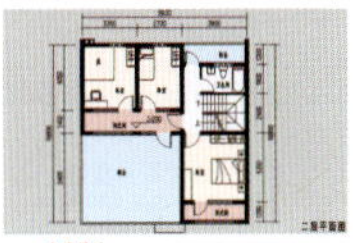

二层晒台既为主人提供休息活动空间，又是很好的晾晒衣物、粮食之所。

创意设计 3

低技 节能 西安地区新农村住宅设计

采用坡屋顶既符合传统的建筑形式，又可利用坡屋顶设置阁楼，作为储藏空间，还有利于冬季保温夏季防热。

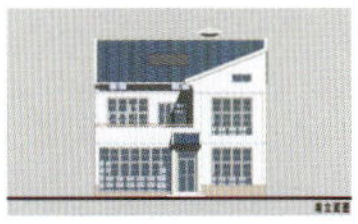

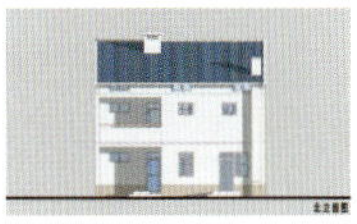

创意设计 4

低技 节能 西安地区新农村住宅设计

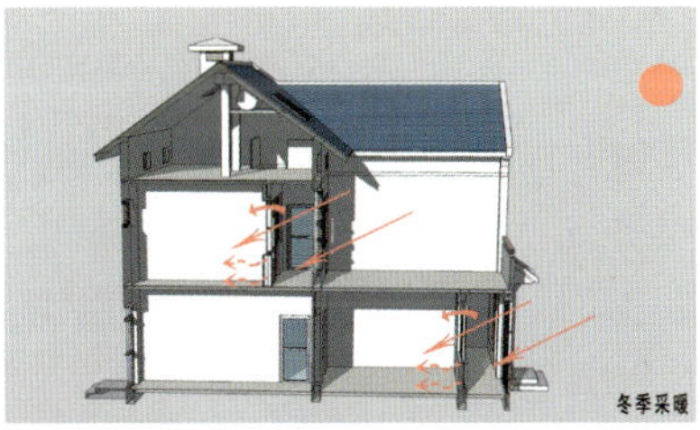

冬季由阳光间到房间的热量传递方法：1. 太阳能通过阳光间与房间之间的玻璃门窗直接射入室内；2. 阳光间的热量借助于自然对流或小的风扇传递到房间；3. 通过阳光间与房间之间的墙体传导、辐射给房间。

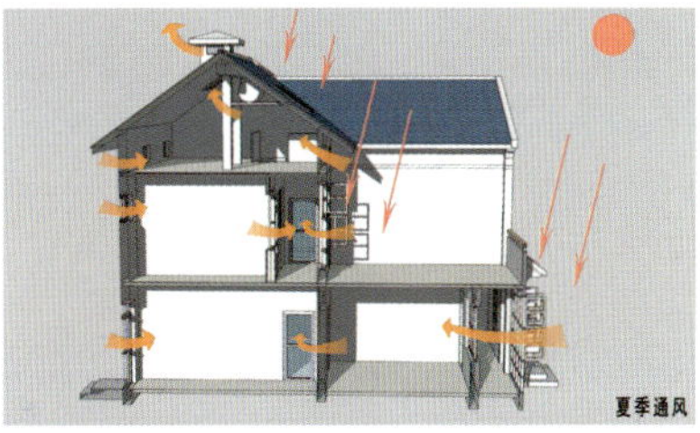

夏季阳光间大面积开窗，既可以通风又使其变成遮阳外廊。利用楼梯间做通风烟囱，强化通风。通风烟囱夏季打开，冬季关闭。

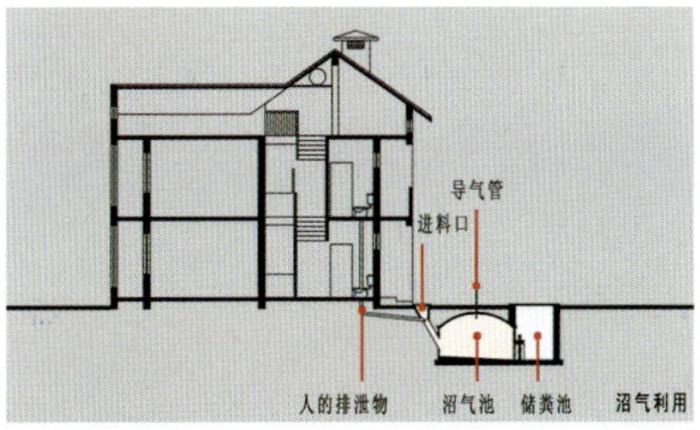

将厕所与沼气池结合起来，建成沼气厕所。青秸秆、蔬菜叶茎、杂草等也可通过进料口放入沼气池。这样既可改善农村的卫生状况，又提供了一种清洁能源。

选用改进型沼气池，便于使用沼液和定期清掏池内粪渣。

创意设计 5

低技 节能 西安地区新农村住宅设计

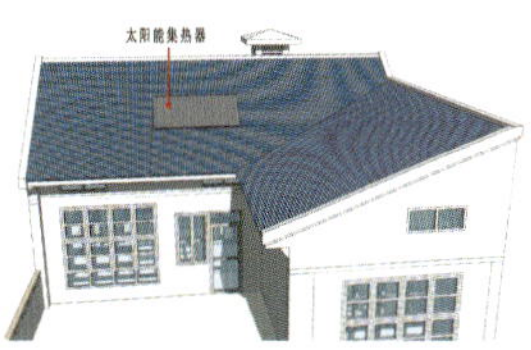

西安地理纬度为34° 16′，考虑到太阳能热水器的全年使用，热水器倾角取35°，相应坡屋顶的坡度取35°。

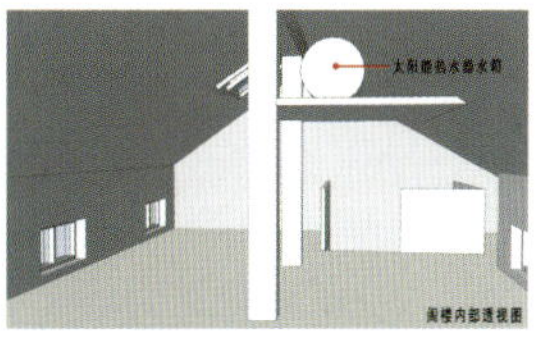

采用分体非承压式太阳能热水器不但可以节省费用而且可以与建筑实现一体化设计。

水箱放置在阁楼。

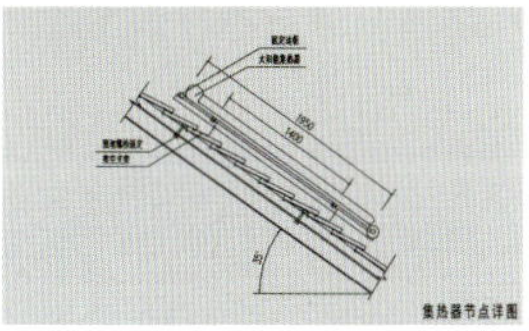

创意设计 6

低技 节能 西安地区新农村住宅设计

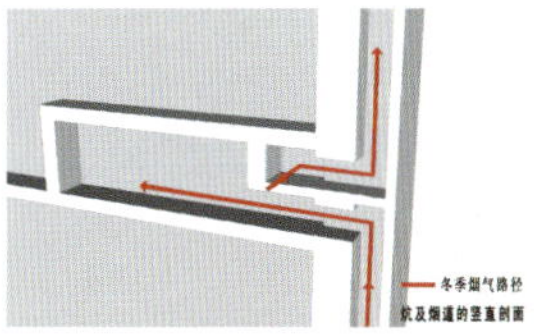

现在农村炊事活动完全不烧柴还不现实，本方案通过改进烟囱，把灶与炕结合起来，实现烧柴做饭的同时又加热了炕。同时设计双烟囱，实现冬夏季烟囱的转换，避免夏季烟气流经炕使室内过热。

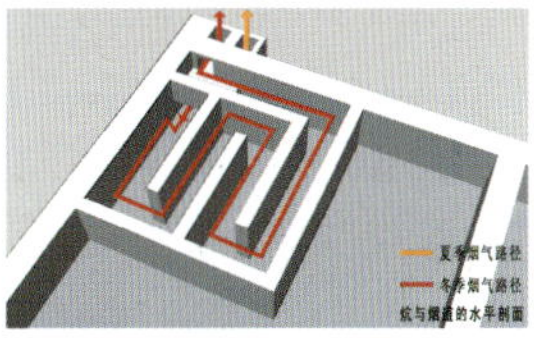

炕内设置隔墙，可以延长烟气路径，提高烟气的放热效率，同时隔墙也可以蓄存热量。

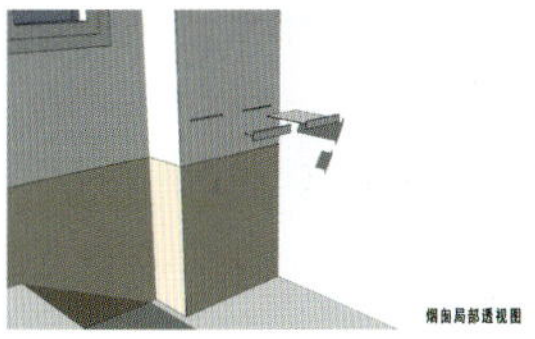

烟囱预留插孔，冬季时用较长金属插板插入夏季烟囱壁上的插孔，较短金属板插入冬季烟囱壁上的插孔，就可使烟气流经炕，夏季时对调两插板即可。

创意设计 7

01

陕西关中农村太阳能建筑设计方案

建筑赏析

东视图

西视图

顶视图

总平面图

总平面图 1:500

设计说明：

本方案设计根据陕西关中地区传统农村住宅的形式，考虑当地的生活习性，并充分结合当前被动式太阳能建筑设计的常用技术手段，创造出一种既体现民俗又可以充分利用太阳能资源的生态空间。本设计功能分区明确，交通流线便捷，技术手段鲜明，能够满足当地人们的日常生活需求。

条件分析：

本方案位于陕西关中地区，属于暖温带半干旱气候，年平均气温为11-13℃，年降水量500-700 mm，年平均日照时数为2200-3000小时，年太阳辐射总量为5016-5852MJ/㎡，其太阳辐射量和日照时数属中等地区。

建筑经济技术指标	
名　称	面　积（m²）
总用地面积	277.56
建筑占地面积	120.63
总建筑面积	226.94
一层建筑面积	114.06
二层建筑面积	112.88
庭院面积	134.22
屋顶绿化面积	21.68
太阳能经济技术指标	
对比房辅助热量	156333 MJ
太阳房辅助热量	69759 MJ
太阳房节能量	86574 MJ
太阳房节能率	0.554

设计人员：王　笋　　指导老师：何　梅　　日　期：2008年7月

建筑总平面设计

建筑平面设计与局部构造设计

陕西关中农村太阳能建筑设计

02

陕西关中农村太阳能建筑设计方案

方案构思

一层平面图

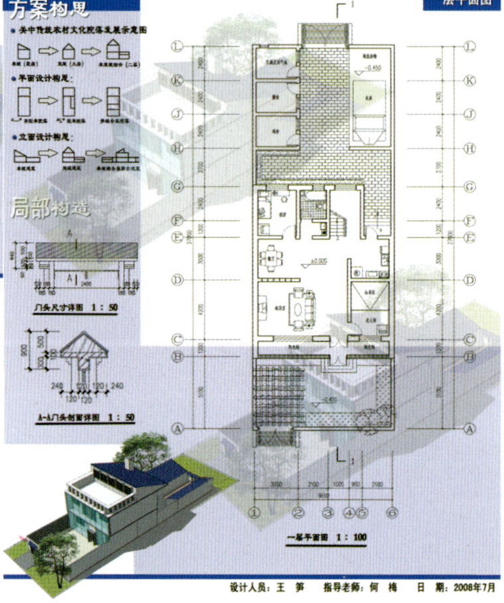

局部构造

一层平面图 1:100

设计人员：王　笋　　指导老师：何　梅　　日　期：2008年7月

03

陕西关中农村太阳能建筑设计方案

立面图示

建筑平立面

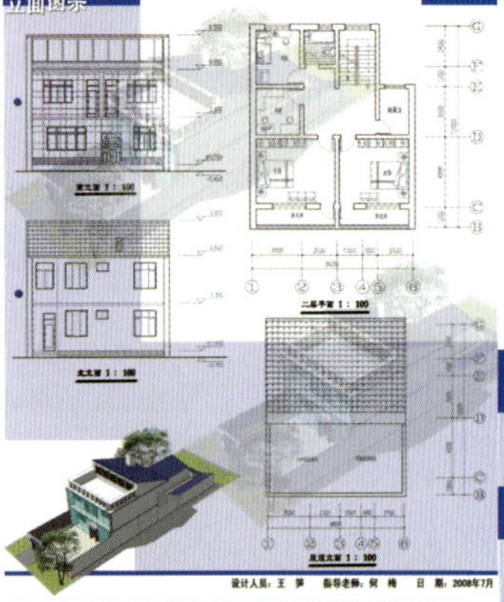

设计人员：王　笋　　指导老师：何　梅　　日　期：2008年7月

建筑平面设计与立面设计

建筑剖面设计与构造设计

陕西关中地区阳光间设计

农村民居建筑方案设计引入阳光间，并在阳光间外墙设置高、低通风口，内墙设置蓄热墙、高低通风口以及保温卷帘等设施，以利夏季通风与冬季保温。

在剖面设计时考虑夏季通风与冬季保温需要。夏季白天利用阳光间外侧窗口高差形成自然通风；夜晚利用所用通风口进行热压通风。冬季白天利用阳光间加热室内冷空气；白天加热的集热墙在夜晚向室内散发热量。

04

陕西关中农村太阳能建筑设计方案

构造详图

建筑剖析图

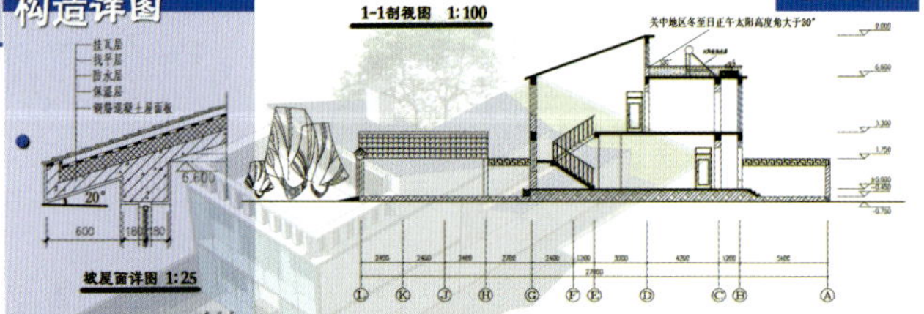

夏季白天通风示意图：

夏季白天为了提高阳光间的通风效果，在阳光间的外侧高处和低处均设通风窗口，利用高差进行自然通风。而室内外墙的通风口均关闭，阻止热空气进入室内。

夏季晚上通风示意图：

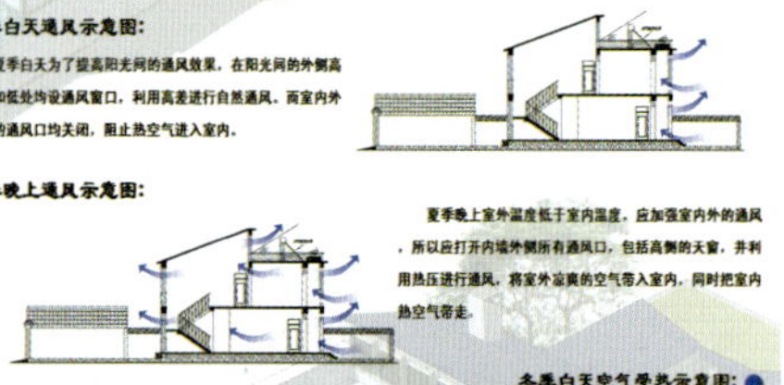

夏季晚上室外温度低于室内温度，应加强室内外的通风，所以应打开内墙外侧所有通风口，包括高侧的天窗，并利用热压进行通风，将室外凉爽的空气带入室内，同时把室内热空气带走。

冬季白天空气受热示意图：

冬季白天需要充分利用太阳能，但又要防止室外冷空气进入室内，所以应该关闭阳光间外侧窗口，打开阳光间内侧厚重墙面的风口，将室内冷空气通过阳光间加热并通过上部风口进入，给室内加温，循而空气进行循环加热，保证持续的热源。

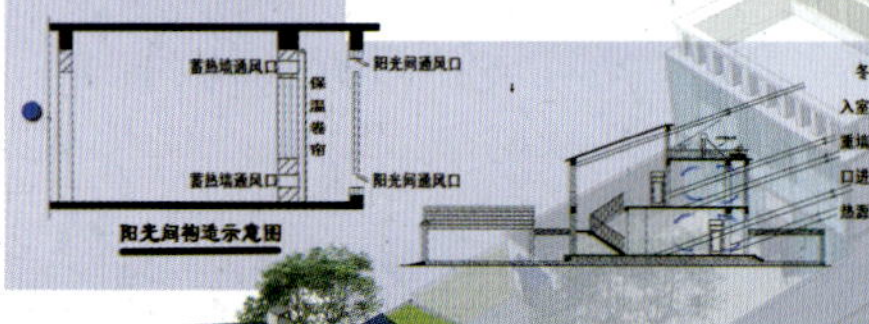

冬季晚上空气供热示意图：

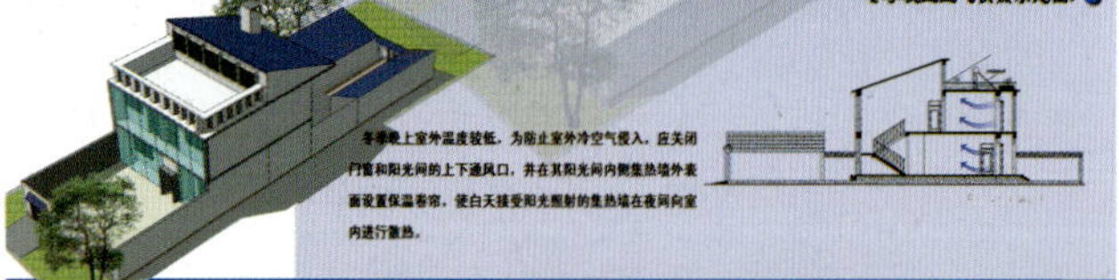

冬季晚上室外温度较低，为防止室外冷空气侵入，应关闭门窗和阳光间的上下通风口，并在其阳光间内侧集热墙外表面设置保温卷帘，使白天接受阳光照射的集热墙在夜间向室内进行散热。

设计人员：王　笋　　指导老师：何　梅　　日　期：2008年7月

理想设计

题目指向

题目载体

题目：超越石油的城市

21世纪的城市正面临一次重大的、历史性的变革，面对能源危机、全球变暖这两大世界环境挑战，人类的都市生存方式不再是也不可能是历史上城市发展模式的延续。在环境危机和新技术冲击的背景下，城市需要新的生命载体。

“超越石油的城市”的设计旨在分析和讨论能长期引导可持续发展、减少能源消耗的城市结构、建筑和生活方式的创新理念。

要求方案能从理念、技术、社会、经济不同视角创造性地探索不同文化背景、不同地域背景的城市应对能源危机和城市永续发展的构思。体现活跃的创新思想对环境问题的深切关注和深切思考。

设计点评

方案引入城市“发条”与城市“回路”的概念，在逐步走向衰落的社区内插入城市“发条”使其进行有机运转，为老工业复兴提供原动力，与“回路”结合进行有机输送和循环，进而激活原有社区整体活力，使其可持续发展，并为社区创造舒适，健康的生存空间。

方案能够综合解决能源、气候和功能与城市高速发展之间的矛盾，合理分析生态、经济、社会等多方面问题，最终可为促进城市可持续发展的品质提供参考。

学生姓名 朱学昭 朱兆玉 刘洪印 赫一鸣 寇 婧 申俊娇

指导教师 孙 澄 张姗姗

设计选择的基地位于哈尔滨市中部，总占地面积225.06公顷。区内主要为居住用地、公共设施用地和工业用地。亚麻厂和量具厂的部分建筑主体和围墙为历史保护建筑，亚麻厂内有历史保护街区。该区内部分建筑采用集中供热，以燃煤采暖为主，带来的直接弊端就是能源的大量消耗和对大气的污染。老工业厂房和老家属区没有采用这种技术，能源浪费严重。哈尔滨作为东北老工业基地，对它的振兴、激活城市活力极为重要。针对区域实际情况本设计主要从几个大方面来考虑：能源的利用；适候性设计；老工业区的更新改造与利用等

设计理念

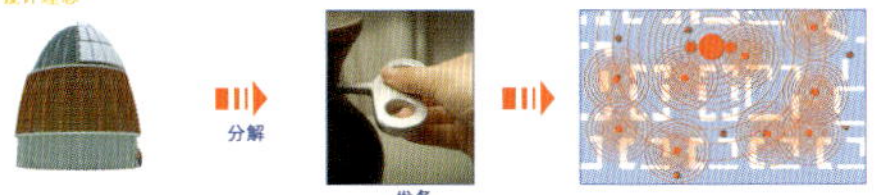

发条

发条是灵活弹性的物体，它能够储存机械能并描述力量和偏转曲线的梯度。其作为驱动器在诸如钟表、玩具等机器上起到了很大的作用。在本设计中的城市“能源发条”以相同的原理作用于社区，为社区提供了能源，激活了老工业区，创造了健康、积极的城市环境。

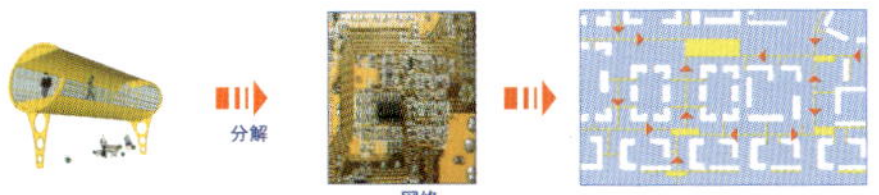

网络

电子的回路拥有闭环网络，它为电流提供了循回的路径。网络则是两个或更多个元件的组合。在设计中，城市的“回路”是不同节点、公共空间和建筑之间的有机连接，它的形式是在高效系统里面的一个封闭线路。这个“回路”不止是漫步和旅行的系统，更是一个能通过吸收太阳光，运用各种逐步循环方式所激发的充分利用自然资源的能量运输流线。

为了解决城市问题，设计引入城市“能源发条”和城市“回路”的概念。所以我们把城市“能源发条”投入逐步衰落的社区，使其作为振兴中国东北部老工业基地的能源驱动力。然后，把它们用城市“回路”整合在一起让能量和资源有机的循环，进而激活整个社区原本的活力，为持续的发展的社区创造一个舒适、优雅、健康的生活环境。

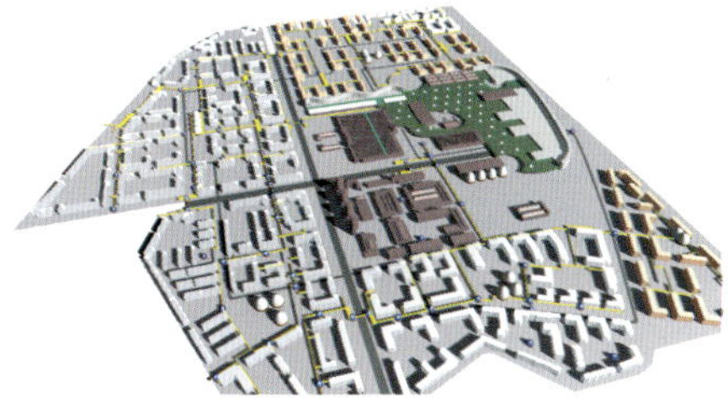

超越石油的城市 1

WINTER CITY
ENERGY ISSUE
INDUSTRIAL AREA

城市“发条” & 城市“回路”

工业经济分析

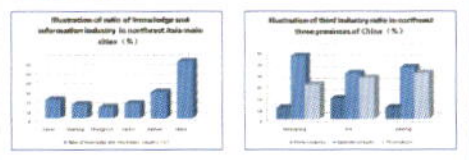

城市和工业发展的问题：工业的提升和技术设备的更新和变革是相对缓慢。产业结构的比例不合理致使企业承受着重负，只有一小部分企业拥有良好的效益，产品的附加收益很低，城市布局不能适应工业发展的新趋势。

地区气候分析

地区气候

城市位于寒地气候区域，其气候特点是四季分明：冬季漫长而寒冷；夏季短暂而炎热；而春、秋季气温升降变化快，属于过渡季节，时间较短。

地区温度

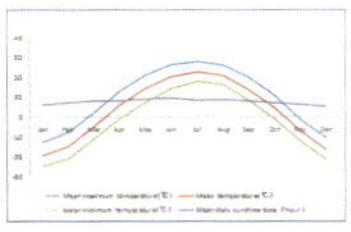

哈尔滨是一个典型的寒地城市，其多年的平均温度在2.5℃-4.3℃。冬季（11月份-转年2月份）非常干燥、寒冷和漫长，每年平均日气温低于零度的天数多达160天，史上最冷的温度为零下42.6℃。夏季（6月份-8月份）温暖而潮湿，温度比其他同纬度地区要高并且日照时间更长。

地区日照

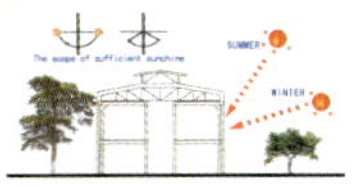

地区气候分析

民俗文化

哈尔滨地区的民俗文化丰富而多彩，包括东北的二人转、剪纸和方言等等。

历史文化

东北是我国历史上众多朝代的发源地，包括北魏、辽、金、秦。共产党抗日联盟军曾在这里艰苦卓绝地抵抗日本侵略者。

殖民文化

哈尔滨是中国最典型的殖民城市之一，素有“东方小巴黎”的美誉，城市众多的欧洲风格建筑渗透着浓烈的异域浪漫风情。

冰雪文化

美丽而充满艺术氛围的冰雪大世界让哈尔滨这座“冰城”成为冬季最有魅力地城市。

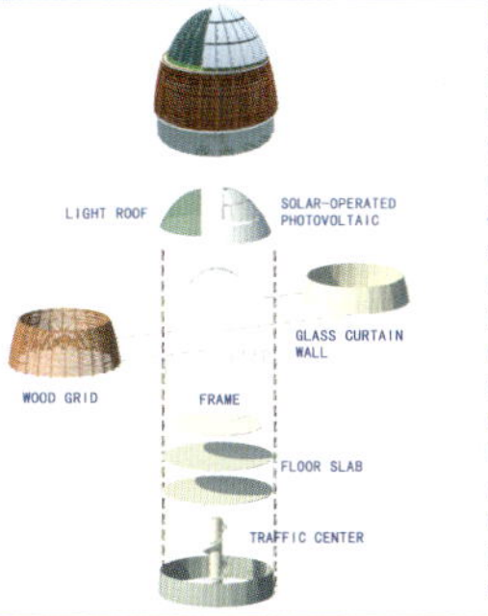

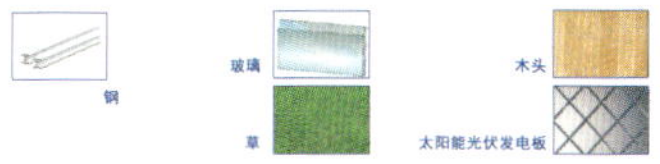

形态分析

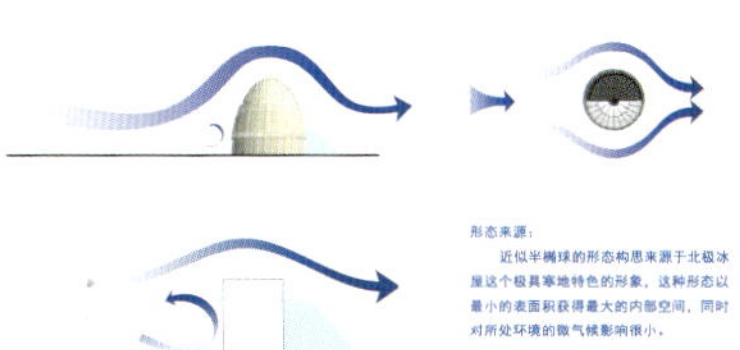

形态来源：

近似半椭球的形态构思来源于北极冰屋这个极具寒地特色的形象，这种形态以最小的表面积获得最大的内部空间，同时对所处环境的微气候影响很小。

技术分析

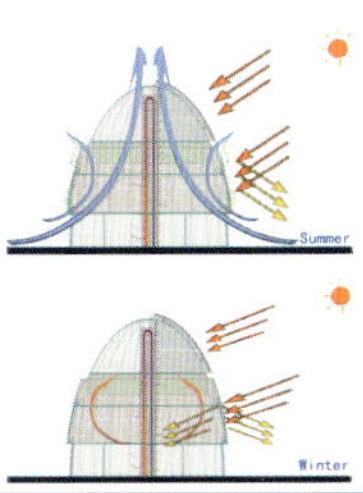

技术支持：

“能源发条”采用简单的材料——钢材、木材、玻璃组成基本支撑结构和维护结构，便于工业化制造，具有很强的适应性。建筑体容纳多种环保技术手段，充分吸收和利用自然能源，并可以对废弃资源进行简单的处理和再利用，为周围环境及建筑自身运行提供能源，成为城市的“能源发条”。

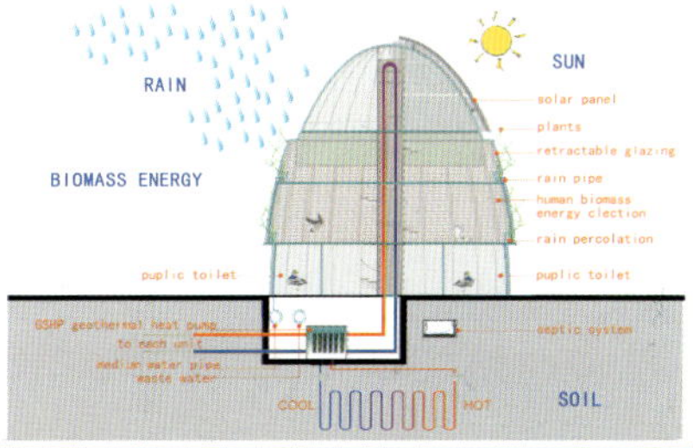

功能分析

功能设置：“能源发条”为市民提供了进行多种室内活动的场所，根据其在城市中的不同位置，可以作为公共厕所、过街天桥、咖啡厅等特殊功能体使用，解决了寒地城市公共空间缺少的不足，更好地满足了人们的行为需要。”。

避免交通混杂　　人性化空间　　确保交通视线　　提高绿化质量

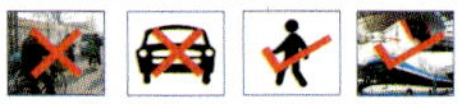

均质化网格分布的室内步行通道，同时作为各个单体建筑的连接系统，克服了恶劣气候不利的影响，同时增加了市民交往的机会。

区内以环保节能车作为代步工具，通过环线的布局联系小区的各个部分，作为居民中距离出行的主要交通方式。

环保节能车可根据情况做多种选择，科技的发展日新月异，空气动力、太阳能等新型能源逐渐代替石油成为城市公交系统的原动力。

我们的城市发条在环线上等间距布置，可为节能车提供能源供给（充气、充电等），并利用收集的中水对车进行清洁，充分实现能源的循环再生和多级利用。

步行系统分析

寒地冬季恶劣的气候使居民出行不便、户外活动大量减少，同时与城市公共空间密切相关的环境污染、交通紧张在寒地又有加重的作用，而创造适合寒地气候的公共空间系统则有助于这些问题的缓解。

公共交通系统分析

该系统既是交通空间，又是公共交往与休闲活动的场所，强调气候的适应性、通达性、愉悦性和安全感，进而提高其使用效率，同时也减少了对汽车的使用与依赖，降低了能耗和对环境的污染，进而创建出健康和谐、友好的社区环境。

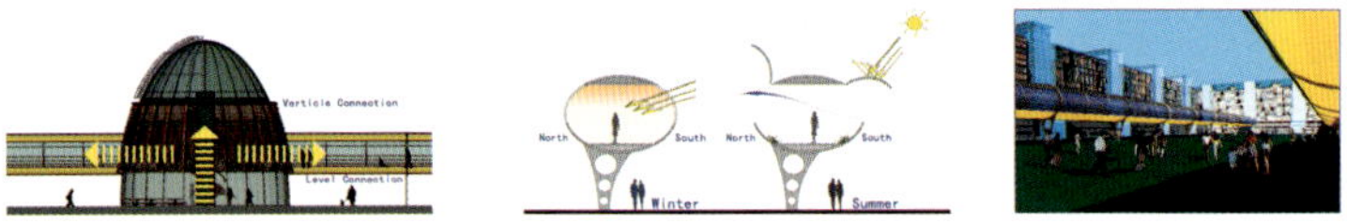

中水系统分析

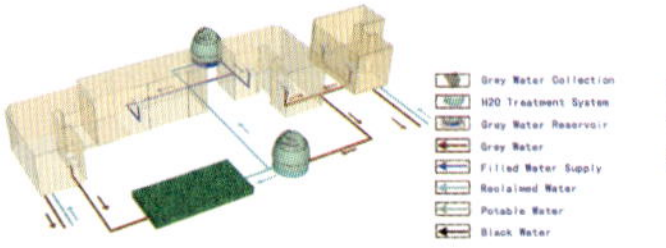

能源塔作为处理系统的关键部分，执行处理各个单元的污水处理，然后把回收的水再供给回每个系统，这些再利用的污水可以用作冲刷卫生间、灌溉、洗车等等。

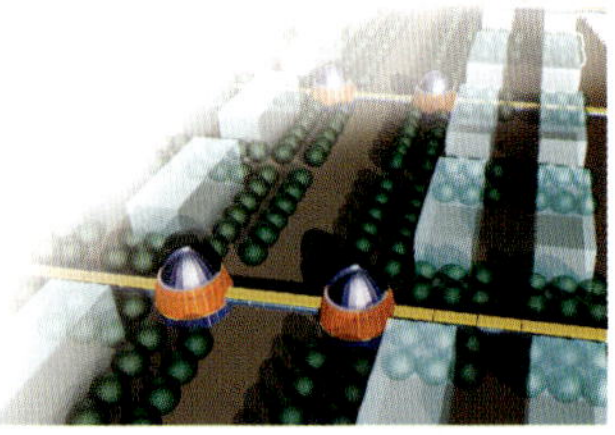

能量系统分析

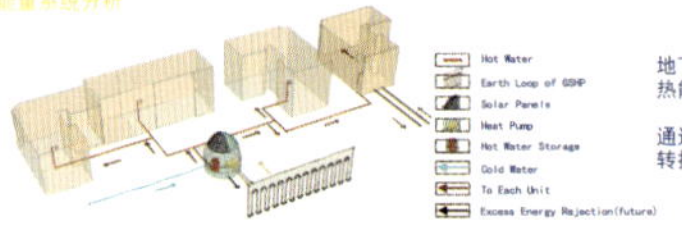

地下能量回路，将地热能转化为热能，为建筑的地板和散热器提供热能。

通过分析工业中能量消耗和储存的利用特征，我们采用新型的能量转换系统 -GHSP 来使其过剩能源再注入。

超越石油的城市

WINTER CITY ENERGY ISSUE INDUSTRIAL AREA

城市“发条” & 城市“回路”2

对老工业更新的研究

创造多功能室内大空间，为寒地创造多功能的室内活动空间。

创造多层次的规划景观、建筑、室内空间展示、表演、聚会、交流等功能，完善社区功能，提升社区活力。

创造冬季闭合保温、夏季开放通风。

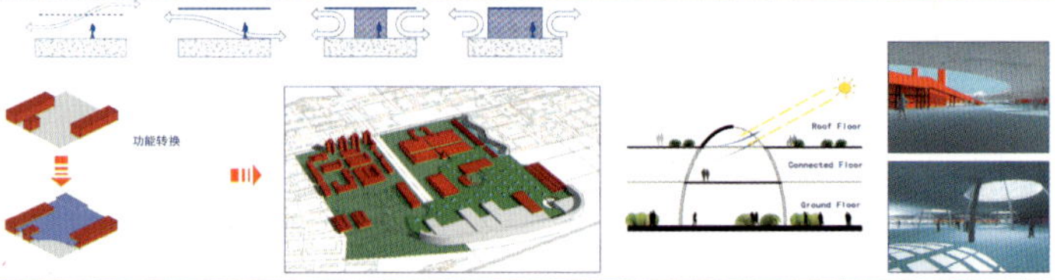

对老工业更新的研究

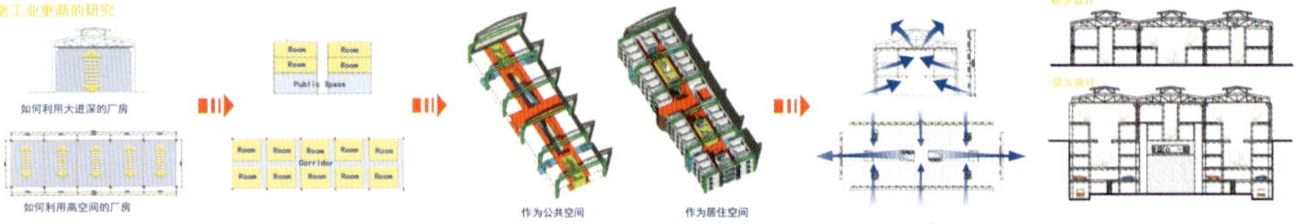

对新区住宅的建设研究

新区建设除了满足寒地基本的日照、通风、保温要求之外，主要的创新理念就在于太阳能的利用及其公共空间的引入上：新区建设最大限度地利用太阳能，南向坡屋顶上设置太阳能板充分吸收太阳能，南向墙面设计“双层外表皮”的处理方法，形成“缓冲区”和“呼吸区”，并与百叶结合，冬季保温蓄热，夏季通风、遮阳隔热；在一层、楼梯间引进公共空间，结合植被与座椅来形成健康、舒适的阳光室，利于人们的交往与活动。设计在利用能源、节约能源的同时，引进适候的、满足人们心理需要的公共空间，并为人们提供舒适的、健康的生活环境，创建了和谐的、积极的可持续的居住环境。

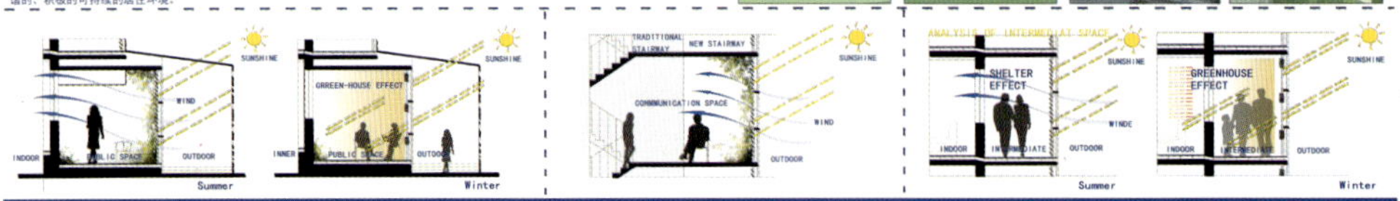

对老住宅建筑的更新的研究

在寒地建筑中，为了减少能量的散失，也要尽量减少形体系数和建筑的维护面积，因此在旧居住区的改造中，我们拆除旧阳台，以一个新的整体性的来取代，该空间是室内外环境的缓冲层和对话空间，同时起到夏季遮阴隔热和冬季阳光房防风得热的作用。

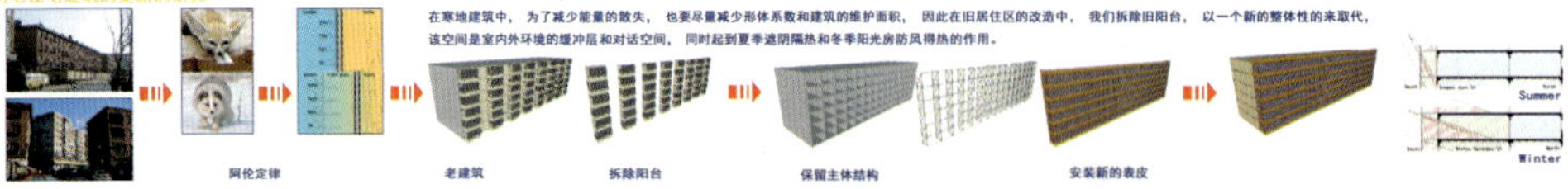

中国高等院校绿色建筑设计教育交流展
Exhibition on Green Architectural Design Education in Chinese Universities

重庆大学 Chongqing University

[基地自然条件]

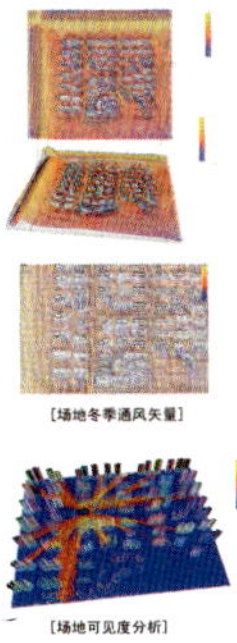
[场地冬季通风矢量]
[场地可见度分析]

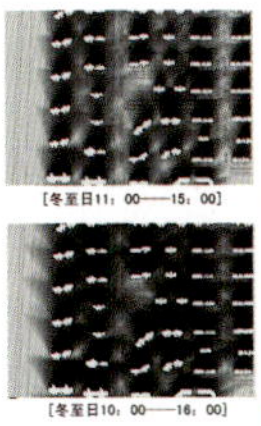
[冬至日11：00——15：00]
[冬至日10：00——16：00]

通过ecotect的计算，基地在工作时段内东北角日照最为充足，通过夏季通风模拟得出东北地段通风压力相对较小，西南部夏季风速较为明显，在可见度分析中可以看出整个基地的最佳视觉朝向，同时可以为建筑的标示性提供参考。

随季应变 幼儿园建筑设计

[运用数字技术的社区幼儿园绿色建筑设计]

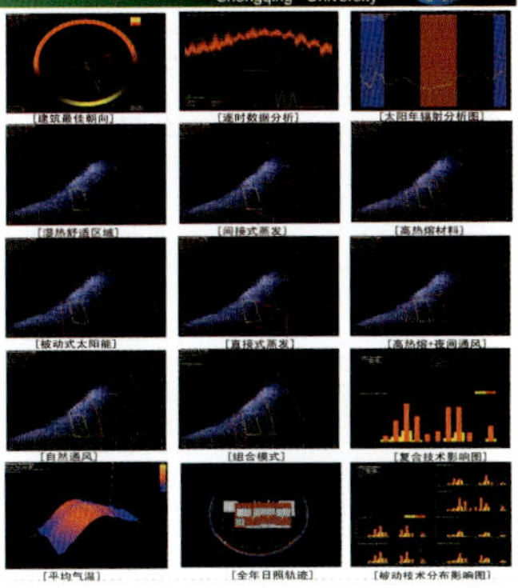
[建筑最佳朝向] [逐时数据分析] [太阳年辐射分析图]
[湿热舒适区域] [间接式蒸发] [高热熔材料]
[被动式太阳能] [直接式蒸发] [高热熔+夜间通风]
[自然通风] [组合模式] [复合技术影响图]
[平均气温] [全年日照轨迹] [被动技术分布影响图]

[生态设计对策]

日照：1、有效避免夏季太阳直射光，增加建筑遮阳，如百叶遮阳、建筑自身体量变化、建筑装饰构件。

2、加强太阳能利用，如太阳能光电板、被动式太阳房、建筑拔风加热窗。

温湿度：加强建筑墙体自身保温、隔热性能，建筑屋顶、墙面可采取种植隔热技术，增加建筑的夏季通风性能，实现建筑的可变动性，如百叶窗、阳光房。

水：通过屋顶收集雨水，收集建筑内部可回收利用水，由场地种植绿化减少中水的处理。

分析结论：

分析显示当地需要降温通风时间为五月中旬到八月中旬，需保温时间段为十二月到二月中旬，常年的舒适度对比发现应以建筑的保温为主，同时对建筑的节能要求较高，在weather tool的分析结果看来，当地气候条件下被动式太阳能技术，自然通风，高热熔材料的使用最能够使建筑更加节能，通过符合技术的使用使建筑的热工性能得到有效的提升，同时在符合技术的对比中发现建筑在五月、六月、九月、十月、采用有效的复合技术效果最为明显，应结合当地气候条件对环境进行设计。

建筑的可变性与实用性

作为生态建筑，该方案充分结合当前传统生态技术的优点，并探讨一种低成本可变生态建筑的可行性。

该建筑充分考虑了不同季节的不同气候情况，能够对气候的变化作出相应的变化。春秋季节，建筑可利用可变式太阳房的开启与闭合调节室内的热舒适度，也可利用地下热泵、被动式太阳能调节热环境，达到幼儿的最佳环境，并利用太阳房吸收排放活动单元中产生的各种有害空气，达到安全卫生的要求。冬季在一定太阳房可以辅助地源暖气或空调，达到节约资源的要求。夏季在满足通风的同时，为幼儿单元设置集中式空调，为办公区域设置独立式空调，达到资源的最合理利用。

在建筑造型上采用上坡结构，既丰富了幼儿园建筑的造型，又达到建筑的生态性，如与太阳能电池板的一体式设计、屋顶绿化的处理方式。

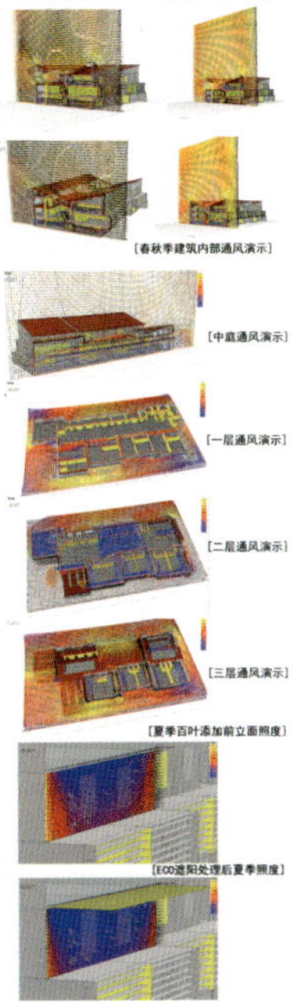
[春秋季建筑内部通风演示]
[中庭通风演示]
[一层通风演示]
[二层通风演示]
[三层通风演示]
[夏季百叶添加前立面照度]
[ECO遮阳处理后夏季照度]

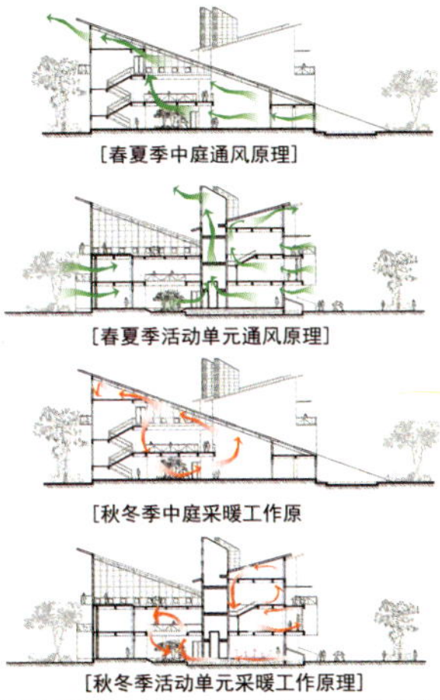
[春夏季中庭通风原理]
[春夏季活动单元通风原理]
[秋冬季中庭采暖工作原]
[秋冬季活动单元采暖工作原理]

[建筑生态设计策略]

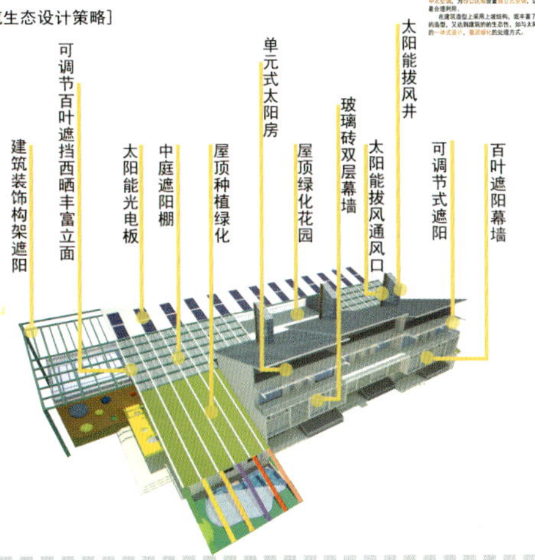

[种植墙屋面示意图]

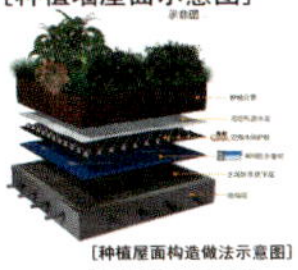
[种植屋面构造做法示意图]
[种植墙面形式示意图]

在屋顶种植灌木，种植屋面对建筑的主要作用：一是可以降低建筑顶层的室内温度；二是作为雨水收集的一个终端。在屋面上进行绿化种植可以将大量屋顶的热量吸收掉并反射出去，有效地阻止屋顶表面温度升高，从而降低屋顶下室内温度。建造种植屋面还可以吸收雨水，保护屋顶的防水层，防止屋顶漏水。

[地源热泵工作原理示意图]

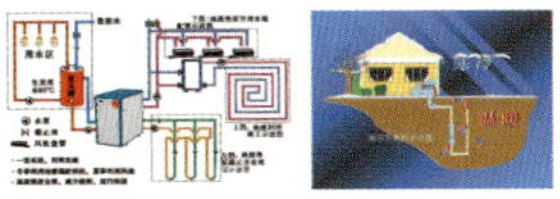

一、地源热泵制冷原理

由水路循环将冷媒所携带的热量吸收，最终由水路循环转移至地下水或土壤里。在室内热量不断转移至地下的过程中，通过冷媒-空气热交换器，以13℃以下的冷风的形式为房供冷。

二、地源热泵制热原理

由地下的水路循环吸收地下水或土壤里的热量，通过冷媒/水热交换器内冷媒的蒸发，将水路循环中的热量吸收至冷媒中。在冷媒循环的同时再通过冷媒/空气热交换器内冷媒的冷凝，由空气循环将冷媒所携带的热量吸收。在地下的热量不断转移至室内的过程中，以强制对流、自然对流或辐射的形式向室内供暖。

[方案的生态分析]

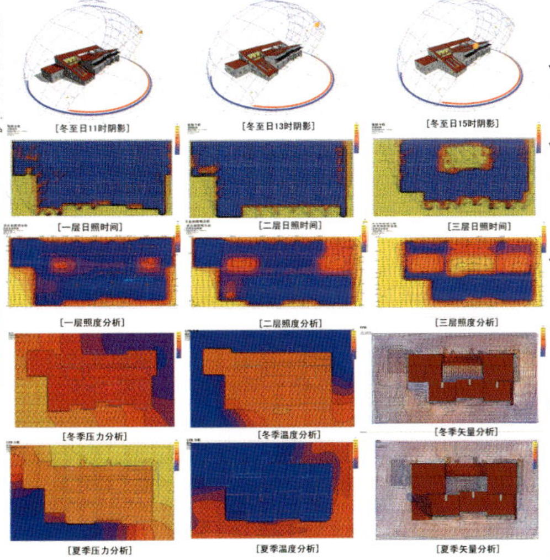
[冬至日11时阴影] [冬至日13时阴影] [冬至日15时阴影]
[一层日照时间] [二层日照时间] [三层日照时间]
[一层照度分析] [二层照度分析] [三层照度分析]
[冬季压力分析] [冬季温度分析] [冬季矢量分析]
[夏季压力分析] [夏季温度分析] [夏季矢量分析]

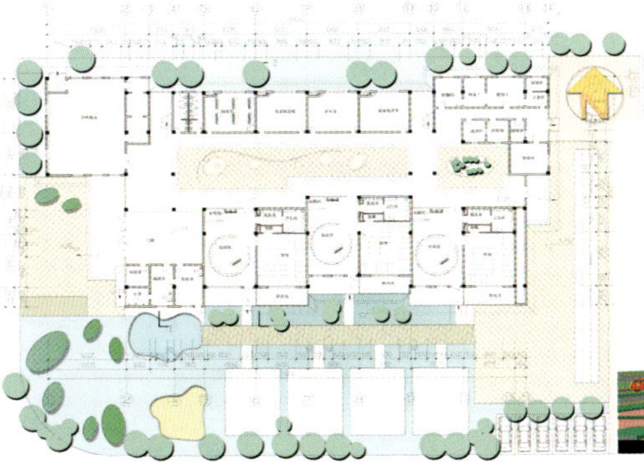
[一层平面图]

北京建筑工程学院
Beijing University of Civil Engineering and Architecture

当我们用绿色建筑设计理念去创造新建筑的同时，不应忘记为既有建筑涂抹一层“绿色”。
改造和利用既有建筑，可以减少能源消耗，延长建筑的使用寿命，以较小的代价换取合理的获取，
这正是绿色建筑理念的实质所在。以既有高层住宅改造与再居住设计为命题，激发同学们的创造性，
寻找改善既有住宅居住功能和提高舒适性的方法，是我们绿色建筑设计教学实践所追求的目标。

既有住宅改造中绿色建筑概念的应用

使用现状与存在问题

6城市危旧住房调查情况（2005年）	北京	上海	重庆	青岛	武汉	成都	均值
住房总量（万平方米）	30000	35200	23112	7884	17667	5300	119163
危旧住房总量（万平方米）	1800	2500	1500	353	970	250	7373
危旧住房总量占住房总量之比（万平方米）	6.00%	7.10%	6.49%	4.48%	5.49%	4.72%	6.19%

北京，有这样一批城市住宅，它们建造于我国经济发展水平较低时期，它们的建设标准偏低，使用功能不完善，公共设施简陋，它们的居住环境已经适应不了现代化的生活方式，并严重地影响了居民的生活质量。

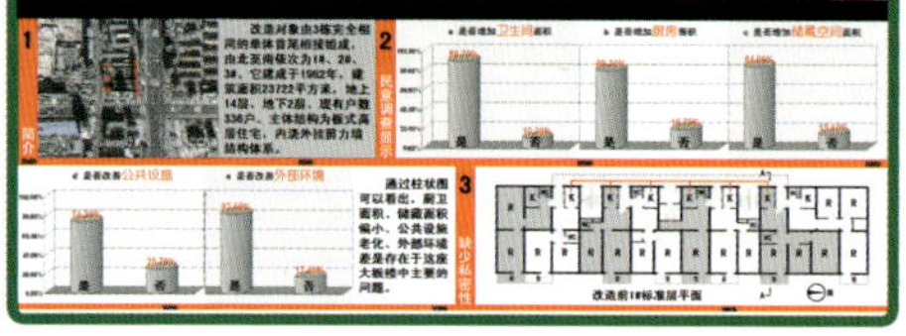

塔式高层住宅改造

改造前后对比

改造技术路线

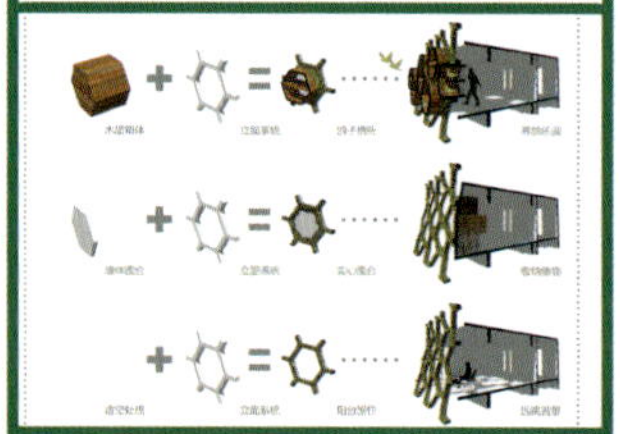

改造技术方法

改造成果

短板式高层住宅改造

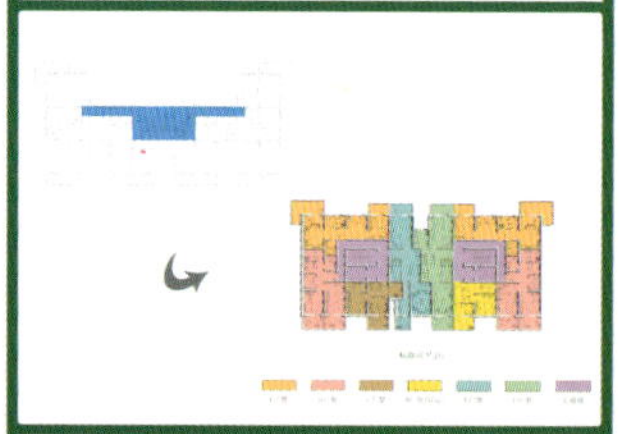

改造前后对比

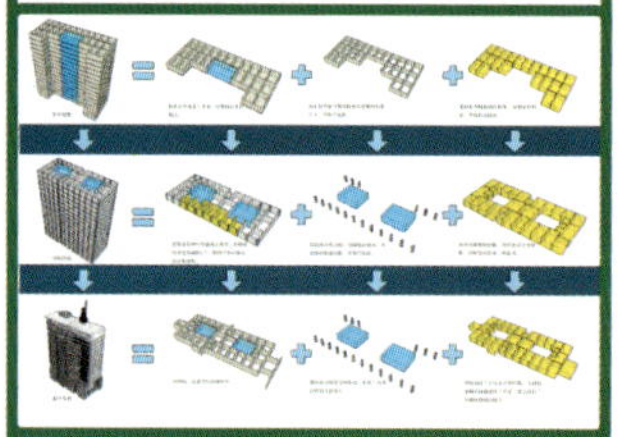

改造技术路线

改造成果

改造成果

板式高层住宅改造

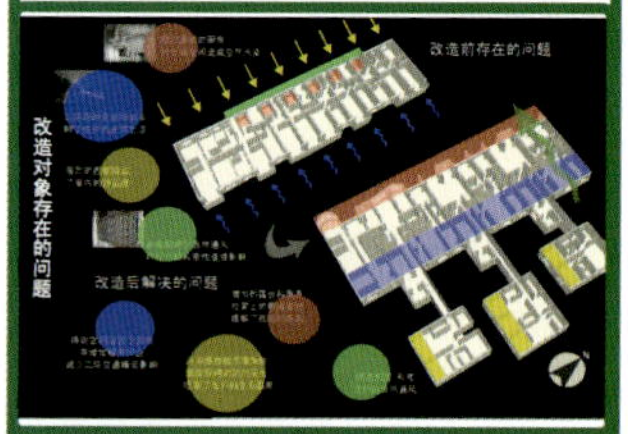

改造前后对比

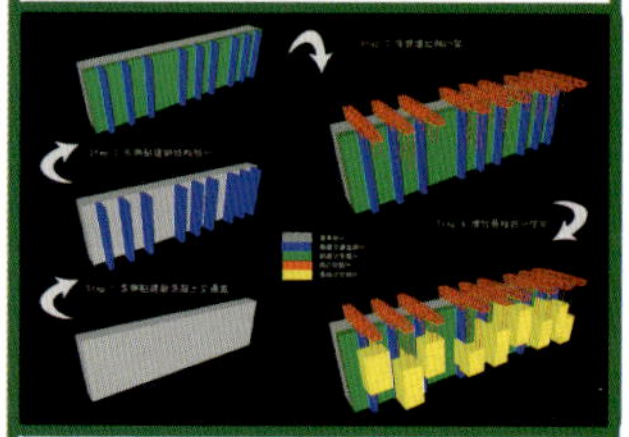

改造技术路线

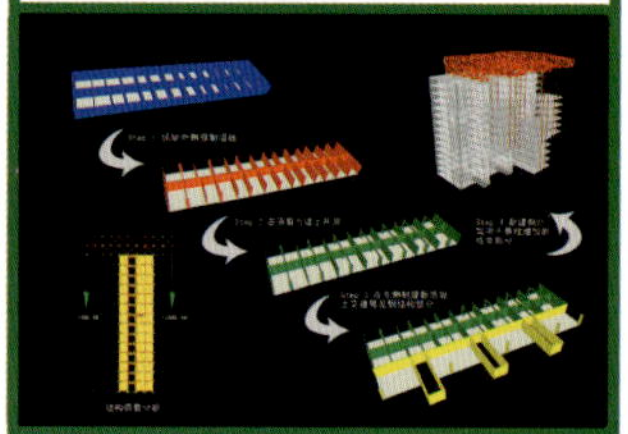

改造技术方法

改造成果

中央美术学院建筑学院 05级 景观专业 学生：吴俊卿 指导教师 ：丁园

后世博规划“自然更替”

通过对上海世博会用地的分析，得出一般大型活动的用地更替特征，尤其是留下大块集中的硬质用地。传统对土地更新处理是对土地进行全部的设计，强势介入拆除改变成新的规划，从而再设计新的景观。其中，付出了巨大的人力、物力、财物上的代价也对环境质量造成了影响。因此在当今这个时代，更新时间越来越短，更新次数越来越多的情况下，希望在全是硬质铺地这个特殊现状下，探讨如何低代价，高性价比地转变成人们需要的活动环境。通过构建一个互补的模式，即自然系统与人工自然系统的不同搭配，达到人类和自然短期到中期至长期的一个互利双赢活动状态。

中央美术学院建筑学院 05级 景观专业 学生：成旺蜇 指导教师 ：丁园

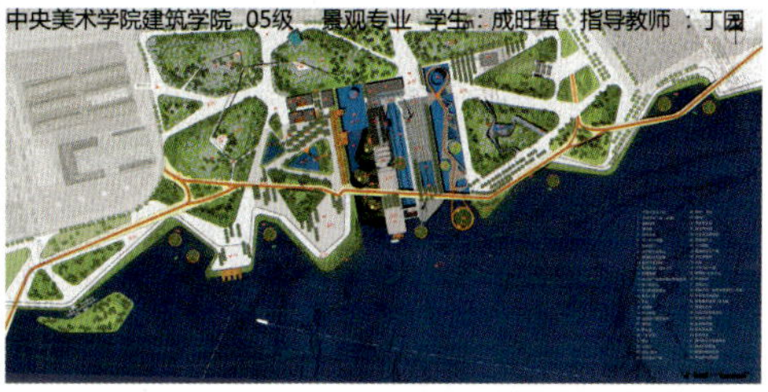

绿色渗透

2010上海世博会已经开幕，本届世博会的主题是“城市，让生活更美好”，那么，世博会将给这个城市留下什么呢？谢幕后的世博场馆、设施将何去何从呢？显然，能否做好对世博场馆、设施的可持续利用，将是衡量世博会是否真正成功的一个重要因素。

世博园区5.28km²土地上共建设了230万m²建筑，其中有1/6是旧建筑整修及再利用，一部分建筑将被永久保留，以可持续发展理念去研究“后世博”的再利用课题是本次毕业设计的主旨，以“后世博”为切入点，我们的观点可以是全方位的：

“世博会”是城市的负担？

“后世博”是城市空间的再开发？

向“世博会”学习？

“后世博”要保留新的“万国建筑博览会”？

“后世博”的再回收（土地、建筑、材料）如何展开？

……

围绕对“后世博”的思考，我们的研究对象可以是世博园区的场地、建筑、公园或某些局部，我们的手法可以是拆、留、移或改造……我们的努力是为了让“后世博”的城市很和谐，“后世博”的生活很美好。

“后世博”首先是一个时间的概念，也可以是一个有关城市可持续发展的理念，也可以是发生在某个建筑上的一个事件，也可能是世博会的一个“反思”……

节能技术应用 The Energy-saving Technology

整体图示

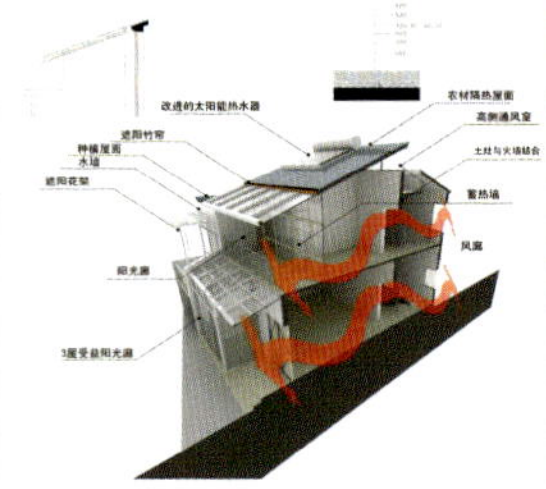

阳光廊透视
室内走道

技术列表：
1、自然通风
2、水墙结合种植屋面
3、炉灶结合火墙
4、综合太阳能利用
（1）3个房间受益阳光廊
（2）阳光廊结合蓄热墙
（3）改进的太阳能热水器
5、利用当地竹资源的遮阳系统

节能技术应用 The Energy-saving Technology

自然通风模拟验算

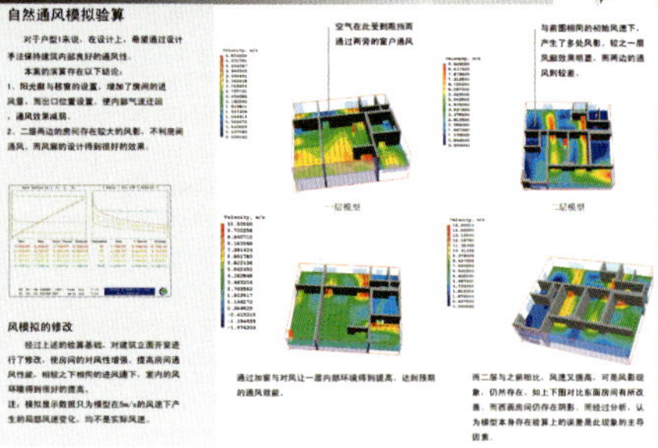

风模拟的修改

节能技术应用 The Energy-saving Technology

水墙与种植屋面结合处理

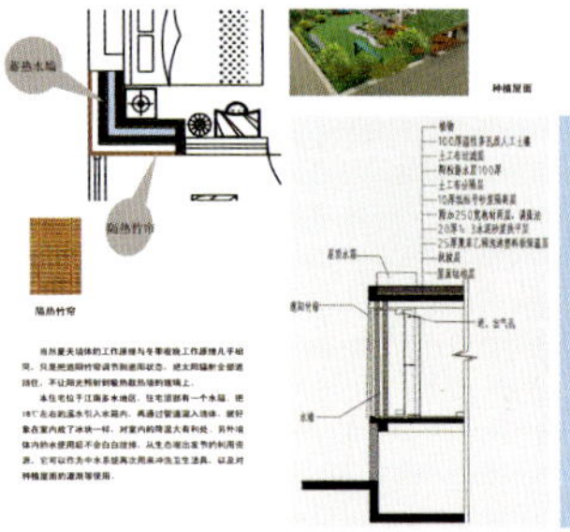

中国美丽乡村绿色建筑设计大赛
可再生能源奖

作品名称：安吉生态民居
设计学生：杨云 谢衍（建筑05级）
指导教师：龚敏 应小宇 张文宏
时　　间：2008.7

节能技术应用 The Energy-saving Technology

炉灶结合火墙

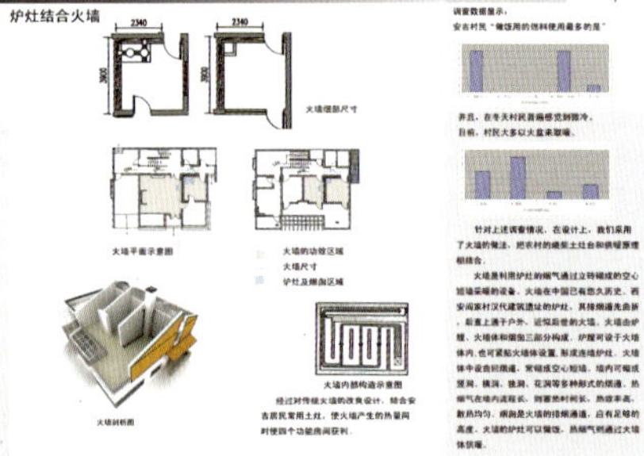

节能技术应用 The Energy-saving Technology

主动式和被动式结合利用太阳能

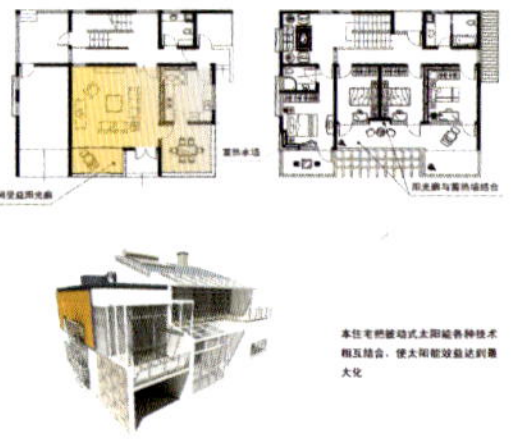

被动式太阳能
①直接受益式——3间房间受益阳光廊
②间接受益式——墙、墙结合蓄热式

节能技术应用 The Energy-saving Technology

阳光廊

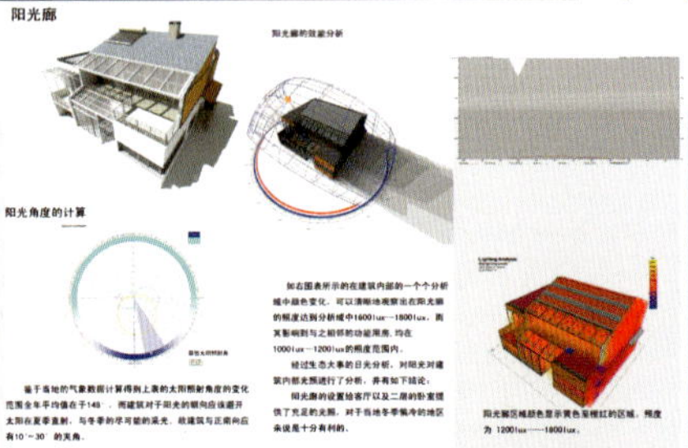

节能技术应用 The Energy-saving Technology

节能效果验算

造价与节能效益 Cost and Energy-saving Effect

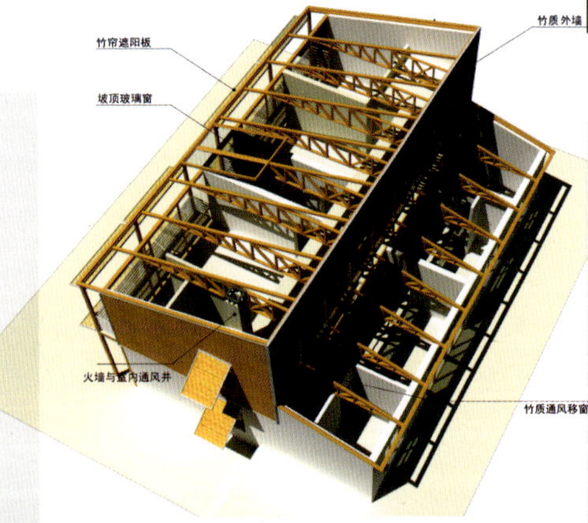

南向卧室室内透视
南向卧室室内透视

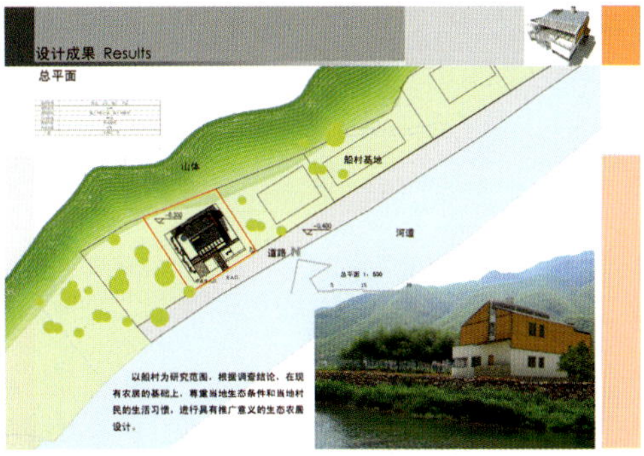

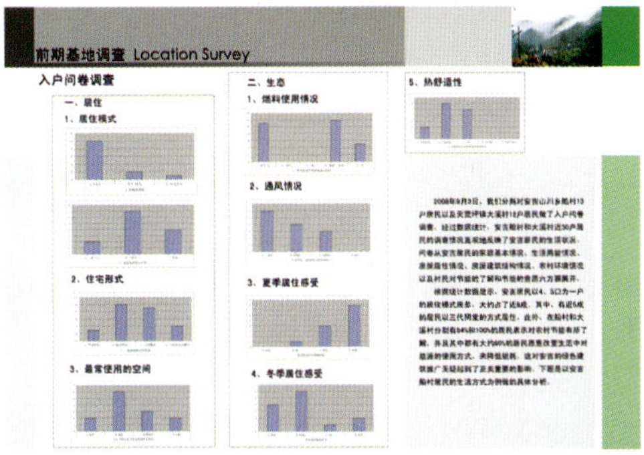

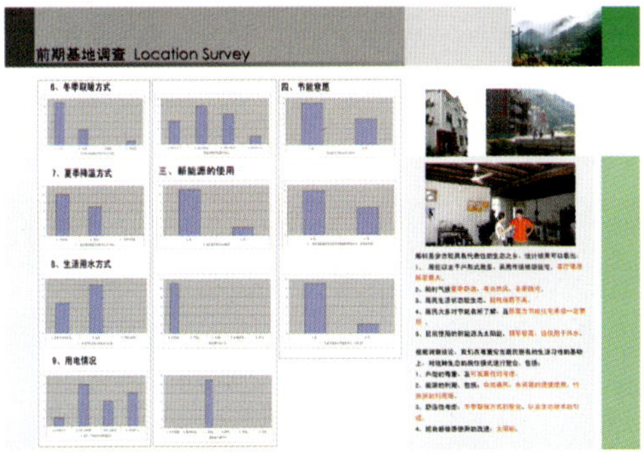

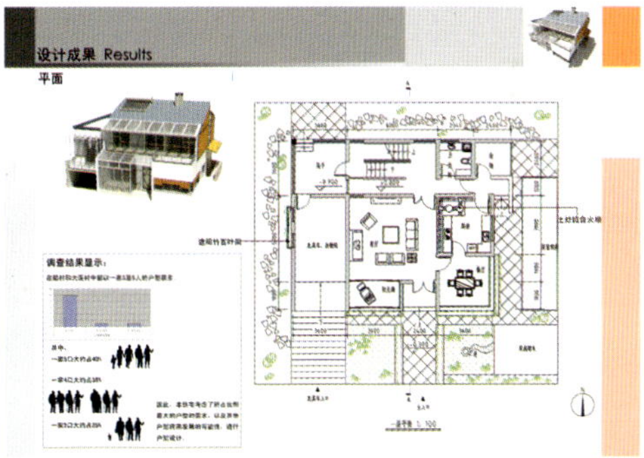

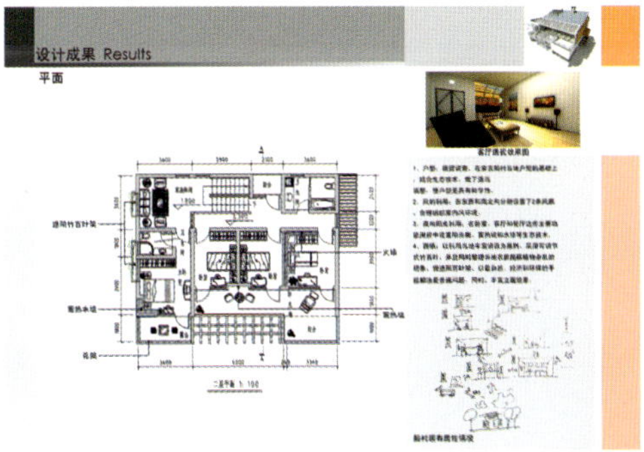

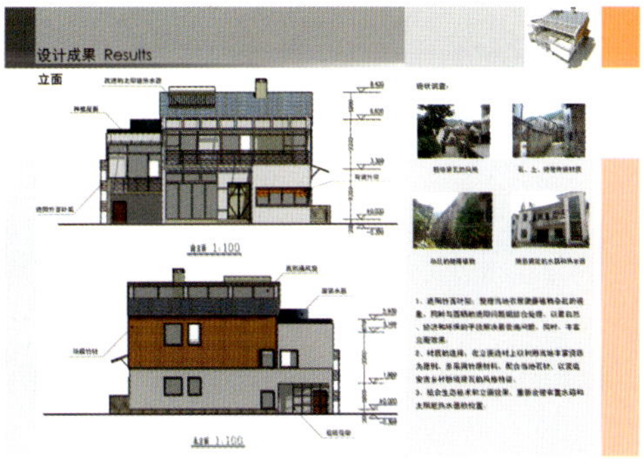

中国美丽乡村绿色建筑设计大赛
可再生能源奖

作品名称：安吉生态民居
设计学生：杨云 谢衍（建筑05级）
指导教师：龚敏 应小宇 张文宏
时　　间：2008.7

众议　我看城规与城规教育　栏目主持　李东

邓 在 魏 北　魏皓严　郭红雨　王鹰翅

许剑峰　赵　强　何莹莹

规划还是鬼画

邓　在（博士，现从事设计与教学工作，自由撰稿人）

1987年我进入清华本科学习。跟同济等其他院校不同；清华的本科不分专业，只是到毕业班时，按学生志愿分成三个方向：建筑设计、城市规划、古建；据说现在还是这样。填规划志愿的一般说来有如下三种人：1.觉得自己的建筑设计太差以至于完全丧失信心。2.想当官，因为院里当官的大多都是搞规划的；即使在院里当不了官，熬下去当个管学生的干部指不定哪天就把你发往一线二线起码也是个三线城市的规划局当个局长。这是清华大食堂的一般规律，你懂的。当不了局长起码还可以当个规划院院长或者行政级别相当于院长的老总；我的一个同学就是这样的，可惜他自杀了，生命线断了，远大钱途就点到为止了。3.不知道自己该学什么，想看看自己是不是搞规划的料。眼高手低（其实眼也不怎么高）而且幼稚的我不属于第一和第二类人。当时大概还未对建筑设计完全丧失信心吧，就其没信心的程度，比起今天来似乎还要逊色一些；我只能凑合算第三类人。

我们的规划成果是一些被马克笔涂得花花绿绿的图纸，有现状分析，用地分析，道路与景观分析等等；名为分析，可以肯定的是绝对没有计算书这一按理分析必需的依据。工具主要是马克笔，偶尔也会用一下计算器，但只限于小学生水平的四则运算，因为在图纸的上下左右下角点缀着经济技术指标，配角一样。我们个个成了熟练使用马克笔的高手，但不是画家；甚至都不是建筑表现图画家，因为我们只会平涂。结果，熟练但并不善于使用马克笔的我们就被人称为是在鬼画而不是在规划。我们也道听途说美加学规划的不画，只写，写Paper；或许也震惊了我们，加剧了视其为鬼画的成分。我们中的一些人逐渐地自然地就成了这个行业的专家、教授、博导，并不费劲；我却终身远离了这一行当。画面显示，我非常费劲地而不是"华丽地转身"。我宁愿回来费劲地搞着被规划的建筑的设计，而不愿主动地去规划。因为所谓"中国式规划"就是鬼画。

当年的认识一定还要模糊一些，顶多算不成熟的直觉。长期以来我以为尽管中外在校期间的学法有些差异，但将来毕业后作为一个行业的搞法大概全世界都是一种；直到有一天，我才知道这个行当还有另外一种不同于中国式的搞法。大约毕业十年后距今十年前，我的当时在SOM工作的同学跟我一起吃饭欢度新年，同席还有一德国人，Stephen，在德国的一个大学里教规划，曾经是SOM的Planner。后来的故事把我雷住了，原来他本科是学物理的。我同学说在美加学规划的，很少本科是学建筑的，大多数都是学数学、物理等数学比较好的专业的，因为他们的搞法中需要建立数学模型。

数学模型而不是Sketchup模型或3DMAX模型或Rhinoceros模型，在我们的行当中却被潇洒地省略掉了，这一转身一定很华丽。

我并不认为美加的就一定好，一定正确；尤其在今天，在建筑这个大的领域。美加学建筑的一般成绩都不会太好；成绩好的都学金融商科、医学、法学等将来的高收入者科学，或者成绩特别好智商特别高认为自己会对人类做出特别贡献的则会选择数学、物理、化学、生物等学科。学建筑学的那些将来的中低收入者，一般说来都是，按我上小学的女儿的班主任老师的说法，差生；除非你喜欢建筑喜欢得不得了，不学建筑等于要了你的命，你因而或许很罕见地可能是个好生。我一点都不奇怪，清华建筑学院一年能有18个去哈佛读研，你都不叫哈佛了，你叫清华哈佛研究分院。国内学建筑的不说是成绩最好，起码也是成绩最好的那拨里的，在几乎任何一个教育部大学这个中国唯一的大学的各个分校里都可以跟最时髦的经管、计算机等PK；一到了国外，你只好跟那些差生混。我要是哈佛的院长，我也要你；而且说不定其实是往往我将来还可以把你派回中国，做我美国公司的卧底，挣足人民的币。你放心，开发商虽不明好生差生的情，但知贴上美国设计的标签向人民卖个好价的理；尽管挣人民的币的设计费要高出好几倍，做方案比做完方案再做扩初，做完扩初再做施工图这个全套服务都贵，或者做规划比做建筑设计都贵。这不可厚非，因为他是商人，只关心利润，不必强求人家立公平的道德牌坊。

在建数学模型上，到底好生该不该向差生学习？思考了这些年，结论很杯具，我谨慎地以为该。差生虽差，但他们的制度不差，反过来就是好生虽好但其制度不好。这里的制度指的是教育制度，不要想歪了；不过比教育制度更根本的制度更要命。一个好的制度能把差生培养得不差，一个坏的制度却能把好生变差。规划、建筑设计、城市设计以及景观设计的最终目标其实都是把房子和房子周围的环境建起来，但它们各自重点不同。规划是建筑设计的前期，是控制性阶段，论证各种可行性的阶段，重点是控制而不是房子具体长什么样，其成果其实恰恰正是在我们的鬼画中做配角的经济技术指标，不是唯一的也是最重要的。它们包括建筑的密度、高度、绿地率、停车位、交通方式等的控制，具体表现就是各自相关的数据。这些成果太不华丽了，不能满足领导对华丽的日益增长的需求，人家要的是五十年不落后和立竿见影的政绩，尽管我们不说他智商中是否包含看得懂那些低调得抽象的数据。于是，即便是控制性而不是修建性的规划，我们的成果也往往不得不展示出华丽的效果图。具象的效果图本来是帮助理解的，辅助性的，咱们这里却成了必需的，甚至是能否中标的关键。即使你聪明过人，当领导的你英明过人，因为你也许学生时代就鬼画过，因此在海内也算专家；即使你知道作为控制性数据的重要性，但你仍然不关心得出数据的方式。其实你也不会；因为号称读工科院校的你数学跟外语系一个档次，尽管你高考数学成绩跟数学系一样好，几年下来，你的数学往好了算只剩下中学的基础，你可能很骄傲地吹嘘过见了微分方程就犯晕，其实鬼画几年后可能只剩下加减乘除那点本事了。最后的数据很可能就是你那聪明的脑袋拍出来的，或者你喜欢或钦定的规划师不比你不聪明肯定比你更机灵的头脑拍出来的。这样一拍，就把那些费时的啰嗦的讨人厌的所有中间环节都省了，甚至都没有最初的环节，因为你甚至都没有可靠的初始数据。国内统计出来的数据总是很华丽，其实是很有魄力。对那些统计局都没有的数据，本来得费力不讨好地调研，但策划公司是一群比你还机灵的人，有各种背景，包括中文系的，中文比你还好，数学比你还差。

道路的规划设计有两种方式，一种以治堵保持高效的畅通为唯一的目的，一种以恢宏壮观的美学效果为追求。深圳与香港只一河之隔，河那边的道路很窄，但街道很人性而充满活力，人口密度远高于这边，车辆却很畅通；河这边路很宽，跟北京一样宽，立交桥跟北京一样很壮美；但跟北京一样地杯具，一样地堵。难道仅仅因为她是社会主义规划师规划出来的？道路的宽度由流量决定，流量是个每日变化每年变化随时都在变化的巨大数据库，是项牵一动十的系统工程，需要规划师作出相对准确的预测与计算。要做到这点，离不开精密的数学模型。我的红而优则专的师兄师姐师弟师妹，师叔师侄，你这个访问教授就是把全世界最顶尖的十所建筑院校遛完，回来后的你采取拿来主义大谈新都市主义或者各种方法，你仍然拿不来人家的数学模型，你还是治不了吾国的堵，但你可以以吾国的方式治堵。你可以靠发改委这一莫名其妙的委，不公开开会讨论，不经过人大，连形式上的都省了，就颁布一些你顶嘴说人权也不怎么样的国家肯定不会有的政策；比如分单双号限行，比如划定一些特权车的特权路线，更狠的再比如限购车辆，甚至不许外地人的车开进伟大的首都，禁止限制不许得也很华丽。

城市设计、景观设计跟建筑设计一样与规划不同需要最后的具体而具象，它们并不像有人声称的那样在建筑单体设计与规划设计之间，而是跟建筑单体设计在一个层次；其实是在建筑单体之间，其实就是把建筑单体之间的空间当做建筑室内来设计，就是把建筑的外观当作内观来处理。就其依靠数学的程度，跟建筑单体设计在一个层次。依天朝最牛的大同建筑学的观点来看，即使您忽悠得能把城市设计和景观设计大同进来，规划仍然不在您如来佛的手掌上；靠您如来佛跟外语系一样的数学水平建一个数学模型来给大家看看，都不用太复杂的，例如把您以为在您掌中的孙猴子的十万八千里的跟头列个方程式出来。规划作为一个学科的建设因而必须跟建筑学有着巨大的分别，需要全然不同的课程设置，不能想当然地无差别地归置在建筑学这一一级学科内；建筑师要想充当称职的规划师，就不得不恶补数学等相关技能。不分专业方向的清华，如果还要高举培养全面手的旗帜，课程的设置上就不得不动些手术。

有的人乐此不疲于在该谈数据的时候，他要谈风格，在该谈形象的时候，他要谈功能。不幸得很，在中国，你要是高校的学生，他就是指导你设计的老师，你要是规划师或建筑师，他就是规划局或主管规划的市领导。总之是他说了算，而不是你说了算，尤其不是道理说了算。

总结一下，规划的核心是控制，而建筑设计和城市设计以及景观设计的核心却是在规划的控制下的具体化、具象化、物质化。用柏拉图的话来说，规划的成果位于理念界，而后三者的则位于与理念界相对的表象界。因此，控制的理想结果不是死板和千篇一律，而是不抹杀个性、差异性和丰富多彩的表现，只要容积率、建筑高度、建筑密度和绿地率等是在要控制的范围内。如果超出了这个该控制的范围，就会造成灾难性的结果，规划就不是规划而是计划，是独断，是比计划经济的计划还独断的计划。这就是我们为什么在报规的时候，有的权力者总是贬低你蔑视你，从而展示他高超的色彩以及细节等风格上的审美力。这种现象在二线三线城市非常普遍，一线城市也早已见怪不怪了。问题的关键不是你俩在色彩的审美上 PK 得怎样，而是根本就不该在这些方面 PK；因为，这些不该是控制的对象。即使要控制这些细节，那也不是你规划局说了算，而应是被这些方面严重影响或有可能严重影响的市民说了算，即增加市民参与的机会。如果结果是您不愿看到的，即根本达不成一致的意见，结果就正好表明了这些方面根本无需控制。

你只要有着常年在外地做项目的经验，或者有着足够的耐心把全国各地的地方规划条例研究一下，你一定会发现许许多多稀奇古怪的规定。比如，有的地方（伙同国土局）在口口声声低碳节地的同时却规定了最小的开发规模，比如 50 亩；有的地方居然还限低，比如不得低于 100m；有的地方不仅限制高度，还限制宽度和长度。对高度限制，毋庸置疑，因为它是城市的总体意象的一个重要方面或者会对已建成的城市意象产生关键的或灾难性的影响。但宽度和长度一般说来是由建筑的功能和结构的力学来决定的，即使您决定性地认为有些情况下它们会对城市空间造成重要影响，那也完全可以一事一议。您没想到吧？一旦形成具体的一刀切的控制条例，再加上限低这条，这个城市可以说就毁了；从今往后这个城市的新建筑就只能是一根根筷子了。各个地方对退界的控制也是五花八门的，并且还是细得不能再细的，有的无条件地跟高度成一种大致的正比关系。试想一下，建筑之间的距离除了满足日照这个最严苛的条件外，采光这个较宽松的条件和不对视所应满足的所谓健康间距以及最弱的防火间距这些最低条件外，还要无条件地满足这些条件外的跟高度成正比的退线。这样的高层建筑所在的街道空间，如果还叫街道的话，街墙只能是形状杂乱不堪或干脆没有街墙而只剩下大大小小的广场；不可能是引人入胜的传统的欧洲街道，或者中国老街，或者曼哈顿的街道，或者香港的街道；等于取消街道，把中国全变成浦东。熟悉规范和规划条例的社会主义规划师就这样炼成了；

尽管你还向上面撒娇：xxxx 就是好！向下面或不上不下的面发情：人家多么不情愿啊！合起来就是矫情。

不建数学模型，把规划当作更大尺度的建筑设计，拍脑袋拍出数据来的方式，你以为的具有天朝特色的方式，其实都不是天朝古来的方式，而是古老的巴黎美术学院的方式，是舶来的方式，曾经也很洋气。那是一种从美观出发，以美观优先的方式。放射性大道、广场在平面上具有有人认为的美感，这也毋庸置疑，当然你也有权认为这不美；此外，即便具有平面上的美感也并不等于三维的空间就一定美。即使是这种方式创造出了三维的美，从现代规划的角度，如果它同时造成了巨大的城市问题，比如堵，那也是一个失败的规划。概括起来，巴黎美术学院的传统其实可以分成强弱两条：较强的那条其实就是把规划等同于美术学院里的平面设计（Graph Design），把建筑群体的控制当作图案的控制；较弱的那条其实就是美学优先的观念。西直门立交桥 20 年间建了修，修了拆，折腾得大的有三次，越来越壮观，越来越让人眼晕让人恐惧；但是我一直不知道从西外大街如何才能开车到学院路上，我的红而优则专的师兄师姐师弟师妹，师叔师侄哪位知道的麻烦您告我一声。我又一次放纵了我的想像力，若干年后，经过 N 次拆改后的西直门，彻底地治了堵，因为彻底没人胆敢开车穿过它了。但前后所花的银子可以把整个二环高架起来。当然，全部高架起来之后车流量的分布需要数学模型，孰好孰坏可以论证。顺便说一下，这种折腾也不是全没好处，每次至少都为北京的 GDP 做出了贡献。

缺失的两端

魏　北（硕士，建筑城规景观行业从业者，执业十年国内，九年国外，自由撰稿人）

国内的城市发展可谓是日新月异，但也存在着这样那样的问题，其中一个典型的现象就是摊大饼，比如说某些大都市，从四环摊到五环，从五环摊到六环，最终成就的经典城市形象是：宽阔的六车道或八车道两侧高楼林立，路上车流满满；蚁民们奔波跋涉于巨大空旷的便道上，望山跑死马。二十年前于此就学徜徉的古都已不复存在，而新的面貌则让人不禁自问：这就是我们想创造的宜居城市么？

城市规划是一个综合的课题，造成问题的因素很多。如果只盯着城市尺度自身，难免会头疼医头脚疼医脚——拿来地块，先划街区，算算车流量，给个街道宽度，面积容积率求出来，配上几套指标，摆几个漂漂亮亮的形体模型，城市规划不过如是么！结果就是千人一面的城市和本文开头所诉的那种场景。笔者认为，一个社会的规划思路是由它的规划教育思路所影响和决定的，而我们的思路在两个重要的维度上有缺失，这两个维度一个宏观，一个微观，恰好涵盖了日常城市规划设计的两极，同时，也可以成为我们考量问题的新的出发点。

宏观：自然、生态带、物质能量流动

从宏观这端出发，我们对生态系统规划的缺乏理解与运用。生态系统是一个大的连续的整体，采取何种空间形态，才能够高效率地保育现有的生态系统，并在已有的基础上完善和营造有生命力的分支，形成更大的网络。相关这方面的研究，Richard Forman 在他的斑块－廊道－基质体系理论中有着深入而简明的阐述。虽然目前的很多规划受土地开发利益优先的限制，生态区域的保护和规划在利益面前似乎是一种奢侈品，但通过规划来保育营造，是一件功在千秋的事情。美国的大城市如纽约、波士顿，都是寸土寸金的地方，但其中的中央公园、翡翠项链城市绿地系列，仍然被万千民众享用，这两处〝人造自然〞都是一百多年前城规之父奥姆斯托德规划设计留下的，从今天的角度看，会有这样那样的不足，但仍被它们的使用者（包括繁衍在公园里的野鸭和松鼠，如果它们有知）珍爱和感谢。

此外，作为单体的地块、城区和城市单体，在何种程度上可以通过依靠自身区域内的能源资源的开发和再利用，能够达到物质能量的良性循环，而不是消耗周围的能源，侵占他人的资源，把垃圾抛给下家，给周围带来负担，这些都是新时代给我们带来的新问题，由国家倡导的绿色节能措施，为我们提供了较好的解答，但还有很多可以研发探讨，并整合到规划与教育中。

微观：人、以人为本

另外一个尺度，微观的一端，也是老生常谈了但依然被人所忽略，就是对人的关注。城市以人为本的口号喊了若干年，我们目前设计的城市比原来的老城市真的更适合于市民生存了么？不如说现在的很多规划，更像是〝以车为本〞的设计。笔者在国外从学时，做一个小区的规划课题研究，要考察众多已建成相似小区内的居民行为模式，

精确到年龄时段和行为内容，以指导新的小区规划设计，做某都市中心的复兴规划计划，要对已有的现存建筑各项指标和使用情况作完整的调研统计，以判定再利用的价值和街区发展的方向。对人的关心，对现状、历史、原住民的关心，贯穿于设计理念的始终；而居民、开发方、政府的多方会谈更是城规活动中的常规动作，而反观目前为止流行的大批量规划，很多则偏重于围绕车流架构组织的功能地块密度调配。虽然作为流行多年的实践方式，这套做法有它的科学合理性，但在其基础上，增加微观层面对人的关注，不是能帮助我们更好地完成营造宜居城市的任务吗？流行的做法之所以流行，和目前发展经济、拉动内需的大方向有紧密联系，但拉动内需的最终目标之一，不也是为了为百姓提供更好的生活吗？另外一种说法是目前城市居民的活动越来越多地在网上完成，出门唯一的主要目的就是从某地到另一地，解决了交通也就解决了主要问题，但公共场所活动实体毕竟仍然是目前城市生活不可或缺的一部分，如果我们放弃了把这一活动变得更美好的努力，我们岂不是放弃了自己作为一个专业工作者的责任吗？

事实上，比起很多经过"设计"、"规划"的单调乏味的城市空间，在很多大城市里"规划控制"相对较少的地段，居民自发的行为，反而造就了一些丰富多彩的多功能混合空间，孕育了丰富的城市生活，但自发的缺乏设计带来的混乱脏差低素质，又使得这类街区不能成为有效的示范典型。亚历山大研究人类行为及其所创造的城市建筑空间关系的《模式语言》已经出版了好几十年，我们有没有可能编出一部适合新时代人群行为特点的当代模式语言，协助我们把规划设计提升到一个新的高度呢？

打通两端，营造新一代城市

从宏观的角度来说，我们要更好地营造生态系统，保留给自己和后人共享，这就要求我们控制开发的范围，而在决定予以开发的地段以高强度高密度来弥补，使得自然生态的欣欣向荣和人文景观的熙熙攘攘交相辉映并行不悖；从微观的角度来讲，为了制造更多的宜人活动的空间，我们需要有效地控制机动车的泛滥和其对市民活动空间的挤轧，减少交通量需求，多功能密集型布置，通过营造办公、居住、消费混合的街区、城市、卫星核，为我们提供创造丰富多彩宜人空间的保证。事实上，近若干年流行的西方的新城市主义的基本要素，也就来自于对这两个端头考虑的推演。而我们作为高密度的亚洲大国，完全可以在这个方向上通过教育、研究、探索走出一条人类未来发展指向的新路。这样一个前景放在我们的教育者和实践者面前，但同时，我们也面对着各方各种利益团体的要求和压力。

那么让我们再来重复一下开篇提到的几个问题：如果把规划指导思想的重心比喻成生活旅程的追求，我们的目标是尽快、迅速地抵达终点，还是一路上享用怡人的风景？如果前段时间我们为了迅速追上这个世界的其他邻居，可以只关注速度而忽略质量，那么现在是不是到了可以转移关注点的时候？如果民众与自然所形成的丰富多姿有趣和专业规划行为导致的理性盈利美感还是各行其是无法兼容，那么，现在我们是不是可以更多地把专业、自然和生活搭接起来？

三定归一说规划

魏皓严（重庆大学建筑城规学院城市规划系副教授，博士，山地城镇建设与新技术教育部重点实验室研究员，嗯工作室负责人，国家注册城市规划师）

城市规划是片天下，虽然没有地球这个大天下大，更没有宇宙这个巨天下大，但是也有自成一体的生态环境。其诞生多年，命长过人，发展至今而天下三分，分别被定性、定量和定形三王及其率领的大军所占据。三者本为同胞兄弟，都是混沌所生，然各有天下之志，遂各霸一方，各据一城，关系复杂暧昧撕缠纠结，爱恨情仇久矣。某日天好，云彩飘，清风拂，温度适，空气清，三王皆出游，未曾想在城市规划世界的核心——壮丽优美且真假难辨的分岔湖上不期而遇。三定聚，天下争，免不了的刀光剑影。好在三位都是高人，无需动手动脚动兵器，动口足矣。

定性：城市需要爱。

定量：打住！接下来又想说"没有性怎有爱"吧？又来装诗人装哲学家！烦死你了。

定性：我的原话是"不定性怎有爱？"城市规划者如果没有善恶观，怎么做规划？为谁做规划？你这个有量无性的技术论者，（指着定形）还有你这个有形无性的视觉论者，没有爱心，（指着定量）只会为资本家算容积率算拆建比算投资回报，（指着定形）只会为政府搞些滥竽充数的构图，为地产商搞些花里胡哨的形式，乱花纳税人的钱，从不考虑普通市民的需要。

定形：你失心疯了吧？难道普通市民就不想生活在优美的空间形态里吗？把形做好，管他穷人富人，民主党还是共和党，都长着眼睛吧？城市规划如果不研究形态，那还是城市规划吗？

定量：形态？没有量只有形有啥用？你给人一套萨伏伊别墅的形，但是总面积只有40m^2，能住吗？（指着定性）还有你，又来装天使。我且问你，如果规划想为穷人服务，你得先确定哪些算是穷人吧？那最好的划分方式不就是收入比对吗？那还不得做定量分析？总不能以长相来论吧？

定性：你就知道数钱。用得着定量分析吗？你到他们住的地方去走走看看问问聊聊，最好再住两天，就知道什么是穷人了。你们这些人，就会成天趴在电脑上，搞堆数学公式和软件程序，拿一大堆数据算来算去的。这种实验室作风对城市规划不适用！不去做田野调查能搞清楚状况吗？

定形：是的是的，应该去做田野调查，去真真正正地看看城市的空间形态中所包含的智慧，去看看威尼斯美在哪里，巴黎美在哪里，再看看我们的当代城市，弄了那么多定量分析，还不是这么丑？根本比不上那些欧洲城市。本来北京挺美的，瞧瞧现在，能和巴黎、威尼斯比吗？定量分析都起了些什么作用啊？

定性：（指着定形），你就知道美啊丑啊的，就不能分析分析性质啊？威尼斯和巴黎的美来源于文化自豪感，人家敢于坚守传统而不是只顾着作权力和资本的拥趸。要是我们也有这样的文化自豪感，北京能变成这样吗？归根结底不就是定性不清吗？

定量：且由得你俩胡诌，站着说话不腰疼。那么多需要分析的东西，都去做田野调查的话，你们知道工作量和成本有多大吗？可是一旦变成数据，在速度和效率上就会提高很多，而成本剧降。巴黎和北京的美丑之比应该用定量分析来判断而不是像你们这样信口开河，比如先设定好美丑的评价标准，可以进行分类量化赋值，再进行专家或者网络民意打分，然后统计计算和比对，这样才能得出科学的结论。（指着定性）依着你那种凭感觉指手画脚的习惯教出来的学生都是些夸夸其谈的伪左派，除了骂政府骂专家啥事干不了，且靠忽悠吃饭吧。

定性：你那套看似科学，实则纰漏甚多。首先，你凭什么建立评价标准，这套标准如何证明它的合理性？注意，是合理性而不是合理量；其次，在量化时你又如何赋值？如何设定加权的参数？别以为我不知道你们那套，参数的设定常常都是随心所欲的，或者说还是依靠感觉来进行的，其根本上不就是在使用定性分析吗？再者，专家和民众的意愿就靠谱吗？他们不一样都是被意识形态写入了某种价值观的人吗？如果你不能确定他们拥有足够的自由意志以及公正心，那么他们的意见都会因为掺杂了太多个人利益和情绪而并不客观，你又如何能从一群不客观的意见里面得到客观公正的科学结论呢？以客观公正为价值核心并精于定量计算的德国却会出现纳粹党，还作出大规模种族屠杀这样的事情，不正说明了重量不重性有多么可怕吗？

定形：其实你们两个都不靠谱，只有物质的才是永恒的，这个物质的就是定形的。什么量啊性啊，最后不都得落实在形态上吗？（指着定量）你搞那么多程序（比如空间句法）那么多计算，最后设计出来的还是那一套，并且因为将大量的时间都用在计算上面，反而没有功夫好好推敲形态了。你所培养出来的学生就会拿着一堆数据证明来证明去，要他画图却画不出来，想干嘛？做领导啊？

定量：你傻呀？只有定形才有意义？拿举办奥运会为例，你不好好算算会后运营的帐，只顾着修建那么些个奢华美观的楼堂馆所，结果会怎么样？设施使用不饱和，只有烂掉！花这么多钱，定了一堆中看不中用的形，其结果也只是在建造空壳城市。现在鄂尔多斯的康巴什且是好例子。

定性：康巴什的状况应归因于缺乏定性分析，很简单，作出这个决策之前先去实地体会一下当地的人地关系和居住拥挤状况，再分析一下上层次的功能定性，必能发现它的出现基本是一种钱多了涨得慌的结果。有那个钱，去改善生态环境多好啊，定性错，一切错。规划教育要做的，首先是让孩子们学会定性分析，这和价值观的培养息息相关。

定量：看看百度百科上描述康巴什的这段话“新区总面积352km^2，市区32km^2，人口2.86万人。这里人文环境优雅，民族文化浓郁，各类文化场馆齐全，绿色率高，宜居宜业，被批准为首个中国环境艺术示范试点城市。全球CEO中心和中国 · 鄂尔多斯低碳谷都设置在这里。”做个简单的定量分析就知道了，平均每人拥有城市建设用地1118.88m^2，比大老板豪宅占的地还多，哈哈，笑死人了。还被批准为“首个中国环境艺术示范试点城市”，真的假的哦？瞧瞧，规划教育应该教学生对空间算账，能没有定量分析吗？

定形：少拿康巴什来气我！那是个极端案例，不足为凭。你们想想古代的北京城，如果没有样式雷家族那样的定形高手，美轮美奂的城市从何而来？做规划的，形都不能定？做什么规划哦？

定性：先别争了。你们知道吗？我们当下所在的这个分岔湖，也就是城市规划世界的核心，其实还有一个名字，叫“一湖”。

定形：你是说我们要三定归一哦？

定量：“一”是一个定量词。

定性："核心"、"分岔"和"湖"可是定性词。

定形：湖是有形的，没有形的只能叫"水"，不能叫"湖"，那就太水了。

教育迷城

郭红雨（中山大学 地理科学与规划学院 副教授）

2011年的这个春天，城市规划专业终于成长为新的一级学科"城乡规划学"，与建筑学、风景园林并驾齐驱在城乡建设的大道上。为迎接这样的变革，各校在《学位授予和人才培养学科目录（2011年）》建议的六个二级学科指引下，修订各自的二级学科和学术队伍，不可避免地出现了各种方向之争与人员配置的角力，毫无意外地搅乱了一池春水。由于身处理科院校的城市规划专业，尤其明显地感受到二级学科方向设立中的工科与理科之争。有关二级学科的争议虽然不会撼动城市规划一级学科的内涵，但是也表现出城市规划教育中理工两类院校的目标差异，更表达了对城市规划主旨的迷惑。

作为一个工科出身的城市规划教育者，我从学习建筑设计起步，经历了景观设计硕士、建筑设计及理论博士的研读和城市设计方向的博士后研究，又在城市规划专业任教，专业经历可谓贯穿"广义建筑学"的范畴。其间，在工科院校中历经的建筑设计、景观设计和城市设计专业的跨越，感受到的是上述专业方向在角度与范畴上的差异，而在理科院校的城市规划教育中，看到更多的则是与工科院校培养目标上的对立。

理科类院校的城市规划强调社会发展政策的规划与工科类院校关注物质空间组织的规划，其实代表了对城市规划学科不同的目标期望。思想形态的城市规划似乎很满足于自己形而上的虚无状态，认为自己具有解决社会问题的使命和对社会经济发展的影响能力。许多社会责任感强烈的城市规划学生正是受到这样的目标吸引，投身于此。但是，城市规划对于社会发展的指引，是现实的，也是有限的。社会发展目标本身也是一定时期内，占主导地位的社会阶层的利益需求体现。过分醉心于此的思想形态的城市规划者，往往成为各种利益力量的代言人，或者代言开发商，或者代言地方政府。不少城市规划的教育者对于这种利益博弈的事情相当陶醉，认为可以以此种方式影响别人的命运，正是规划者的价值所在。而另一方面，物质形态的城市规划又过分关注形式的表现，在复杂的社会问题面前显得有些无能为力。因此，一些城市规划的教育者们，力图借着一级学科"城乡规划学"的建立，在二级学科的层面上融合二者的界线。

其实，城乡规划教育缺乏的不仅仅是思想形态规划与物质形态规划之间的沟通，更重要的是健全的学科框架，清晰的目标导航。明确城乡规划到底应该为人类发展和社会进步做些什么，才不会迷失在自己的专业城堡里。我认为，城市规划的教育目标，不是培养专注工程技术的匠人，也不是培训代言利益博弈者的律师。真正能够益于社会发展进步的城市规划教育，首先应该塑造具有美好生活理想的人，通过城乡规划教育，培养可以通过专业知识与技能，帮助人们达成美好生活目标的专业人士。然而，对于美的认识和美的塑造，无论是城乡规划学科还是建筑学科，都停留在肤浅的阶段，甚至认为美的创造是形式之后的装饰。

事实上，城乡环境中的审美体验与创造，是促进人类生存空间完善，促进和协调文化发展的目标，在科技文化迅猛发展的今天，超功利性和超现实性的审美创造，是科技文化和人文文化的最好的沟通桥梁，按照美的尺度建立以人的全面发展为核心的价值取向，是实现人性解放的重要手段，这是审美塑造的最大价值。也应该是城乡规划学的核心价值。然而，现在的城乡规划教育，对审美体验与创造这种人的内心的普遍需求是忽视的，追逐功利和偏重功能的规划教育，让大家硬着心肠，对美的需求视而不见，因为，在一些久居名利场的规划教育者看来，利益的博弈才是强悍的、有价值的，美的需求是软弱的、无用的。须知，审美的需要是具有超越性的"无用之用"，是人们内心最强大的力量，是指引人类进步的激情，这既是社会性的普遍需求，也是个体性的情感需要。对城乡环境的审美体验与创造，是构筑理想人居环境的终极目标，也是在日益复杂的社会发展状态中，修正引导城乡建设活动各阶段任务的航标。相对于思想形态规划和物质形态规划的对立，审美价值的失落才是城乡规划教育最大的缺失。因此，在城乡规划教育中特别需要正视美的力量，珍视美的价值，勇敢地倡导审美体验与塑造中的喜悦与自由，首先让支撑城乡建设事业的技术人才拥有充实的生命形态和健康的文化心理结构，才能为社会塑造理想的城乡环境和综合丰富的生存空间。这是塑造人类理想生活环境的最核心价值，也是城市规划教育的终极目标。如果我们的规划教育，忽略了生命中的感动，忽视着生活中的美丽，那些社会经济、生态资源、城乡统筹的理论与方法还有什么意义，仅仅是迷失在城市规划教育中自娱自乐的游戏罢了。

从现状调研谈城市规划教育

王鹰翅（广州市城市规划勘测设计研究院 教授级高级工程师 所长；同济大学 城市规划理论与设计硕士）

我在规划院从事城市规划设计工作20多年，也正值改革开放的大发展时期，城市建设对城市规划人才的需求迅猛增长，几乎每年我都要经历招聘毕业生的工作，同时也都要和新来的毕业生一起工作。一般新来的大学生的第一份工作基本都是现状调研，通过现状调研做工作，可以了解到学生的能力和工作态度，学生也可以了解到工作和学校作业的区别。我发现学生对现状调研工作理解并不深刻，调研能力也比较弱，城市规划工作的重要内容就是现状调研，也是规划成败的基础，可是学生并不这么看，认为是打杂、整理资料和统计数据，心里一直在期盼什么时候能轮到自己做设计呀。在此，就自身的经历，谈谈毕业生在现状调研方面存在的一些问题和我们的一些期望，以期推动城市规划教育的改革，促进城市规划事业水平的不断提高。

从事工作这么多年，我觉得现状调研是规划过程的重要过程，甚至占规划过程50%的比重，没有现状调研，就不存在规划的科学性。就这个问题，我在工作中有以下五个方面的体会。

第一，缺少实践和观察，城市规划的本质其实是对城市生活的规划，而不是对城市空间的设计，失去了城市生活，城市空间毫无意义。因此，城市规划课程可以侧重于“开门”办学，带学生们走出去参与城市生活，在城市生活中学习城市规划，体会城市病，体会舒适的城市空间和环境，让学生看到更多成功或者失败的案例，现场解析成因，度量其尺寸，追究其根源。而在学校，这些学习都是在教室中纸上谈兵，死记硬背；另一方面，我发现很多毕业生把城市规划当做文章来做，按照文件来编写，本本主义，不是从目标或者现状问题出发，把现状和规划方案内容割裂开来，没有同实际生活和环境紧密联系在一起，忽视对每天经过的街道生活的观察，图上画的东西，自己很少在生活中去观察体验。所以，做了很多年规划的规划师，都无法判断自己做的规划好坏，因为他们不知道评价的标准，其实这些标准都在生活中能够找到答案。学会观察，才会去认识城市，才会有积累，才会有创作的源泉。城市规划改变生活、创造生活，一切来源于现实。

我认识一个法国设计师，出门总是带个相机，在生活中积累和采集设计要素。希望学校能加强这方面的课程，利用社会实践加强学生的观察能力，使得他们作为一个体验者、使用者、决策者去观察生活，再作为一个规划师去设计城市生活环境，营造和谐的社会生活。

第二，调研的目的性和针对性不强，很多毕业生调研前没有作充分准备，我认为首先应该对任务解读，对现状图解读，对类似项目的查阅，做好调研大纲，列出主要问题，这样去调查才会有成效，才会把调研作为规划过程的一部分，否则就是走个过场，得不出有利于规划的调研报告。但是，很多同学也许懂得这些，却抓不住重点，也就没有针对性，比如，做一个岛的规划，调研大纲跟在一般街区的内容一样，导致规划成果中，根本看不出作为一个岛的属性；做一个旧城改造的规划，只对空间和法定内容进行评价，却很少有人对这个社区的生活去调查体验，不知道这个社区的人需要什么，也较少考虑工程投资、经济效益和拆迁就业问题；新区建设和旧城区改造有着本质区别，新区更多的是考虑外延的问题较多，比如功能定位、区域协调、发展动力；旧城区改造，更多的是考虑内涵的问题，如社区的功能的提升、生活空间的优化、文物的保护等等。这个问题涉及到方法论问题，可以引导学生读些关于方法论方面的哲学书籍，培养学生科学理解和思考现实的能力，将知识变成一种能力才能体现其价值和力量。

第三，沟通能力需要提升，多数学生不敢开口说话，调研过程中不知道如何沟通，这个和教育体制有关系，城市规划是个集体协作的工作，需要频繁地进行规划组内部和外部的沟通能力。调研要把一般办事员沟通和主管领导沟通区别对待，和一般管理人员沟通需要具体，否则就会出现沟通错位，比如你问有没有历史沿革方面的资料，甲方也许会说没有，但是你问有没有《地方志》或者《统计年鉴》，得到的答案就是肯定的，如果你问有没有道路交通方面的资料，他回答也许是没有，但是你问有没有总体规划或者控制性详细规划，他就会提供给你，其中就有道路交通方面的内容，更有甚者会问，你们有些什么规划资料，都提供给我们吧，这就更不靠谱了。和主管领导座谈中，要了解最难解决的问题是什么，受众最需要的是什么，最突出的优势和特点是什么，发展动力是什么等，多了解社会问题有助于规划的操作性和实效性，而现在的调研内容中多局限在“硬件信息”，忽略了“软件信息”，无法找到规划任务的本质问题。现在很多规划都是连策划一起做的，业主也不知道该做什么好，他只有个发展目标，比如提高竞争力、打造什么强市之类的，所以，调查基础类信息和发展类信息，都需要有很强的调研沟通能力，沟通能力还包括调研大纲的编写、调研技术路线组织、问卷调查的编写和调研报告的编制。就沟通这个问题在公共关系学中有所涉及，希望学生能够学习点这方面的方法。

第四，缺少投资的概念。很少有学生在调研的时候考虑经济方面的问题，我经常说如果这是你家的地，你首先会怎么思考？你会和家人一起商量，展开讨论，肯定首先考虑口袋有多少钱，然后考虑建设什么，分几年完成，有什

么效益。但是我们给别人做规划却忽视了这个根本问题，没有设身处地的为业主考虑，好像规划是写文章给读者看，一厢情愿。我们经常说规划要有可行性，但是考虑问题的出发点却不是这样的，现在很多规划需要操作性，其根本就在于经济分析，一旦考虑到这个要素，规划思路可能就完全变了，就不会仅仅考虑空间的问题，环境的问题，还要考虑受众的承受能力，建设者的投入产出。关于经济分析需要强调其重要性，不同的发展阶段有不同的发展需求，对于宏观经济条件的判断，是关乎规划存在的意义。

第五，图示表达分析能力欠缺。也许是因为使用计算机的原因，不会画草图，使用计算机表达分析图具有局限性，不能快速表达意图，思维不连贯，特别是容易脱离现状图进行构思。另外，表达手段和形式单一，通常只有现状用地分析、现状道路交通分析等等，对现状特点的提炼和抽象表达能力欠缺，例如空间尺度的表达，有一位设计师在其设计的会展中心前广场上排列了 16 架飞机，给人以空间尺度大小以深刻印象。实际工作中，通俗抽象的图示表达显得尤为重要，业主经常希望看到现状和规划的对比，希望了解到如何改变现状和利用现状。这方面需要多参考国外设计师的作品，在构思过程中，将规划理念和现状始终如一地紧密结合，这样才不会孤立地进行现状分析，而是能够通过现状的分析理解，找到打开规划构思的钥匙，最终实现规划的目标。

当今的城市规划工作越来越复杂，也越来越现实，远远超出课本上的内容和范畴，课本上的内容多为知识性的，好像字典这样的工具，而工作中更加注重毕业生的能力，包括分析问题的能力，策划项目的能力，和表达沟通的能力，这些都需要在实践中学习、体验，而非在书本上所能学到的，重视现状调研能力的培养，是走上工作岗位最好的切入点，也是最容易体现其价值的工作内容。观察、沟通、讨论、表达和分析是城市规划工作的基本功，具备了这种能力，在规划工作中才能循序渐进，不断深入地理解城市规划的本质，提升城市规划设计的水平。

我看城规教育

许剑峰（重庆大学建筑城规学院城市规划系副主任，副教授，山地城镇与新技术教育部重点实验室研究员，国家注册城市规划师）

想到规划教育，曾经纠结过几个关系：比如，规划本科、研究生、博士、继续教育、职业教育的关系？规划正规教育和非正规教育的关系？规划空间教育与政策教育的关系？规划技能教育与价值教育的关系？借此文机会梳理一下头绪，与大家分享；同时抛砖引玉，希望有更多思想的碰撞。

一次上课时听一位老师说起中国规划教育现状：本科生是学城市规划怎么做，研究生是学城市规划做什么，到了博士是学城市规划是什么，听起来有点荒诞，但现实好像就是这样：在不知道规划是什么和做什么的时候就开始做规划了，在知道怎么做和做什么后才反思规划到底是什么的问题。好比小孩子呀呀学语，学会了并不知道是什么意思。也听有学生说，大一到大四学了四年规划，在复习考研时才把知识串起来，突然知道规划是什么了。也听到有规划师说考注册规划师，考得次数越多的掌握的越扎实。也有老师说，他学专业以来起码有四次把自己归到零点，问自己规划到底是什么？规划教育总是那么局限、那么暂时、那么脆弱，那么容易被颠覆，是时代变化太快，人变化太快，还是规划变化太快？好像所有变化都相当的不慢！

规划说好做也好做，回想读本科时其实是在一个虚拟的数学空间里面做规划，在干净、抽象、简单、线性的关系中想像未来，理想国无妨，乌托邦也可；说难做也难做，工作后面对社会空间，是面对杂乱、具体、复杂、非线性的现实中去寻找出路，图上画画，墙上挂挂，最后很多无奈、更多遗憾。规划教育更是一件难事，我经常和学生说，规划是有很少可以教的，却有很多可以学的。因为有太多东西要教，在学时数被限定的情况下，确实很少可以教的；但因为你每一次上街，每看一张报纸，每一次旅行都可以学很多规划相关的东西，很多可以学的。应该说规划的正规教育最多占了一个优秀规划师所需知识的 20%，而 80% 是在非正规场合、通过非正规途径、向非正规老师的以非正规学习的方式学到的。作为一个规划系教师，经常陷入一种规划教育的逻辑悖论中。

在正规的中国规划高等教育中，80% 在建筑类和工程类学校中，20% 在理学和林学类学校中，空间性学科在规划办学中占绝对优势。城市规划学科发展办学历史阶段是与城市化发展轨迹相一致的。在快速城市化时期，物质形态规划占据重要位置；城市化完成后的平稳发展期，公共管理、社会经济环境将成为学科重点。快速城市化时期火爆的、快餐式、多轮反复的规划编制也转向更慢节奏的、更长期的规划研究。我估计中国在人口达到峰值以后，人口红利减少，土地需求降低，增量规划就慢慢失去了市场，那时中国不再需要那么多新城、新开发区、新工业园、新大学城了，而存量规划将占据舞台。城市旧区的维护和公共管理，比新区的拓展更重要了。规划研究的成分会大大加强，规划编制的成分会被减弱，规划实施受制约的要素会大大增加。规划教育要有远见，并且应该提前做好准备，将教育重点从增量规划到存量规划，从规划编制到规划研究，从新空间开拓到旧环境维护，从形态空间规划到空间政策研究切换和转变。目前作为教育产业化的后果，规划教育空前繁荣，我们是守着当下巨大的产业蛋糕，还是去寻找未来广袤的职业草原？

现在的规划学生普遍存在重专业知识轻通识教育，有知识没文化，有专业没职业，长专业技能弱价值分辨，重专业成绩轻职业兴趣的倾向。由于网络时代的开放性，规划学生的价值取向受社会不良风气传染的现象值得关注。60后、70后的老师面对80后、90后学生探讨2010后的未来社会主流价值观也是一个值得思考的课题。在房奴、卡奴、蜗居族、月光族时代，规划技能教育与价值教育的关系如何摆平？2010年全国高等学校城市规划专业指导委员会的主题是“更好的规划教育，更美的城市生活”，规划教育的未来是城市的未来；而从古训“师者，传道、授业、解惑也”（历来古训的顺序是非常讲究的），传道是第一位的，可以斗胆说：规划教育中价值教育的未来（而不是技能教育的未来）决定了这个行业的未来。

让低年级学生爱上专业

赵强（重庆大学建筑城规学院城市规划系讲师，山地城镇建设与新技术教育部重点实验室研究员，国家注册城市规划师）

朋友他同事的女儿，高考考上了我任教的建筑城规学院，为选择具体的专业来咨询我。来之前她父亲就表明了为女儿选择专业的焦虑：如果女儿本科毕业后打算出国，学哪个专业好？万一学了却发现不擅长且成绩不好出不了国的话，建筑或规划哪个职业前景好？

女孩是重点高中的优秀生，一看就不是死读书型的，和她聊天，发现爱好挺多的，还是校女足的队员，但是对于即将要选择的建筑或规划专业却基本没什么了解，更谈不上有多少兴趣，和大多数高考生一样，估计专业方向的选择更多是父母的意愿，衡量的标准多为毕业后好找工作，收入高吧！女孩问了一个问题：据网上传，学规划的毕业了可以搞建筑，好像学建筑的就搞不了规划，这是不是真的？让我很无语。如果父母对于现实层面焦虑可以理解的话，她自己的这番疑问，却让我看到了一个刚高中毕业的学生，考虑未来专业竟是如此的实用性。她不怎么在乎专业本身特点，也不怎么考虑自身兴趣、爱好乃至与自己性格的匹配，却过早地落入了就业前景的虚幻焦虑和被动谋生的沉重包袱中，对于自己未来要就读的专业的选择被动且麻木。一个重点高中的优秀学生，有明确的喜好，都这样思考问题。可以说这是中国高等教育目前功利现实的投射，这也是规划建筑专业目前生源的普遍现实。由此想起网上有人比较中美学生选择专业后的感慨：美国大学生不管学习成绩好坏，毕业之后大都有明确的人生目标，知道自己适合做什么，能做什么。而中国的学生呢？大学的专业都不一定是自己喜欢的，毕业之后都不知道自己能做什么，自己的人生发展方向是怎样的，职业计划是怎样的？一步步盲目地被选择，是难以有自己的坚持和追求的。这个女孩的未来和这个专业多数的学生一样，也许毕业了守着一份风光的职业，喜不喜欢、开不开心不重要，重要的是能挣钱，过得富裕！这样看来，很多毕业的大学生难有职业理想、职业操守、职业道德也就没什么可诧异的了！

这女孩的纠结，是中国从小学到高中的应试教育和功利的社会环境所造成的，已成既定事实，我们只能嘘唏。当这么多情况类似考进来的学生已经跨进了这个专业的大门，我们能为建筑城规低年级教育做些什么？显然，不是急于传播专业意识与教授专业技能，培养学生对于专业的兴趣才是最为重要的。如何激发学生的热情，让学生对于专业兴趣盎然进而爱上这门专业，应该是贯穿于低年级教学的核心工作。

很多学生入学之前的兴趣、爱好也许与传统空间类建筑规划教学课程设置关系不大，比如学生喜欢电影、文学、戏曲甚至动漫，有些没有美术基础，并不擅长拿着钢笔画速写，对于针管笔制图也很痛苦，如果硬性规定他必须去完成类似的作业，效果肯定不理想，再经过评图环节的折磨，别说喜欢专业了，恐怕剩下的只有恐怖和畏惧了，这其实是很多低年级学生对专业从怀着憧憬到备受打击直至厌倦的真实写照。因此，低年级教学改革的方向之一应该是在课程设置上如何引导学生把自己的特长和爱好融入到对专业的理解和阐述中去。先以学生擅长的方式切入，考虑作业或成果可以以多种形态存在，比如以影像或文字的方式探讨相关话题。这样的处理，更多的是启发思维，培养创新意识，鼓励独具一格的视角和见解，结合学生兴趣发掘其潜力，待助长其自信后，即使再回到传统方式，也未尝不可。

按照上面的思路，建筑规划专业低年级教学课程设置若能成功地培养学生兴趣并主动去发掘他们的潜能的话，即使学这个专业相对付出要多一些、辛苦点，也是痛并快乐着，一定会有很多类似那个女孩的学生真正喜欢上这行，能在专业学习中感到发自内心的快乐。从小处说，这对于个人的职业计划和人生发展方向是好事，往大里说，对于整个建筑规划专业的发展和从业人员素质的提高也肯定是贡献巨大的。想想看，一个行业的人不仅仅是为了养家糊口而是发自内心爱这一行，太重要了！

迷恋城规——我与城规这些年

何莹莹（广州市规划局荔湾分局）

与城规结缘始于企图以一支画笔指点江山的幼稚，成长于这些年与城规日日相随的感情，却坚定于在城规的影响下找回的内心的自己。

是的，迷恋。

城规教会我认真。每一张图纸的笔画酝酿，每一个模型的精心打造，每一个数据的严密计算，每一个作业的落力奔跑，每一个结论的充分论证……迷恋城规的认真。那种全程紧张的投入感，那种热汗淋漓的满足感，那种沉甸收获的成就感。

城规教会我行走。每隔一段时间，约个伴，拿着从图书馆借来的或者对着Google earth手绘的地图，怀着城规人的特殊感悟，跑到素昧平生的某个城市。回来后，他人说大胆。低笑不语，不是大胆，只是，游走于城市街头巷尾，整个过程，不怀疑自己。迷恋城规的行走。不坚定的去做，永远不知道自己能够发现什么，尽管，结果并不重要，重要在发现的过程。

城规教会我坚持。五年密密麻麻的课表，坚持学习；无所不包的专业，坚持刻苦；理论现实重重压力，坚持突围；社会日新月异变化，坚持跟进。迷恋城规的坚持。孜孜不倦的，让我坚信，我的内心，有个强大的小宇宙。

城规教会我合作。每一次专业课室通宵赶图，每一次野外实地小组调研，每一次宿舍楼下方案讨论；每一次思想碰撞，每一次面红耳赤，每一次豁然开朗……组合出强有力的团队，凝聚成无所畏惧的力量，升华至战友般深厚的感情。迷恋城规的合作。所有种种合作，才构成了城规如家般的归属感，背后永远有着支持的安全感。

城规教会我角度。看似城市一景的高架，于我眼中是破坏城市景观的罪魁；看似花花绿绿的外墙，于我眼中是建筑色彩艳俗突兀的不协调；看似宽阔宏伟的广场，于我眼中是光秃无趣的暴晒场……幸而，更多的，是城规发现美的角度……于人眼中熙攘拥挤的街道，于我眼中是城市活力与多样性的集中；于人眼中事不关己的破旧房子，于我眼中是城市历史和记忆的鲜活载体；于人眼中默默无闻的小亭子小公园，于我眼中是城市呼吸行人喘气的小空间……迷恋城规的角度。于是，于人眼中说不清楚的广州，于我眼中是温情而包容的家园……

城规教会我梦想。我有一个梦想，我要生活在一个鸟语花香、空气清甜的城市；我有一个梦想，我要生活在一个生活便捷、交通舒畅的城市；我有一个梦想，我要生活在一个历史悠久、活力依旧的城市；我有一个梦想，我要生活在一个和谐和睦、温暖关爱的城市……迷恋城规的梦想。我会更努力，更积极，带着灿烂的笑容，怀着坚定的信念，朝着梦想，一路前行……

年轻，尝试，成长。

城规，迷恋，美好。

传统建筑在建筑学建造实验教学中的应用

吕海平　王　鹤

The Application of Traditional Buildings Re-construction in Architectural Tectonic Lab

摘要：传统建筑在完成它们的实用价值后，进入校园,成为沈阳建筑大学建筑实验园区建造实验教学的“教具”。利用“教具”完成的建造实验教学是建筑设计课和实验课的有机结合，补充和转变了传统课堂建筑学教育的理念。本文从是否可以选择传统建筑作为实验教具、选择什么样的传统建筑作为教具谈起，探讨了传统建筑在建造实验教学的可持续发展问题，以及建造实验教学设计的内容，最后以传统建筑在建造实验教学中的利弊作为论文的结束。

关键词：传统建筑，建造，建筑学，实验教学

Abstract: After traditional buildings devoted their practical value, they become the teaching aids organized the architectural tectonic lab in the campus of Shenyang Jianzhu University (SJZU).The concept of traditional architectural education is transformed and complemented through reconstructing these true timber or stone pieces. In this paper, the authors discuss whether or not the selection of traditional buildings as the teaching aids, what kinds of buildings could afford the responsibility available to the architectural students.The problem of how to re–use all these pieces in different grades, that is to say the teaching sustainable development, is noticed by the authors.At the end of this paper, the advantages and disadvantages also is discussed.

Key words: Traditional buildings, Construction, Architecture, Tectonic lab

1.传统建筑的建造引入建筑学实验教学

“建造实验教学”是指在教学中利用建筑材料，按照合理的设计及施工原则，建造真实的建筑物和构筑物的教学过程。由于建筑材料、施工工具和施工过程的真实性，建造实验区别于建筑模型的制作。在沈阳建筑大学，“建筑实验园区”（图1）作为沈阳建筑大学建筑博物馆的室外展区，开拓了学校专业办学特色，把建造实验引入校园，为建筑以及与建筑有关的专业提供真实的建造场所和建造实验场地，倡导不同专业的教师和学生参与设计、参与施工，把教学引入到一个与国际建筑学教育接轨的平台上来（图2）。在实验园区内已经建好的八王书院，是沈阳某寺院仅剩的一栋硬山建筑，在寺院重建中待拆，后以废品的价格购得全部建造材料。利用这些建筑材料，建筑学院师生由复原设计开始，完成了选址设计、施工体验和施工过程记录等设计和教学环节，历时近三年完成，培养了本科生、研究生和留学生两个学历层次的三种类型的学生，为建筑学、土木结构、材料等专业的学生提供了学习、交流、观摩的平台（图3）。

目前，在实验园区开辟的建造区域，已经有计划地把各地传统民居例如：东北满族民居、东北朝鲜族民居、西北的窑洞民居、徽州民居、蒙古包和近代建筑列入到建造的计划中来。学生从参加建造实验的设计、施工观摩和施工记录的学习，逐步扩展到真正参与到建造的全过程，形成师生认识全息建筑的教学实践平台，使建筑学教育回归到原真的、自然的状态中。

2.对可用于建造的传统建筑的选择

用于建造教学的传统建筑是经过选择的。首先，用于建造的建筑必须是具有传统建筑特征的普通建筑物，不能为建造拆除现存的具有文物价值的建筑物和构筑物；其次，用于建造的建筑可以是对那些已经不可能在原地保存的建筑的异地重建或迁建；第三，普通传统民

图1　沈阳建筑大学校园与建筑实验区（www.sjxu.edu.cn）

图2　沈阳建筑大学与芬兰坦佩雷应用科技大学合建的芬兰木屋节能环保示范建筑项目（来自www.sjzu.edu.cn）

图3　八王书院建造过程（吕海平摄）

居在失去其承载力后，在条件适合的情况下可以被选入到建造的计划中来。

（一）选择在城市建设中即将被拆除的传统建筑

中国的城市化进程随着改革开放的进一步深入而不断加速，城市中尤其是老城区，大量低密度的普通传统建筑被列入到拆除的行列。这些建筑虽然在价值上不能与文物建筑相比较，但它们代表了那个时代建造的一般水平。把它们中的一个作为校园建造的〝教具〞，不仅可以满足建造教学的需要，而且保留下历史在城市中的记忆。例如前面提到的硬山小式建筑——八王书院，原为沈阳老城内的寺院内仅存的一栋建筑，做过厂房等多样用途，佛教学会准备重建寺庙后，这栋风雨飘摇中的建筑就成为拆除的对象，及时把拆除构件（砖、木、石等）整理好，用于八王书院的建造过程中。

（二）选择乡镇农村中废弃的、塌陷的传统民居建筑

目前，农村空壳化现象较为普遍，部分老旧的民居建筑因为人去屋空，年久失修而近于倒塌，不仅为村内增加了安全的隐患，也导致了村内环境的进一步恶化。及时拆除这些非常普通但却代表了一种传统民居类型的房屋，是一举三得的好事：一是解决了村内的环境和安全问题；二是户主得到一定的补偿；三是为建造教学提供了材料。

（三）选择单栋的建筑，不去破坏虽然单体建筑艺术价值不高，但已经形成规模存在的传统民居

在选择传统民居重建时，不选择那些具有一定规模的传统民居，只选择在乡镇里村庄中独立存在而很久无人居住的民居。选择这样的民居不会对乡村人文环境造成破坏。选择时也要对不同风格的民居进行考察，挑选具有较强地域风格的民居形式。例如硬山民居和囤顶民居就是东北传统民居的两种代表形式（图4）。

（四）选择在农村或乡镇建设中，已经列入被拆除范围的传统民居（图5）

由于市镇建设速度的加快，有些单栋传统民居已经处于新建建筑的包围之中，由于其艺术和历史价值不高，被列入到拆除的行列之中。选择这样的民居，把它当废品买回也是我们重建民居选择的范围。

选择民居作为建造的〝教具〞不仅要注重民居类型的挑选，而且要注重民居建设之中因地制宜的材料选择对民居建筑样式和结构的影响；注重民居因功能和使用而产生的诸方面在设计上的变化，把这些影响民居风格的内容作为我们学习建筑设计的重要部分。另外，同时经历一栋民居拆除过程和建造过程，民居的结构、材料的组合和构造及其分解和建造的时序变化

a.永安堡乡西沟村王瑞奇宅

b.永安堡乡西沟村金家沟18号

图4　绥中永安堡乡废弃的硬山民居（左）和囤顶民居（右）（吕海平摄）

图5　待拆的辽宁岫岩县李氏庄园（吕海平摄）

对建造实验教学本身意义更为重大。

对可用于建造的建筑物的选择不仅仅局限在传统建筑上，但传统建筑木结构易于拆卸和安装，尤其是木材易于加工修补的特点，使建造可实施性较高。根据情况的不同，用于建造的"教具"可以是多样化的。

3.传统建筑建造过程的实验教学设计

（一）传统建筑建造实验教学的可持续发展问题

一栋建筑的建造过程一旦完成，建造的过程也就随之结束，仅能通过过程的记录来回顾建造。这对于建造实验教学是不利的，因为实验教学就是要重复建造的过程。所以，建造实验教学的可持续发展问题在整个教学的设计上就非常必要和重要。八王书院是我们第一个建造教学实验，当时由于对这种实验教学形式从未接触过，在很多方面都是摸索着来。建成后，我们深深地感到建造过程的不可逆，使得后来的学生没有机会接触和学习到建造的过程，学校是一个流动的营盘，源源不断的学生是这里的新鲜血液，设计出可持续利用的教学资源是建筑学实验教学发展的理想道路。

从八王书院的建造经验出发，我们对建造实验教学的可持续发展有以下几方面的认识：

（1）把已经建造完成的建筑作为实习参观的对象，在重点部位采用图片的方式展示其建造的过程或构造的特点，以弥补建造过程不可逆对学习资源的损害；

（2）建筑建造过程一定要进行建造前的设计，充分考虑过程的可行性或可逆性；

（3）做好建造前的统筹安排是建造实验可持续发展的重要保障；

（4）材料的可持续使用。建造的材料的大部分来自原有传统木结构建筑，有的材料糟朽，需要替换或修补。新加的材料在不影响外观的情况下，可以采用现代材料，如钢或混凝土。用于修补的木材也可以来自其他旧建筑。

针对中国传统建筑的结构特点，对民居建造过程的可持续发展有两种基本构想：其一是建造可供学生学习、观摩和研究的建造过程的分解步骤，就是凝固建造的重要环节，而不是把它建完整。建造实验的场地永远也没有竣工的时刻，这是建造实验教学场地区别于建筑工地的主要特点。其二是按照一个实验教学循环来设计建造过程。根据教学需要，重新开始一个由从"测绘——拆除——设计——建造"的全过程，在建造中要求考虑砌筑墙体材料的易拆性和坚固性，在方便拆除的同时保持结构具有一定的强度，保证参观或工作的学生人身安全。当然，循环实验教学的内容应比原来内容更为完善，设计更为科学，才能达到更好的教学效果。

（二）传统建筑建造实验教学过程设计

建造实验教学过程可以分为四大部分，即"测绘（勘察）——拆除——设计——建造"，每个步骤都是建造实验不可缺少的。针对每个部分，详细地设计出实验计划，沿着这个计划在发展中调整和改进，会使每一个学生从中得到前所未有的学习挑战和乐趣。相反，由于师生都缺少施工的经验，过程设计的缺失或忽视，将导致建造的错误，甚至失败，那就会浪费学校的金钱或导致更大的问题。

（1）测绘

测绘是建造实验的开始，也是建造成功的基础。测绘不仅仅是把建筑如实地反映在纸面上，还要把即将拆除的构件进行编号，一方面是不至于丢失建筑中

图6　绥中囤顶民居构件编号情况（谷兰摄）

a.椽条间用钉连接

b.木钉

图7　辽宁岫岩县李氏庄园椽条间的木钉连接（吕海平摄）

重要的构件，比如檩子、柱子等重要的大木构件；一方面利于在建造过程中根据编号归位复原。编号最好以构件性质用字母表示，如"梁"用"L"代表。为了更准确可以加上方位，或根据建筑构件原有名称进行编号（图6）。

（2）拆除

拆除工作虽然在现场雇用工人来完成，但是拆除的过程绝对是了解建筑物历史建构的好方法，尤其是对于缺少传统建筑施工经验的"学院派"师生们。一些传统的地方做法，也因为拆除过程而暴露出来，可以称得上是传统建造技术的一个展示（图7）。拆除过程中，还可以展现出施工过程的某些步骤，对建造过程中的工具应用也能得到一些启示（图8）。

（3）设计

设计包括的内容较多，根据实验教学的不同目的，可以增加或减少设计的内容，根据八王书院的经验，设计包括：

- 传统建筑建造实验选址设计

建造需要选择合适的场地。虽然传统建筑已经失去了原有的存在环境，但是为了研究和教学的目的，尽量满足传统建筑原有的建造环境，如朝向、道路、水系等的考虑。传统建筑建造地点的选择还要考虑到它与校园内其他建筑的协调关系，以避免对已建成环境造成破坏。

图8 岫岩李氏庄园串瓦时使用的工具（吕海平摄）

● 传统建筑复原设计

无论是否预先进行过测绘，复原设计都是必不可少的。复原设计要在了解地方做法的基础上，仔细研究构件间的对应关系，考察传统做法是否可以用现代做法替代，同时对建造后新的功能给予设计考虑。复原设计的每一个步骤要有依据，不能主观臆断。

● 传统建筑再设计

根据实验教学需要，可以局部改变建筑的样式，如门窗的样式；可以设计新的使用功能，根据功能完成设备或设施的设计；还可以把研究内容设计进来，例如传统民居的外墙保温隔热能力与现代内保温（或外保温）做法的比较等等。建筑的再设计可以增加建造实验教学的专业性，并把研究引入其中。

（4）建造

● 建造的准备工作

建造前的准备工作是非常重要的，如果准备不充分，一方面造成重复工作，一方面延误工期，更有甚者会导致材料受损，如雨淋、风吹、日晒、霉变、虫蛀或者火灾等等。一般来说，首先要在选好的基址上搭建工棚，由于民居的结构为木材，要注意雨淋、防潮和防火。搭建工棚的另一个原因是要在施工前把大木按照原位置摆放，以便施工。在这个过程中，对构件材料的缺损状况进行清查，一方面师生一同辨析材料的差异，一方面可以了解构件常态下看不到榫卯的位置，也可以把缺损构件挑选出来进行修补或替换的工作。

● 建造施工图

测绘图是不能等同于建造的施工图的。在建造前，一定要根据测绘图和拆下来的木构件和砖石构件完成建造的施工图，不能因为原来建造时没有施工图，完全依赖工匠的建造经验就可以再建造时凭感觉来。实际上，训练学生画建筑的施工图，是建造实验过程的一个重要部分，尤其对建筑历史与理论的研究生来说，是一个绝佳的了解传统建筑施工和做法的机会。

● 建造施工进度及用工计划

建造正式开始之前，一定要按照当地的气候、人员、学期、课程安排等一系列因素制定出施工进度计划，该计划在实施时可以根据不同情况予以调整。由于沈阳地处东北，冬季11月中旬至春季3月下旬为冬季施工期，可以安排室内部分工程，也可以根据学生的学习阶段，安排停工进行考试和作业准备。

无论是本科生、研究生，国内学生或留学生，建造过程可以大量参与但还是主要依赖工人进行建造。例如砌砖时，抹灰的厚度和暴露的时间是很有技术要求的，学生在很短的时间内不能掌握，需要工人熟练完成。在这样的情况下，在施工进度计划中安排用工计划，以便基建部门安排工人进场作业。

● 参与建造施工过程

获得建造的体验是建造实验教学的重要学习内容。

a.砌砖体验（上排）

b.宽瓦体验（下排）

图9　八王书院砌砖和宽瓦体验（吕海平，蒋磊摄）

通过与材料的亲密接触，获得对材料本质、加工性能和重量、粘接材料等等认识和感受（图9）。

● 建造过程的跟踪记录

对建造的过程进行跟踪记录，对大多数学生来说是切实可行的学习方法。通过八王书院的建造过程跟踪记录，同学们都能坚持每天两次（或至少一次）到建造工地去跟踪记录。记录的内容包括：定点摄影、构造草图、施工程序草图等内容。这种跟踪记录相当于施工日记，对学生认识建造过程是有帮助的。跟踪记录还能帮助我们建立一个建构实验的教学档案。

4.结语

建造实验教学本身对于建筑学专业的学习是非常有意义和价值的课程设计，而选用传统建筑作为建造的对象也是建造实验教学的一个类型化的选择。那么传统建筑建造实验教学的意义是：

（1）把对传统建筑的学习从学院派的象牙塔中转移到其实际存在的真实场景中来，这是教学上的重要转变，也是建筑设计对抗形式主义的有力武器；

（2）在建造实验教学中，可以真正做到理论与实践相结合，鼓励学生把书本上的知识应用到实践中，这是对书本知识的巩固和消化，也是对书本知识的纠正和灵活认识的知识的洗礼；

（3）课堂教学中对传统建筑的认知是单向的，建造实验教学提供给学生的是多向度的认知，这对学生综合全面地认识建筑是相当有帮助的；

当然民居建造实验教学还应注意以下问题建造实验教学要求有场地、较大资金的投入和人员的调配，如果没有校方积极的参与，对于一个教学单位来讲，这种实验是无法单方面地开展起来的；由于涉及施工，在东北，受到气候的影响，冬季要停止施工，这样建造实验与普通实验按照课程安排就有了很大不同，实验性质的改变，需要在教学中与教务部门协调好课时安排和成绩录入；一个学生不可能参与从测绘——拆除——设计——重建四大步骤中的全部建造实验过程，加上建造实验需要学生具有一定的专业知识和对专业的认知度，该实验适合高年级的本科生和研究生。

吕海平，沈阳建筑大学建筑与规划学院，副教授；东南大学建筑学院，博士研究生。
王鹤，沈阳建筑大学设计与艺术学院，讲师

教学笔记

Notes on Teaching

再练楼梯

——感知、行为、空间的基础教学

曹　勇

Re-forming stairs

——Basic Training on Sense，Behavior and Space

摘要：在基础教学中的楼梯设计练习中引入行为、感知、事件的视角后，其空间语言的训练有了新的变化。作者通过其教学中的案例展示了楼梯空间语言丰富的可能性。

关键词：基础教学，楼梯练习，行为／空间

Abstract：From the new viewpoint of relationship between behavior，sense，event and space，some new progress can be made in basic-training about space by the exercise on stair design.The author shows the new ways on stair space design through some interesting works by his lessons.

Keywords：ground-course，stair design，behavior and space

一、基础教学中楼梯作业的缘起和内容

"楼梯设计"曾经是建筑设计基础教学改革历程中的一个经典作业，上世纪 90 年代深圳大学建筑系的实验性基础教学中便已出现，其中一些作业实例至今令人难忘（图 1，曾载于《建筑师》84 期）[1]。

当时和其后一些使用楼梯练习的建筑院系中，其意图渐渐变迁，由概念空间设计变成了楼梯构造、尺度、形式合一的教学课题。但实际执行中，由于目标多元反而失去了最初的生动性，蜕化为繁复的建筑形式堆砌，或者了无生气的构件或构造学习。2006 年以后楼梯练习逐步退出了大多数建筑院校的设计基础练习。笔者对这一练习的研究和重新审视却恰好是从这时候开始的。

分析一下，楼梯练习在基础教学整体中的可能目标定位确实含有多个角度：在图纸表达技能层面，楼梯是制图中不可回避的问题，也是难点。高年级教师声讨一年级教学没有抓好基本功的"典型罪状"就是——"学生怎么连楼梯都画不对！"；从建筑基本知识掌握层面，楼梯包含了建筑细部尺度、人体工学、构造等多方面的知识内容，在以后几乎每次课程设计中都会用到，熟练掌握各项尺度关系十分必要；从设计能力培养上讲，楼

图1　1996年深圳大学的空间词汇练习（左：楼梯，右：阳台）

梯形式多样，常常是建筑空间中的重要视觉元素和空间节点，作为基础课设计练习很适合考察学生的空间和形式创作能力。

二、楼梯练习与空间基础教育

但实际教学中教师并不容易协调其各种目标的关系。

教学辅导课上以楼梯平面、剖面表达和尺度知识为主的时候，产生的作业常如构造作业的变异。当教学指导强调建筑空间形式和造型的变化时，得到的作业有复杂的外观效果，却和楼梯本身的基本功能和人在其中的行为活动没有太多关系。这种“强调功能和技术知识就呆，强调形式和设计能力就飘”的局面，或许是国内低年级设计课教学中教师普遍遇到的问题，楼梯练习只是一个缩影。笔者感到原因之一在于，基础教学中关于“空间”语言的训练，通常是从视觉的构形感开始的，而很少真正关心学生对于空间中的人对于身体、行为、生活事件的感知和理解，空间形式的生成方法也不一定和实际的功能、材料、技术问题联系。“空间想像力”多数时候被压缩为抽象空间形态的“实验”。

笔者觉得，楼梯较一般的空间训练选题，除却传统的空间限定手法，更具有将行为、身体、事件这些关乎空间本质的内容引入到基础空间语言训练中，并与看似乏味的人体尺度知识、功能知识结合起来的潜力。这是因为楼梯的功能，较之建筑平面图上那些仅以名称标注的房间，显得十分具体，能够被每个人的身体所直接感受。这种感受来自人类长久以来在空间活动中最基本的体验：克服重力，从低处到高处。（也因此有学者将楼梯归为两种最基本的空间形式之一。）

它包含的空间影响因素十分丰富：路径的形成、导引、回转和选择，身体的定位与方向，人在行进中对于光线、形态、尺度的感知，脚下触觉的感受，身体运动与空间序列感产生的关系等。如果从行为、知觉的角度出发，在微观层面从身体对行走、攀登行为的基本知觉入手，拓展至人的路径行为心理和行为模式，通过楼梯为主体的空间形式将各种可能的行为模式和感知要素“物质化”，可以营造出富有趣味的行为空间和感知场所，从而使隐藏在现实生活世界中的那些看不见的行为可能性变为“可见”（visible）。楼梯和人体尺度的教学与身体的感知结合在一起，平日看似平淡无奇的知识也会演化为“设计的资源”，关于楼梯功能的教学被具体到人的行为活动和感知心理层面，其产生的空间形式是各种行为模式和事件的载体，每种楼梯的形式都会直接表露出空间体验上的差异。

三、楼梯设计练习的案例

笔者在06到08级所带的小组或小班的设计基础教学中间断地使用了楼梯设计练习，任务书上明确了从空间语言研习的方向，强调了从行为与空间的关系出发，在练习中得到了一些简单有趣的作业实例。

记得十多年前，张永和老师对于西扎建筑中的楼梯空间曾经有一个经典的研究：

“似乎他（指西扎）是把一个典型的双跑楼梯理解为从一层楼上到另一层楼的两个阶段。第一阶段不用考虑如何达到上一层，只关心如何离开这一层，于是它常是从地面升起的一个实体。到达上层是第二跑的工作，它的构造无需与第一跑一致。此刻上层楼板也同时需要开一个洞口。这个洞口与第二跑直接发生关系，但不对应第一跑。”[2]

如果用空间语言来解释这段话，则是一个楼梯中两个梯段也是空间内涵不同的两个空间元素，有着天然不同的边界条件和潜在可能。如果扩展到中间平台、上层洞口，那么整个楼梯就是一系列各异的空间元素构成的集合了，即使在构件的层面也会有丰富而细腻的空间表达。如果在此基础上将各种元素夸张、变异和重组，则会形成进一步“构件空间化”的场景。

平地上的那些普通空间限定元素柱（廊）和梁的加入，会使原本相同的梯段分化为空间状态不同的部分（图2），对人的路径活动也发生微妙的影响，产生新的视线和节奏。限定有时甚至意味着某种迟滞，空间中的潜在运动速度似乎是变慢了（图3）。这种处理需要控制其度，过犹不及。

光是空间中重要角色。明暗即是空间。在图4所示的折线梯段设计中，踏步与墙的搁置关系通过墙上镂空的缝隙强化，同时带来了光线的射入，光线沿墙边进入楼梯踏面的微小退晕，是一个梯段区别于另一个梯段的空间感受，它似乎改变了空间的轻重感。对光影的空间利用也可以关乎楼梯整个界面，投下斑驳阴影，也限制着视野的穿透（图5）。

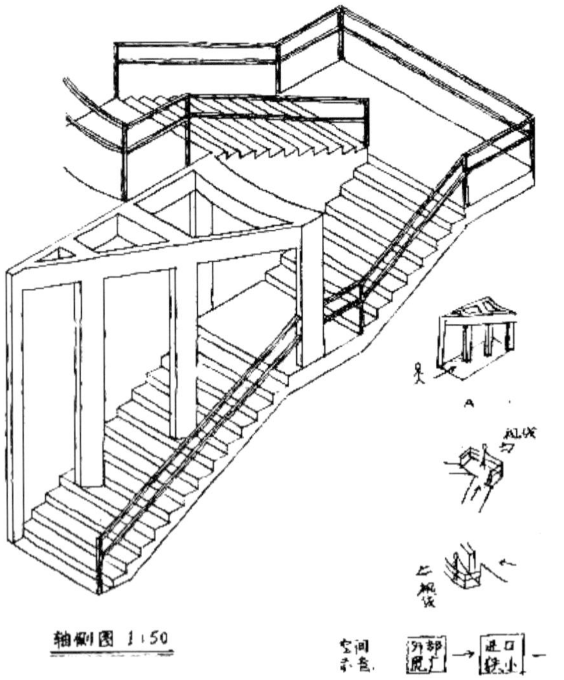

图2　传统空间限定手段与楼梯（学生：06级 吴浩然）

图3　传统空间限定手段与楼梯（学生：08级　梁巨轩）（左）
图4　光和楼梯空间（学生：06级　赵琦）（中）
图5　光、视线和楼梯空间（学生：08级　张瑶）（右）

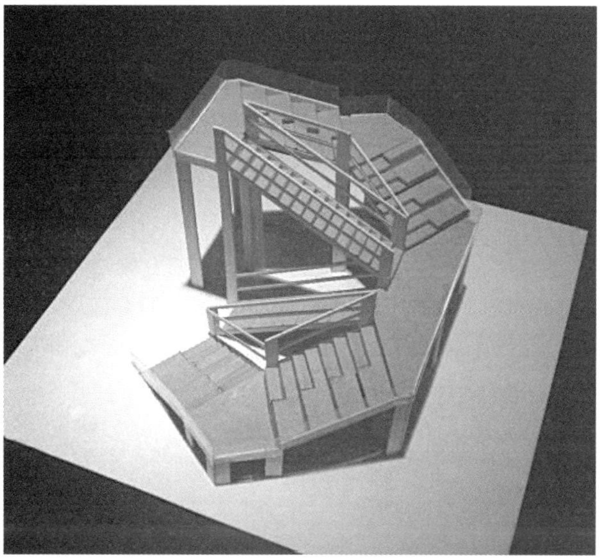

图6　楼梯：行与止（学生：08级 李玲）

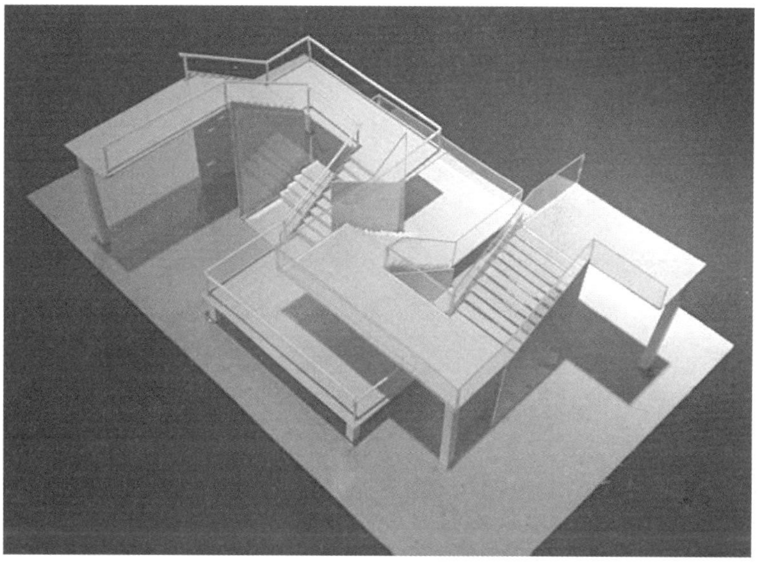

图7　“叠合”的楼梯空间（学生：08级 易格非）

阶梯的形式是为了行走而产生的空间，但反过来也可能是使身体静止下来（例如：坐）的界面——仅仅因为踏步尺度的变化。这种集运动与静止一体的属性令人沉思，将二者的形式并置于一处时（图6），它带来了外表相似但空间行为相反的两种空间：在一个“动”的楼梯存在同时，还有一个“静”的“楼梯”：将人们送到高处，也坐下来观看风景，它们自给自足、并行不悖。两种形式的差异还在于路径——它也暗示了速度和效率要求的不同。

另一种“相伴”来源于对于普通楼梯斜向梯段高差关系和平台空间交流的思考（图7）。当一个三跑楼梯梯段被拉开后，两个相反的楼梯正好可以利用高差关系“扣”在一起，它提供了不同于剪刀梯的连接两个楼层的交通方式，来往的人在平台上彼此看见，但不相逢，形成了一种行进中的空间体验。

关于楼梯作为路径空间行为和体验的另一个故事，叫做“选择”（图8）。它更能说明空间的组织顺序的奇妙用处。两个对称且等长的L形梯段，它们有相同的起点和终点，它们提供了一种路径上的选择。一个通常的“设计”想法是可以设置宽度不同或空间限定强弱不同的两个路径，供那些性格或此刻心情不同的通过者选择。但在图8的方案中，却给出了戏剧性的组合方式。在各自升起的第一梯段，确实是明了的一宽一窄，在通过者自以为做出了选择之后，来到第二梯段时宽窄关系被交换了一次，……。对于一次只能经历一个路径的行者来说，上上下下这个楼梯他会有四种不同的体验，每个似乎相似又有不同。数学性质上看似相同的空间元素只是排列的一次改变，就变得不曾相似。

错视艺术家埃舍尔的画中，给出了那些在平面图形中看似正常其实在三维空间中并不存在的楼梯上下关系。不过它引起的关于“上”和“下”的某种相对性的空间思辨，却未必在真实世界中不能转换为一种空间语言。一个学生给出了一张看上去颇有些费解的楼梯轴测图（图9），这可不是视觉游戏，而是一种简单有趣的楼梯空间实验。它的效果倒是和游戏一样，这一次不过是对梯段步数的分配作了处理，于是人们在空间中变成了“你追我赶”……。

原来在空间语言中，路径即是序列，序列即是空间本身！如同人们说“媒介即信息”一样。

“好大喜功”的学生们会忍不住把楼梯的空间要素分解和路径行为研究，扩大为某种表现楼梯自身的宏大“空间叙事”，

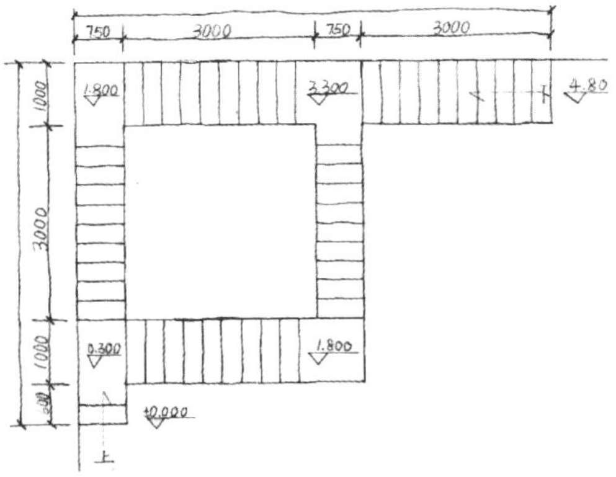

图8　路径体验与楼梯（学生：06级 田跃宇）

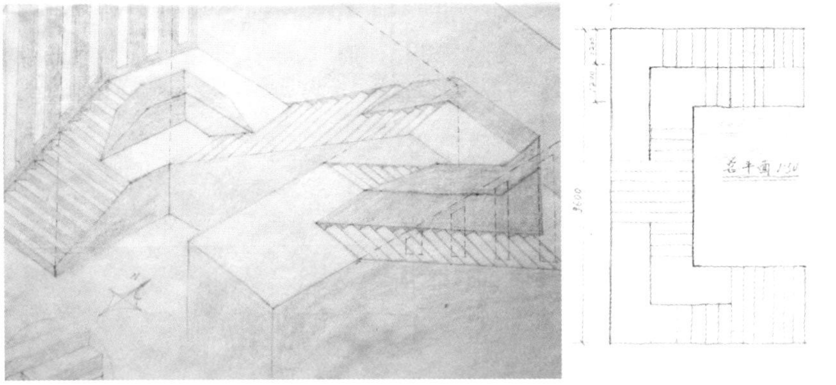

图9　路径体验与楼梯（学生：06级 王森）

图10　楼梯空间（学生：08级 施丽萍）

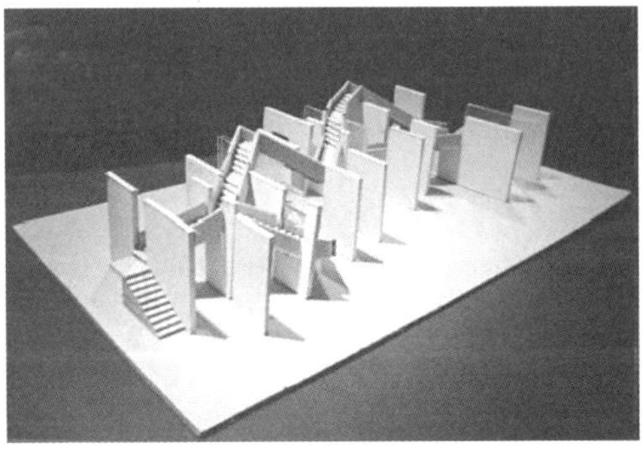

图12　楼梯=路径？（学生：09级 许欣慰）

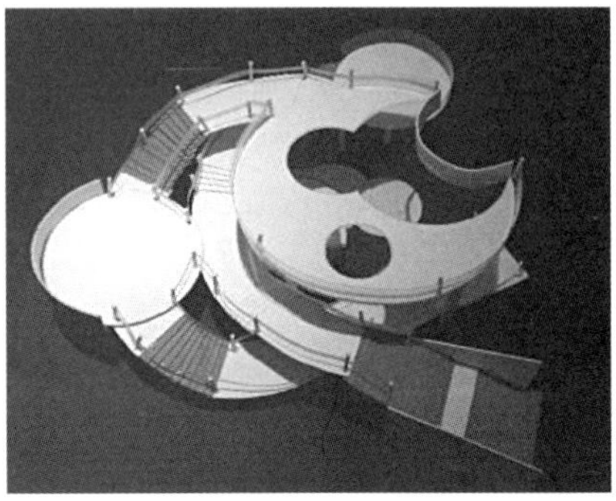

图13　楼梯=建筑？（学生：08级 尹静雅）

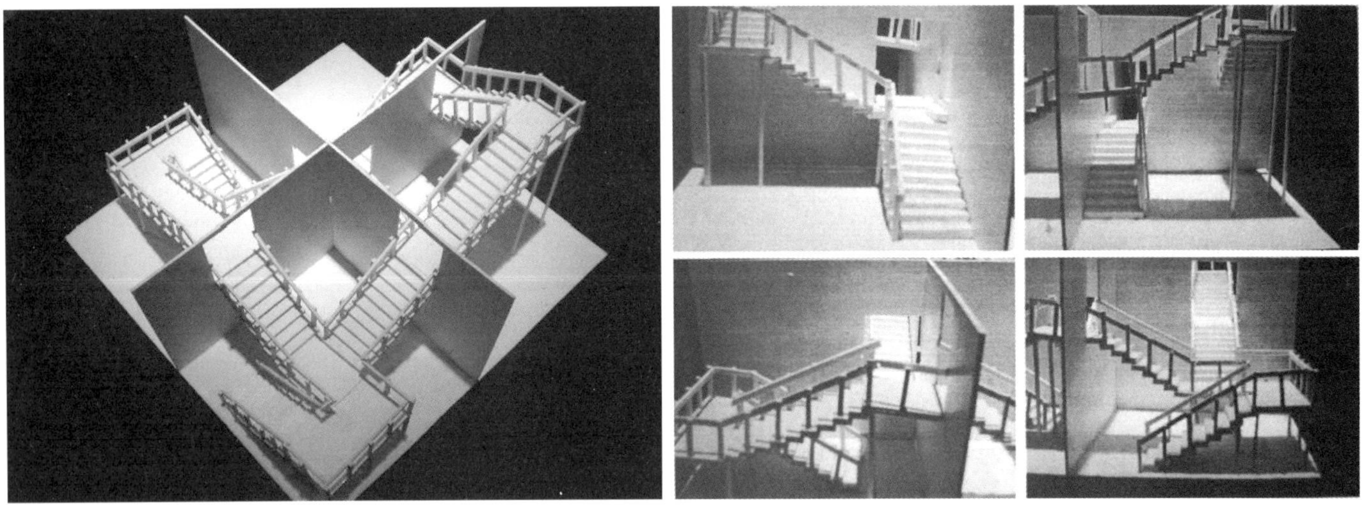

图11　“四间梯”（学生：08级 汪风义）

楼梯几乎成为了一个“小房子”，或者它成了空间中的“充满物”（图10、11）。一些案例从练习要求来说笔者感到有些过了（图12、13），但从课题源于空间语言训练和保护学生热情的目的出发，没有更多干预。于是空间中的回环、翻跟斗或者“梯房子”都出现在学生们的作业里。

笔者更喜欢的是那些“微小的空间叙事”，某种身体上的细微感觉引出的创造。图14是一个视觉感很强的楼梯，黑白相间的踏步像钢琴键一样。不过它更会带来身体上的奇妙感受：如果左脚落在白色踏步上，它就会一直如此，而右脚就一直落在黑色踏步上。建筑界的一个有趣的典故，去参观完赖特那个在坡道上展览的古根海姆美术馆的人，回到平地后常常觉得左右脚不一样长了。这个设计中楼梯也使人强烈意识到自己的两只脚的不同存在：一只脚行走在白色空间，另一只在黑色……

在08到09级的空间教学中，笔者曾经加入过关于材料与空间关系的教学[3]，很快有学生把这种材料知识用到了楼梯空间设计中，图15是一个形态、结构寻常的楼梯，三个梯段的区别只在于它们分别由石材、钢、木三种材料，排列顺序则是触觉引起的空间联想决定，贴近地面者坚硬厚重，远离地面者通透轻盈。构成了由触觉感受变化决定的空间序列。

“定向”是一个身体在空间中的基本活动，不过通常人们在空间创造中未必会想到它的用处。看了08级一个学生的楼梯设计（图16），会感叹它带来的那些对于最常见楼梯形式的颠覆！标准的

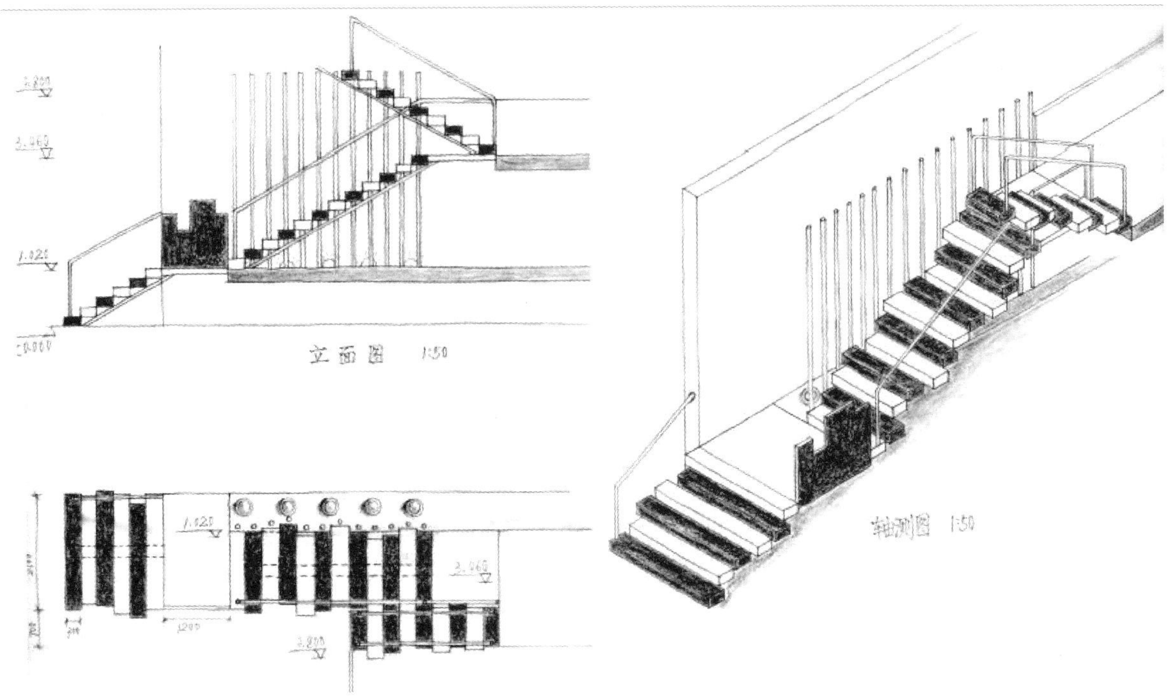

图14　脚与踏步（学生：06级 熊傲雪）

图15　触觉空间：踏步的材料（学生：08级 黄敏键）

螺旋楼梯常常让人只能短时间接受，旋转次数一多就会令人头昏脑涨。于是这个学生作了一个小处理，把循环转圈的路径变为了S形路径，在该开始下一轮重复的时候却反方向旋转。整个螺旋楼梯的外观也为之一变，十分有趣。他进一步通过踏步宽度区分了不同旋转梯段的平缓和陡峭，使均一循环的体验变得节奏张弛，方向婉转。

他的设计其实受到了班里另一个同学方案的某种启示。那是一个对于三角形楼梯的变异处理，它的构思起点倒不是定向。在最初的平面构思中，班里几乎没有人相信这种楼梯在现实中可以成立，看到实际模型后才会发现它在空间利用关系上的巧妙（图17）。

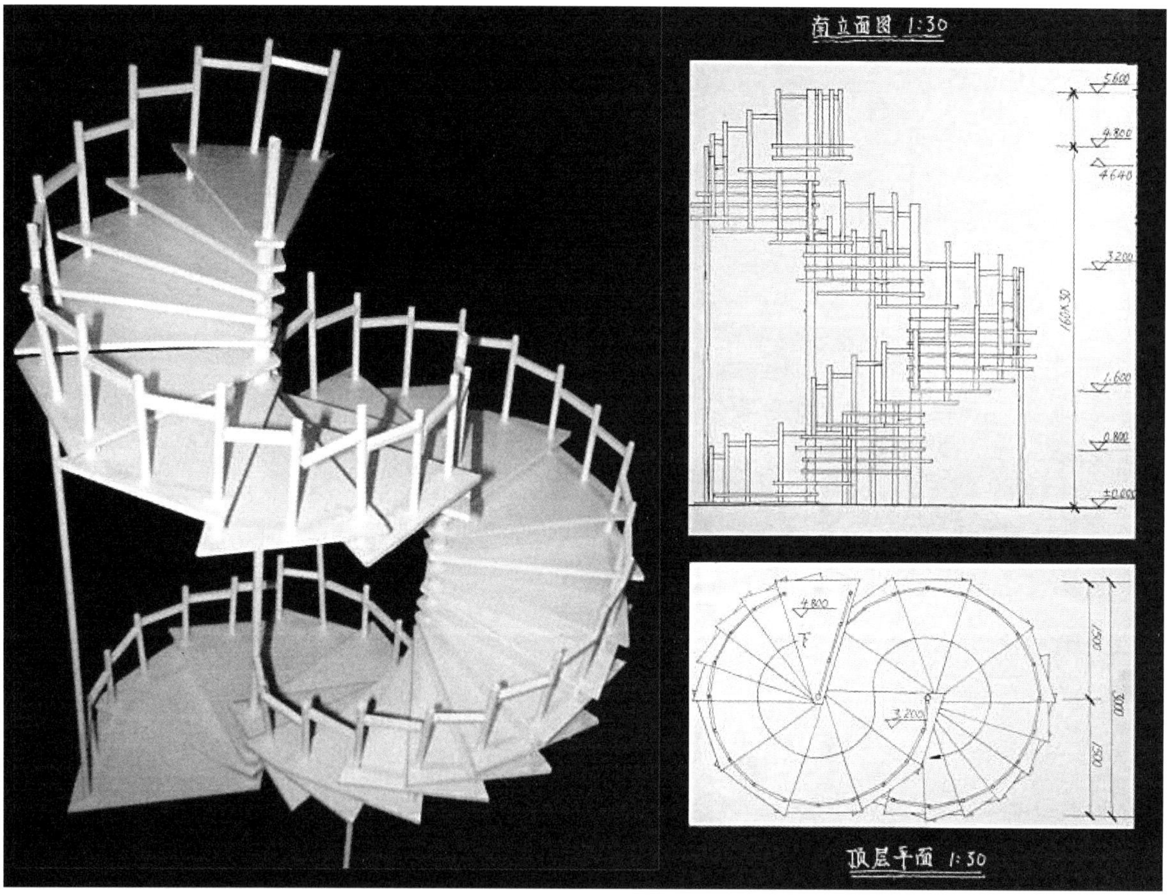

图16　楼梯与“定向”（学生：08级 陈泽龙）

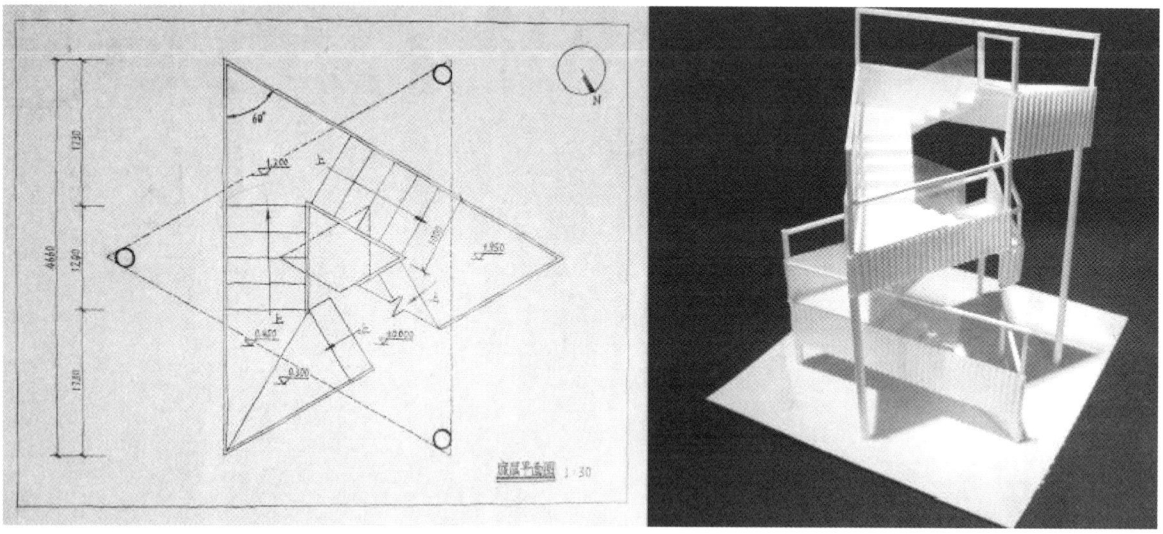

图17　三角形楼梯的变异（学生：08级 李硕）

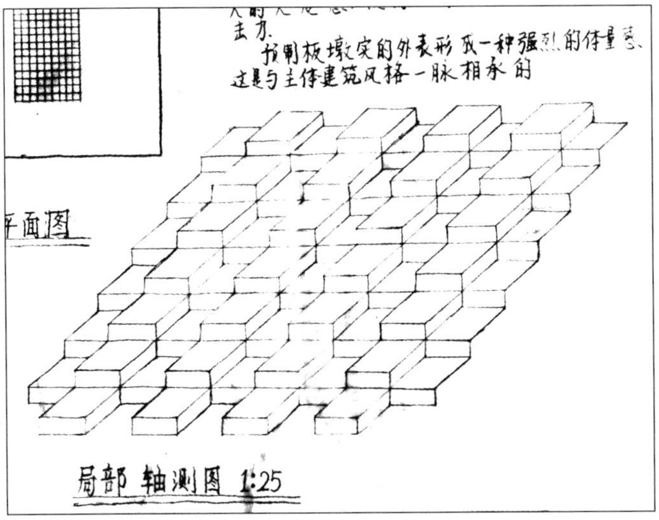

图18　踏步上的“空间”（学生：06级 肖雷）

图19　立方体空间练习中的楼梯（学生：09级 黄晓璐、唐雅静）

即使在一块踏步上，也有人能做出不同的空间。图18中的楼梯形式来自于一个学生非常实际的构思考虑，希望大人和孩子在并排上下这个楼梯或者台阶时候，让小孩子处于一个更高的位置，方便父母拉住孩子的手。笔者提出的意见是，希望注意选择合理的高差段宽度，以及进一步推敲和平台交接的方式。它在尺度上还不是一个成熟的方案，但它的构思和简洁形式令人印象深刻。

当学生注意到人的各种行为与楼梯空间的关联时，楼梯构造尺度的学习才会变得不那么枯燥和沉闷。

四、结语

出于基础课内容太多、时间不够的原因，2009年开始的教学计划调整，去掉了单独的楼梯练习，将空间语言训练集中在平面空间限定和立方体空间构成两个大作业中。楼梯在空间整体组织中的作用仍然显得明显，作业中有不少以路径作为构思出发点的立方体空间设计（图19）。不过关于楼梯那些更加细微的身体和行为表达必然无法被涉及了。

事实上，楼梯练习作为一种概念性空间设计，较之于一般九宫格或者立方体练习的区别，在于它与人的行为活动的亲切性，因而教学上可以从知觉、行为、空间的关联上，去探索它在日常面貌以外的那些“看不见”的可能。这些设计并不需要在现实建筑的楼梯中使用，但提示学生研习空间语言和建筑知识的一种方式。作为一个基础教学练习，它也有其缺陷，例如专于空间形式的探讨而涉及构造和结构知识不够，事实上后二者的加入能提供更多的空间语言资源，但一年级的教学手段和知识储备还不能支撑这种考虑。

有时候，楼梯在现实中的形式，更像是多数人日常生活的一种隐喻。路径空间的象征意义或许正在于此。

参考文献

[1] 王戈．新的突破——建筑设计基础教学改革探讨．建筑师84期，1998.10：98–105.

[2] 张永和．平常建筑．建筑师84期，1998.10：27–37.

[3] 曹勇．设计基础课程中的材料教学．2010年全国建筑教育学术研讨会论文集．北京：中国建筑工业出版社，2010：230–235.

[4] 王小红．当代国外楼梯设计．济南：山东科学技术出版社，2004.

作者：曹勇，成都，教师；建筑师

普通高等教育“十一五”国家级规划教材　高校建筑学专业指导委员会规划推荐教材

住宅建筑设计原理（第三版）

重庆大学　朱昌廉　魏宏杨　龙　灏　主编

出版时间：2011 年 6 月　开本：16 开　页数：390　定价：42.00 元

标准书号：ISBN 978-7-112-13188-4　征订号：20611

【内容简介】本书是“十一五”国家级规划教材，从1980年的初版到如今的第三版，本书一直在随着我国住宅建设事业的长足进步而不断改进、完善。作为教材，本书在基本覆盖我国住宅建筑设计领域各方面问题的基础上，重点论述了住宅建筑的基本设计原理、住宅类型和设计方法，融汇了当代绿色建筑及住宅产业化方面的新技术、新发展。全书内容丰富，图文并茂，配有核心内容的课件。本书适用于高校建筑设计相关专业的教学使用，亦可供相关专业技术人员参考。

普通高等教育土建学科专业“十一五”规划教材　高校建筑学专业指导委员会规划推荐教材

建筑力学（第二版）

吕令毅　等编著

出版时间：2010 年 7 月　开本：16 开　页数：254　定价：29.00 元

标准书号：ISBN 978-7-112-11845-8　征订号：19058

【内容简介】本书是高校建筑学专业指导委员会规划推荐教材。作为建筑学专业的力学教材，本书在提炼整理理论力学、材料力学和结构力学核心内容的基础上，充分考虑了这三门课的内在联系，将它们有机地融为一个整体。全书共分11章：绪论、静力学基础、建筑结构的类型和结构计算简图、平面杆系结构的几何稳定性分析、静定结构内力分析、杆件应力应变分析、静定结构的位移计算、力法、位移法、压杆稳定、结构快速分析方法简介。本书旨在为建筑学专业的学生提供一些和建筑设计密切相关的基础力学知识，在保证教学体系完整的前提下，力求简明通俗，因此，比较适用作建筑学、城市规划、园林设计等专业的力学教材，亦可作为建筑师等非结构设计人员的参考书。在撰写过程中充分考虑了全国一级注册建筑师资格考试大纲及相关试题，本书亦可作为注册建筑师资格考试的学习材料。本书适用于建筑学、城市规划、园林景观、建筑管理、房地产专业等相关学科的师生，以及广大的工程设计施工人员。

普通高等教育“十一五”国家级规划教材

老年住宅

周燕珉　程晓青　林菊英　林婧怡　著

出版时间：2011 年 4 月　开本：国际 16 开　页数：366　定价：89.00 元（精装双色）

标准书号：ISBN 978-7-112-12911-9　征订号：20183

【内容简介】本书主要讲述了老年住宅的设计原理与实践，内容包括老年住宅与居家养老，老年特征与居住环境需求，老年住宅通用设计，老年住宅套内各空间设计，老年住宅套型组合设计，老年住宅室内设计，老年住宅套型设计案例。本书可供高等学校建筑学、城市规划、风景园林、艺术设计等专业的师生之用，也可作为广大专业设计人员工程实践使用，还可供相关政府养老机构、房地产企业等学习参考。

普通高等教育“十一五”国家级规划教材　高校建筑学专业规划推荐教材

外国建筑简史

刘先觉　汪晓茜　编著

出版时间：2010 年 10 月　**开本：**16 开　**页数：**328　**定价：**42.00 元

标准书号：ISBN 978-7-112-11921-9　**征订号：**19177

【内容简介】本书是一本简明扼要的外国建筑史教材，力图做到少而精，简而全，建筑发展脉络清楚，特点明确，典型案例突出。本书共30章，内容涵盖古代埃及、西亚、爱琴、希腊、罗马、印度、美洲等地的古代建筑。中古时期涵盖拜占庭、中世纪欧洲、伊斯兰建筑、文艺复兴建筑、日本传统建筑与俄罗斯建筑。近现代时期涵盖了近代的探新运动、新技术与新类型建筑、现代建筑大师、高层建筑、大跨度建筑，以及当代建筑思潮等方面。全书约300页，图文并茂，条理清晰，可读性强，适于在校学生与一般建筑爱好者阅读。本书主要面向高等学校建筑院系的建筑学、城市规划专业的本科生和研究生，也可供土木工程、风景园林、艺术设计、工程管理等专业人员及其他有关人员阅读、参考。

普通高等教育土建学科专业“十二五”规划教材　高校建筑学专业规划推荐教材

建筑结构体系及选型

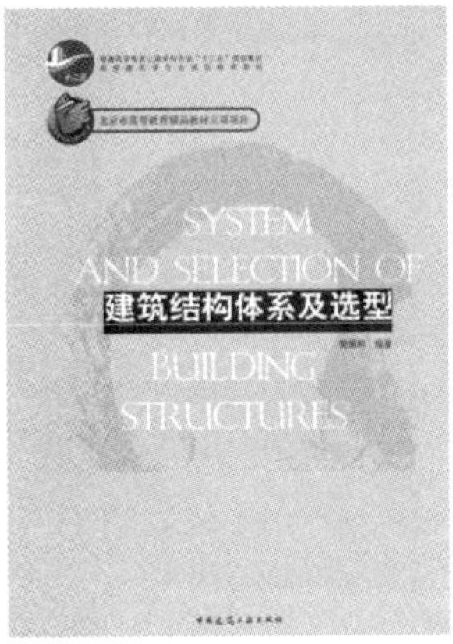

樊振和　编著

出版时间：2011 年 7 月　**开本：**16 开　**页数：**190　**定价：**29.00 元

标准书号：ISBN 978-7-112-12791-7　**征订号：**20038

【内容简介】本书的创新之处是将所有的建筑结构体系分为两大类，即“平板结构”和“曲面结构”，能使读者更加清晰且容易地学习和掌握建筑结构体系的精髓。本书的写作理念，是采用最简单的分类方法、最基本的力学原理、最形象的语言表达，把看起来似乎很复杂的建筑结构阐述清楚。本书同时强调建筑结构概念的正确理解和建立，并通过新建筑的案例分析，使读者能够掌握如何应用所建立的结构概念。本书的编写注重结构体系的系统性和结构理论的可读性。全书共包括绪论及上篇平板结构体系、下篇曲面结构体系及附篇膜建筑结构。此外，本书在各章之后还给出了一些复习思考题，并在附录中给出了“复习思考题要点分析”。本书可以作为建筑结构选型课程的教材，也可以作为土建类相关专业的选修课教材和教学参考书；本书还可以作为注册建筑师考试的辅导教材以及建筑结构设计人员、土建工程技术人员提高专业素质的学习参考资料。

普通高等教育土建学科专业“十一五”规划教材　高校建筑学专业规划推荐教材

绿色建筑概论

刘加平　等编著

出版时间：2010 年 10 月　**开本：**16 开　**页数：**345　**定价：**39.00 元

标准书号：ISBN 978-7-112-11849-6　**征订号：**19108

【内容简介】建筑是人类从事各种活动的主要场所。人口增加、资源匮乏、环境的污染和生态破坏与人类的建筑活动密切相关。绿色建筑作为建筑界应对环境问题的回应已经成为世界建筑研究与发展的主流和方向，并在不少发达国家实践推广。在中国，绿色建筑的概念开始为人们所熟悉，绿色建筑的理论研究和设计实践也已成为业界的热点。为了让读者系统了解绿色建筑的知识，我们编写了这本教材。教材的主要内容包括：绿色建筑概述，室外环境分析与设计，建筑节能设计与技术，水资源有效利用设计与技术，绿色建筑材料和建筑设备，绿色建筑的运营管理与维护，绿色建筑的评价，绿色建筑设计案例等。本书尽量涵盖从设计、材料选择到运营管理与维护、评价体系等绿色建筑全生命周期内的各项内容，但并未包括绿色建筑结构体系和绿色建筑施工两方面内容。希望通过本书的介绍，为读者建立绿色建筑的基本知识结构，为进一步学习和实践绿色建筑设计打下基础。

高校建筑学专业规划推荐教材

城市环境物理

刘加平　等编著

出版时间：2011 年 4 月　开本：16 开　页数：315　定价：46.00 元

标准书号：ISBN 978-7-112-12492-3　征订号：19781

【内容简介】城市环境物理学是建筑学和城市规划学的重要组成部分，主要论述在城市规划、小区规划及组团设计中，如何运用规划和设计手段，创造健康适宜的城市物理环境，实现节能和低碳城市的目标。“城市环境物理”与“建筑物理”互为补充，前者关注的是室外物理环境设计，而后者则以创造室内物理环境为重点，二者的结合，共同体现了城市规划与建筑设计学科的技术科学属性。本书包括三个部分的内容。首先讲述了城市环境物理基础知识以及人类活动与城市物理环境的互动关系；再从城市热环境、城市湿环境、城市风环境、城市大气环境、城市光环境、城市声环境六个方面，简述了城市环境的物理特征和变化规律，进而详细介绍了通过规划设计手段改善城市物理环境的策略和方法；最后论述了如何利用城市固有的地理和气候特征来调节城市环境以及城市环境质量评价的体系与方法。本书立论新颖，内容丰富，文字流畅，通俗易懂，既可作为建筑学、城市规划及相关专业的本科生和研究生教材，也可供从事城市规划、城乡建设等专业的技术及管理人员参考。

普通高等教育“十一五”国家级规划教材　A+U高校建筑学与城市规划专业教材

建筑结构选型（第二版）

张建荣 主编

出版时间：2011 年 1 月　开本：16 开　页数：348　定价：39.00 元

标准书号：ISBN 978-7-112-12431-2　征订号：19694

【内容简介】本书较全面系统地介绍了常用的建筑结构形式，包括梁、屋架、钢架、拱、薄壁空间结构、网架、网壳、悬索、膜结构、张拉结构、混合空间结构、多层建筑结构、高层建筑结构、楼梯等。对上述各种结构形式分别介绍其结构组成、受力特点、布置方式、适用范围、构造要点等。编写本书时力求对各种结构形式进行系统归纳，以给出有关建筑结构体系完整的概念，同时又注意结合国内外的建筑实例，特别是引用了大量我国最新建设成就，如北京奥运建筑和上海世博建筑，以使学生加深认识，开拓设计思路。本书可作为建筑学及相近专业的建筑结构选型课程的教材，也可供土木工程及相近专业人员的教学或设计参考。

A+U高校建筑学与城市规划专业教材

建筑摄影（第二版）

何惟增　编著

出版时间：2011 年 2 月　开本：16 开　页数：127　定价：46.00 元　（全彩）

标准书号：ISBN 978-7-112-12675-0　征订号：19963

【内容简介】本书是高等学校建筑学与城市规划专业的教材。建筑摄影重在用摄影的语言来完美地表现建筑，表现建筑的形体、空间、色彩和质感。书中用了大量的篇幅和照片实例来讲述建筑摄影的拍摄技巧，培养学生从建筑和摄影的双重视角来观察拍摄主体，寻找理想的拍摄视角，用镜头来推敲构图，用光来表现建筑。数字化的浪潮正席卷着每一个行业，摄影领域也不例外，如何在掌握传统摄影技能的基础上同时掌握数码摄影技能是本书撰写的另一要点。本书采用图文并茂的形式讲述建筑摄影的选题、视角、构图、用光、器材，包括如何利用或控制建筑透视的失真。本书是一本实用性强、针对性强的高等学校建筑学、城市规划、环境艺术专业的摄影教材。

全国高校建筑学专业应用型课程规划推荐教材

建筑设计原理

李延龄 编著

出版时间：2011 年 2 月　开本：16 开　页数：175　定价：29.00 元

标准书号：ISBN 978-7-112-12808-2　征订号：20044

【内容简介】建筑设计原理课程，是建筑学专业建筑理论教学的主干课之一。教学时数虽然不多，却是建筑空间组合设计的理论总则，也是建筑设计入门学习的基础理论。本教材是专为应用性本科五年制建筑学专业学习而编写，编写的最大特点是：强调基础理论的应用性。教材内容由浅入深，简洁实用，力求以图说的方法形象地解析深奥的理论。让初学者尽快了解并掌握建筑设计基础理论，为后续的建筑设计学习奠定良好基础。本书可供高等学校建筑学、城市规划、风景园林、艺术设计等专业的师生之用，也可作为广大专业人士工程实践和学术交流之用。

普通高等教育土建学科专业“十一五”规划教材　高校风景园林（景观学）专业规划推荐教材

景观设计初步

邱建　等编著

出版时间：2010 年 9 月　开本：16 开　页数：322　定价：49.00 元

标准书号：ISBN 978-7-112-12044-4　征订号：19301

【内容简介】本教材内容主要包括景观及景观设计概念；景观设计的范围、基本原则和自然要素；场地景观、建筑物和构筑物景观、道路与广场景观、景观小品、植物景观和水体景观等的基本设计方法；景观设计相关的工程技术及其表现方法与技巧。本书为景观专业学生学习景观设计基础知识而编写，可作为风景园林、环境艺术、建筑学、城市规划等专业低年级教学用书，也可以为上述相关专业设计人员和管理人员提供参考。

建筑设计系列课程导读

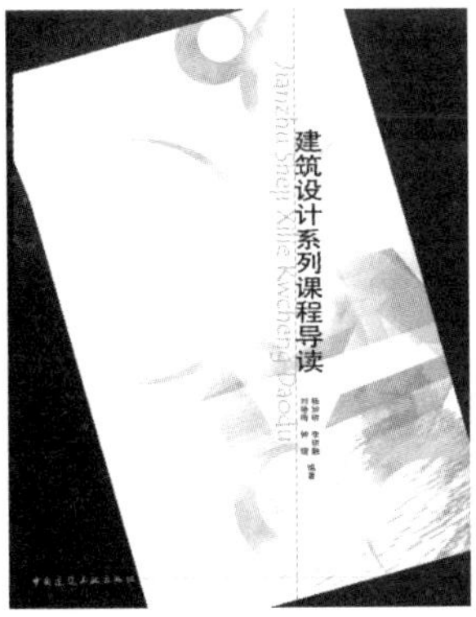

杨旭明　等编著

出版时间：2011 年 8 月　开本：国际 16 开　页数：392　定价：68.00 元

标准书号：ISBN 978-7-112-12990-4　征订号：20334

【内容简介】本书涵盖了建筑设计课程本科教学体系的基本内容，共包括若干具有一定代表性的建筑设计。其中包括：售楼部、别墅、幼儿园、快题、场地、中小学、图书馆、商场、博物馆、医院、旅馆、剧场12个专题。全书力求内容全面系统、知识点精炼到位、导读性强，方便读者系统地或选择性地学习，是一本适合建筑学类专业的全面系统的指导用书。本书既可作为建筑学类本、专科学生的教学用书，也可作为建筑设计人员及建筑工程技术人员的从业参考书，适合于建筑学专业与城市规划等相关专业。

建筑第一课——建筑学新生专业入门指南

袁牧　编著

出版时间：2011 年 8 月　开本：32 开　页数：100　估价：12.00 元

标准书号：ISBN 978-7-112-12787-0　征订号：20866

【内容简介】这是一本面向初学者的书，希望能向未入门者传达的是那种源于内心的、通常只可意会不可言传的信息，所以这更像印象派的绘画，不必用写实主义的标准去衡量。有一些并不准确的比喻，往往确实最适合新生去理解，解除困惑最有效的方法莫过于去广泛地获得知识。这也是本书主旨。本书主要介绍建筑学专业学习在入门阶段所需要学习的知识体系概况，作为进一步深入学习的指导。主要适用建筑学专业本科1～3年级同学参考。

居住区景观设计

苏晓毅　编著

出版时间：2010 年 9 月　开本：16 开　页数：249　定价：88.00 元（彩）

标准书号：ISBN 978-7-112-11850-2　征订号：19102

【内容简介】在房地产业蓬勃发展、人们对居住质量要求日益提高的今天，居住区景观设计渐渐被政府、开发商、设计师等相关人员重视，2006年建设部住宅产业化促进中心编写的《居住区环境景观设计导则》，对居住区的景观设计起到了指导性的作用，本书正是在《居住区环境景观设计导则》的指导下编撰的。本书从居住区景观设计角度入手，着重在绿化种植景观、功能性场所景观、硬质景观设计、水景设计、建筑景观设计、照明景观等设计要素上解析居住小区环境景观营造的方法，在一定程度上可以指导在小区景观设计知识方面的学习。本书选取了当今国内优秀居住小区景观设计的典型案例，对实例的分析将有助于对知识的深入理解。本书理论联系实际，图文并茂，实用性强，可供园林景观设计、环境艺术设计、城镇规划等专业的设计人员使用，还可供园林景观等相关专业的高校师生使用。

西方现代艺术史

周宏智　著

出版时间：2010 年 7 月　开本：16 开　页数：323　定价：69.00 元（彩）

标准书号：ISBN 978-7-112-12355-1　征订号：19619

【内容简介】西方现代艺术自20世纪80年代以后才真正进入中国专业人士的视野。而对于大多数中国人来说，至今仍是一个比较陌生的领域。本书以简短的篇幅介绍了19世纪中期以来的各种艺术流派，如印象派、后印象派、野兽派、立体主义、表现主义、未来主义、至上主义、构成主义、风格派、包豪斯、巴黎画派、达达主义、超现实主义、抽象表现主义等，在编写过程中尽量做到重点突出、线索清晰，使读者能在较短的时间内，对西方现代艺术的发展历程有相对完整的了解。本书适合广大对艺术感兴趣的读者阅读，也适合作为非艺术史学专业大学生的选用教材。

走出老城南——2010 八校联合毕业设计作品

龚恺　等编著

出版时间：2010 年 8 月　开本：国际 16 开　页数：196　定价：98.00 元（彩）

标准书号：ISBN 978-7-112-12408-4　征订号：19657

【内容简介】本书记录了东南大学、清华大学、同济大学、天津大学、重庆大学、浙江大学、中央美术学院、北京建筑工程学院八所学校建筑学专业本科毕业设计——“旧城更新——南京城南地区改造与建筑设计”的教学内容。该课题包括城市设计与建筑设计两部分内容，学生从整体区域研究出发，通过现场调研、问题分析、项目策划，提出城市设计的方案，并有选择地完成建筑单体方案的设计，并对建筑细部节点构造有一定的表达。本书内容有教学过程的介绍，教师的解题，作业的评析，以及35份精彩的毕业设计。本书可供国内外建筑院系建筑学教学交流、参考，也可供相关专业师生借鉴与学习。

走在十八梯——2011 八校联合毕业设计作品

邓蜀阳　等编

出版时间：2011 年 8 月　开本：国际 16 开　页数：200　定价：99.00 元（彩）

标准书号：ISBN 978-7-112-13493-9　征订号：21267

【内容简介】本书记录了重庆大学、清华大学、东南大学、同济大学、天津大学、浙江大学、中央美术学院、北京建筑工程学院八所学校建筑学专业本科毕业设计——“延续与创新：山地建筑与空间特色再创造”的教学内容。该课题包括城市设计、地块整体设计以及建筑单体设计三部分内容，学生从整体区域出发，通过现场调研，问题分析，项目策划，提出城市设计的方案，并有选择地完成建筑单体方案的设计，达到扩初的深度，并完成场地总体模型与单体建筑模型的制作。

本书内容有教学过程的介绍，教师的解题，作业的评析以及30份精彩的毕业设计，可供国内外建筑院系建筑学教学交流、参考，也可供相关专业师生借鉴与学习。